沈阳经济技术开发区国家生态工业示范园区绿色低碳建设研究

方晓明　袁宝成　编著

吉林大学出版社

·长　春·

图书在版编目（CIP）数据

沈阳经济技术开发区国家生态工业示范园区绿色低碳建设研究 / 方晓明，袁宝成编著 .-- 长春：吉林大学出版社，2023.1

ISBN 978-7-5768-1430-9

Ⅰ.①沈… Ⅱ.①方… ②袁… Ⅲ.①生态工业－工业园区－生态环境建设－研究－沈阳 Ⅳ.① X321.231.1

中国版本图书馆 CIP 数据核字（2022）第 253399 号

书　　名：沈阳经济技术开发区国家生态工业示范园区绿色低碳建设研究

SHENYANG JINGJI JISHU KAIFAQU GUOJIA SHENGTAI GONGYE SHIFAN YUANQU LÜSE DITAN JIANSHE YANJIU

作　　者：方晓明　袁宝成　编著
策划编辑：朱　进
责任编辑：朱　进
责任校对：陈　曦
装帧设计：王　强
出版发行：吉林大学出版社
社　　址：长春市人民大街 4059 号
邮政编码：130021
发行电话：0431-89580028/29/21
网　　址：http://www.jlup.com.cn
电子邮箱：jdcbs@jlu.edu.cn
印　　刷：三河市嵩川印刷有限公司
开　　本：787mm×1092mm　1/16
印　　张：19.25
字　　数：310 千字
版　　次：2023 年 1 月第 1 版
印　　次：2023 年 1 月第 1 次
书　　号：ISBN 978-7-5768-1430-9
定　　价：79.00 元

编委会

前言

沈阳经济技术开发区成立于1988年，至今已有30余年，经历了起步发展（1988—1992年）、快速发展（1993—2002年）、全面发展（2003—2012年）和高质量发展（2013年至今）四个阶段。在不同的发展阶段，沈阳经济技术开发区根据当时的外部环境和当地的发展条件设立了不同的发展目标和发展策略，特别是在2013年，沈阳经济技术开发区获准建设国家生态工业示范园区后，园区逐步走出国际金融危机带来的巨大困难，按照走新型工业化道路、建设生态工业园的路径，以生态化、信息化、智能化、集成化为突破口，逐步形成了机床、电气、汽车零部件和医药化工等产业集群，同时积极推动发展空间由单一功能分区向产城融合转变，新时期，沈阳经济技术开发区正努力实现生产、生活、生态“三生”融合发展，朝着建设智能化、绿色化、国际化产业新城奋力迈进。

党的十九大以后，沈阳经济技术开发区坚持以国家生态工业示范园区为载体，以“立足新发展阶段、贯彻新发展理念、构建新发展格局、推动高质量发展”为引领，着力在绿色、创新、开放上开拓思路，闯出一条全新的绿色振兴之路，奋力迈向产业绿色化、城区生态化、城市智能化的未来之路，努力让沈阳经济技术开发区变得更有活力、更有品位、更有颜值、更有温度。

2018—2020年，沈阳经济技术开发区以智慧赋能激发高质量发展、以科技支撑强化生态环境治理、以绿色低碳为指引推进资源节约与高效利用、以创新驱动促进产业的不断升级、以生态环保督察为手段压实生态环境保护责任，推动沈阳经济技术开发区逐步实现高质量发展。

经过30余年的建设，沈阳经济技术开发区在老工业基地调整改造的进程中不断发展壮大，成为东北老工业基地振兴的标识、中国工业发展成果的展示窗口，先后荣获“老工业基地调整改造暨装备制造业发展示范区”“国家新型工业化产业示范基地”“国家可持续发展实验区”“国家科技进步示范区”“国家服务业综合改革试点区”等称号。创建国家生态工业示范园区后，又获得了“国家低碳工业园区试点”“国家级外贸转型升级基地”“国际科技合作基地”“中德企业合作基地”“产业转型升级示范园区”“中德智能制造合作试点示范园区”“科创中国”“绿色工业园区”等一系列荣誉称号。

多年来，沈阳经济技术开发区所在的铁西区经济总量始终位居辽宁省各县区前列，主要经济指标增速高于沈阳市平均水平；生态工业示范和高质量发展持续带动的生产、生活、生态“发展铁三角”在沈阳西部正在形成超强磁场，与 2010 年第六次人口普查的 111.38 万人相比，铁西区 2020 年增加 22.22 万人，增长 19.95%。2020 年，沈阳经济技术开发区在国家级开发区综合排名跃升至第 19 位，开发区综合发展水平提升到全新高度。

本书是在沈阳经济技术开发区多年生态工业园建设工作的各项成果基础上整理完成的，提炼了生态工业园建设进展、指标达标情况、特色总结、低碳发展水平评估、绿色低碳实施路径等内容。作为新时期沈阳经济技术开发区绿色低碳发展路径案例研究，本书旨在抛砖引玉，吸引更多的同行专家参与，共同推进我国经济技术开发区的生态文明建设水平。

本书的第 1 章由方晓明、袁宝成完成，第 2 章由方晓明、袁宝成、宋伟强、于佳宏、王双、孔德天、刘丽完成，第 3 章由易彬樘、张昊、李姝、王蕊完成，第 4 章由宋伟强、陈晓冰、易彬樘、李道宁、方晓明、袁宝成、刘丽完成，第 5 章由袁宝成、王蕊完成，第 6 章由方晓明、陈晓冰、宁兴磊、于佳宏、王双、邹鹤、李道宁、刘丽完成。

在成果报告和本书编写过程中得到了生态环境部、生态环境部南京环境科学研究所、辽宁省生态环境厅、沈阳市生态环境局的指导，得到了沈阳经济技术开发区管理委员会等有关部门的支持与帮助，在此谨致谢意。

由于时间仓促，加之笔者水平有限，错误与不妥之处在所难免，敬请读者批评指正。

编　者

2022 年 6 月于沈阳

目 录

1 引言

1.1 绿色低碳发展形势

资源与环境问题是人类面临的共同挑战，推动绿色增长、实施绿色新政是全球主要经济体的共同选择，资源能源利用效率也成为衡量国家制造业竞争力的重要因素。推进绿色发展是全面推进高质量发展、提升国际竞争力、实现“碳达峰”“碳中和”目标的必然途径。

1.1.1 国际发展形势

2020 年全球已有 54 个国家实现了“碳达峰”，44 个国家和经济体宣布了“碳中和”目标，全球主要经济体纷纷实施了绿色发展战略，力图通过科技、产业创新推动社会发展向绿色发展转型，在全球竞争中抢占制高点，绿色贸易新格局正在孕育发展，绿色壁垒已成为一些国家谋求竞争优势的重要手段。

1.1.2 国内发展形势

我国已郑重承诺 2030 年实现“碳达峰”和 2060 年实现“碳中和”，提出建立健全绿色低碳循环发展经济体系，促进经济社会发展全面绿色转型。同时，随着各省份、各行业相继提出“双碳”目标，资源和环境约束不断强化，劳动力等生产要素成本不断上升，这些客观因素对以工业为主要支撑产业地区的经济发展提出了新要求，对新的发展路径和经济增长模式的探索刻不容缓。

1.1.3 地方发展形势

近几年，辽宁省和沈阳市经济社会发展取得了一系列成就，但资源环境瓶颈约束矛盾日益突出，辽宁省能源消费总量已超过 2 亿 t 标煤，实现“碳达峰”“碳中和”目标面临着重大现实挑战。全面推动绿色经济体系的形成与科学发展，打造新的高质量发展动能，对推动辽宁省形成以国内大循环为主体、国内国际双循环相互促进的新发展格局具有重要意义，也是重塑辽宁省竞争新优势的战略抉择。

1.1.4 沈阳经济技术开发区发展形势

未来几年，将是沈阳经济技术开发区探索绿色发展和转型升级历史使命的关键时期，也是实现工业绿色发展的攻坚阶段。同时，“碳达峰”“碳中和”为深入打好污染防治攻坚战等国家重大战略，为沈阳经济技术开发区工业领域更大力度、更深层次地系统破解资源环境约束，探索生态优先、绿色发展的新路子提供了新的契机，也为沈阳经济技术开发区产业转型绿色发展提出了新的要求、带来了新的机遇。

1.2 任务由来

“十三五”时期，沈阳经济技术开发区按照“生态优先，绿色发展”的总要求，加快产业结构转型升级，着力构建高效、清洁、低碳、循环的绿色制造体系，培育壮大绿色产业，工业绿色发展取得了阶段性成就，但绿色发展水平与国内先进地区还存在一定差距。

产业转型升级方面。产业转型升级有待进一步加快步伐，产业结构有待进一步提升和升级，产业整体的科技水平不高，智能装备产业对外依存度高、产品附加值低，与南方发达城市相比，优势在不断弱化。

能源效用结构方面。“十三五”期间，沈阳经济技术开发区能源结构仍以煤炭、煤电为主，非化石能源消费占比偏低，2020 年沈阳经济技术开发区煤炭消费量为 301 万 t 标煤。而以煤炭、煤电为主的能源消费结构成为低碳经济绿色发展的主要瓶颈，不仅会加大节能降碳压力，也不利于“碳达峰”目标的实现。

绿色生产水平方面。沈阳经济技术开发区的生态设计尚处在起步阶段，制造业数字化智能化应用面不广，能源资源利用效率与先进水平存在差距。绿色消费引领绿色生产的格局尚未形成，绿色产品供应不足。

绿色创新能力方面。沈阳经济技术开发区的绿色核心关键技术装备突破不多，先进适用技术尚未得到广泛应用，产业链总体上处于中低端水平，绿色制造高端装备、关键零部件、基础材料、核心工艺等对外依赖程度较高，供应链自给率不足 20%。

绿色发展意识方面。沈阳经济技术开发区的绿色发展观念还没有完全形成，传统产业生态化转型升级动力不足，资源要素制约日益明显，生态环境承受能力有限，发展方式粗放，经济反哺生态动力不足，生态本底提升面临巨大挑战。

未来，沈阳经济技术开发区绿色低碳建设将以“碳达峰”“碳中和”目标为导向，以深化供给侧结构性改革为主线，以绿色科技创新为支撑，构建绿色发展技术创新体系，增强绿色产业发展新动能；推进产业转型升级，厚植绿色产业发展新优势；创新绿色产业发展路径，拓展绿色产业发展新空间；构建对外创新服务、对内促进发展的绿色经济发展新格局，支撑实现“双循环”发展新格局的形成，全面开创沈阳经济技术开发区“十四五”时期绿色高质量发展新局面，成为创新驱动和绿色集约发展引领区、探索老工业基地振兴中绿色发展和转型升级的样板区、辽宁省生态经济和绿色工业园区的先行区、“碳达峰”“碳中和”先行示范区，走在辽宁省乃至全国产业绿色转型低碳发展前列。

本书旨在充分评估沈阳经济技术开发区的绿色低碳工作进展，对比生态工业园指标分析年际达标情况，总结绿色低碳发展特色工作，提出存在的问题和制约因素，制订下一阶段的计划，系统谋划沈阳经济技术开发区绿色低碳建设路径，促进沈阳经济技术开发区的可持续发展。

1.3 研究范围

1.3.1 空间范围

本次研究范围为：东以沈阳西三环、沈新路、沈辽路为界，南以浑河为界，西以四环路为界，北以京沈高速公路为界，面积为 84.87km^2。

1.3.2 时间范围

本次研究时间跨度从 2018 年至 2020 年，以生态工业园区绿色低碳建设的工作进展和成果为研究对象。

2 工作进展概述

2.1 东北老工业基地的根基，生态工业示范的拓荒者

2.1.1 而立有余，沈阳经济技术开发区走上绿色低碳发展的康庄大道

沈阳经济技术开发区创建于 1988 年 6 月 22 日，1993 年 4 月经国务院批准为国家级经济技术开发区。沈阳经济技术开发区位于沈阳市西南部，是东北老工业基地的重要部分，是东北沈西工业走廊的中心点。

沈阳经济技术开发区重点发展高端装备制造、汽车制造、生物医药、新一代信息技术产业，聚焦“工业互联网＋先进装备制造”，依托沈阳·中关村在人工智能、大数据、物联网等方面的新一代信息技术产业上的优势，为“老字号”赋能增效，促进制造业向智能、绿色、高端、服务方向升级。截至“十三五”末期，沈阳经济技术开发区拥有华晨宝马汽车有限公司（以下简称“华晨宝马”）、采埃孚伦福德汽车系统（沈阳）有限公司、普利司通（沈阳）轮胎有限公司（以下简称“普利司通”）等世界 500 强企业 61 家，本特勒汽车系统(沈阳)有限公司、慕贝尔汽车部件（沈阳）有限公司等外资企业 620 家[①]，特变电工沈阳变压器集团有限公司（以下简称“特变电工”）、

① 本章数据均来源于沈阳经济技术开发区管理委员会。

沈阳三生制药有限责任公司（以下简称“三生制药”）等工业企业3 000余家，拥有国家高新技术企业408家，科技中小型企业786家，科技小巨人企业119家，科技企业孵化器和众创空间20家，瞪羚企业16家；拥有国家级重点实验室3个，省级重点实验室31个，省级专业技术创新中心33个。根据2020年商务部发布的国家级经济技术开发区综合发展水平考核评估结果，沈阳经济技术开发区综合排名第19位，综合发展水平突出。

经过30余年的建设，沈阳经济技术开发区在老工业基地调整改造的进程中不断发展壮大，成为东北老工业基地振兴的标识、中国工业发展成果的展示窗口，荣获“老工业基地调整改造暨装备制造业发展示范区”“国家新型工业化产业示范基地”“国家可持续发展实验区”“国家科技进步示范区”“国家服务业综合改革试点区”“十佳国家级开发区”“国家低碳工业园区试点”“科创中国试点城市（园区）”“国家级外贸转型升级基地”“国际科技合作基地”“中德企业合作基地”“产业转型升级示范园区”“中德智能制造合作试点示范园区”“全国模范劳动关系和谐工业园区”等一系列荣誉称号。

2.1.2 生态工业示范持续推进，生态创建成果得到肯定

2009年，沈阳经济技术开发区提出创建国家生态工业示范园区，组织编制了《沈阳经济技术开发区国家生态工业示范园区建设规划》（以下简称《规划》）。2011年《规划》通过了辽宁省生态工业园区建设领导小组办公室的预审。2012年《规划》通过了国家生态工业示范园区建设领导小组办公室组织的专家论证，成为东北地区首个通过国家三部委组织论证的园区。2013年2月，正式成为国家生态工业示范园区建设单位。

2013年8月，通过了辽宁省生态工业园区建设领导小组组织的验收，成为省级生态工业园区。

2013年10月，沈阳经济技术开发区通过了国家生态工业示范园区建设领导小组办公室组织的验收。2014年1月，环境保护部、商务部和科学技术部对沈阳经济技术开发区下发了《关于批准沈阳经济技术开发区为国家生态工业示范园区的通知》（环发〔2014〕8号），沈阳经济技术开发区成为国家生态工业示范园区。自获得国家生态工业示范园区的命名以来，沈阳经济技术开发区更加坚定贯彻落实生态文明发展理念，装备制造业实现智能化、绿色

化发展，汽车产业实现链条化、高端化发展，医药化工产业实现清洁化转型，再制造产业成为发展新动能，沈阳经济技术开发区的产业集群进一步壮大，产业发展质量进一步提升，产业关联进一步密切，产业共生体系进一步拓展，生态产业体系实现了持续完善，国际竞争力不断提升。

2018 年 10 月，在 2016 年经济下滑明显的不利局面下，沈阳经济技术开发区仍以“良好”的成绩通过了国家生态工业示范园区建设领导小组办公室组织的复查。

2.2 群策群力，多方推进生态工业示范建设

2.2.1 政府引导，综合施策，有力推动生态工业示范建设

在生态工业示范园区持续建设的过程中，沈阳经济技术开发区管委会发挥政策导向作用，其合理配置资源，有效运用经济、法律和行政手段，实现了经济发展与节能减排的协调推进、节约资源与保护环境的良性互动，有效地推动了生态工业示范园区建设。具体有以下措施。

2.2.1.1 加强组织领导，建立长效机制

（1）成立国家生态工业示范园区建设领导小组。2013 年，沈阳经济技术开发区成立了由管委会主任为组长，分管副主任为副组长，各部门负责人为成员的国家生态工业示范园区建设领导小组，并设立了国家生态工业示范园区建设领导小组办公室，切实加强了园区建设的组织领导。2021 年，根据领导职务和各部门职能，对国家生态工业园建设领导小组和国家生态工业示范园区建设领导小组办公室进行了调整，持续推进生态工业示范园区建设。

（2）成立低碳工业园区建设领导小组。2015 年 8 月，国家工业和信息化部（以下简称“工信部”）、国家发展和改革委员会（以下简称“发改委”）两部委同意沈阳经济技术开发区创建国家低碳工业园区试点。在沈阳经济技术开发区低碳工业园区建设领导小组的精心指导下，沈阳经济技术开发区以“力争成为东北老工业基地低碳发展的先行区、试验区”为总体目标，积极探

索传统工业园区的绿色低碳发展路径。

（3）成立国家级绿色园区创建工作领导小组。2021年3月，成立中德（沈阳）高端装备制造产业园（以下简称“中德园”）国家级绿色园区创建工作领导小组，由管委会主任为组长，工业和信息化局、发展和改革局、中德园产业发展部等部门为成员的领导小组，领导小组办公室设在中德园产业发展部，高效推动了绿色园区的创建工作。2020年，中德（沈阳）高端装备制造产业园被评为绿色工业园区。

2.2.1.2 完善政策制度，园区建设再上新台阶

（1）产业政策支持。为持续提升产业发展水平，促进区域产业结构调整优化，提高自主创新能力，沈阳经济技术开发区出台了系统政策文件，先后印发了《促进工业高质量发展若干政策》（沈西政办发〔2019〕26号）、《加快服务业高质量发展若干政策》（沈西政办发〔2019〕29号）、《促进金融业高质量发展若干政策》（沈西政办发〔2019〕32号）等系列文件。例如，2019年沈阳经济技术开发区印发的《促进工业高质量发展若干政策》，对入园的重点项目、智能制造、绿色制造、创新创业、重点企业等给予最高不超过2 000万元的资金补助，进一步优化了沈阳经济技术开发区的工业发展环境，促进了工业高质量发展。

（2）产业规划先行。沈阳经济技术开发区坚持规划先行，引领产业高质量发展，组织编制了一系列的产业规划，2019年编制了《汽车及零部件产业规划》，2020年编制了《产业发展规划》《创建国家新型工业化示范基地工作方案》，2021年编制了《产业转型绿色低碳发展行动方案》。

（3）污染治理方案。为进一步改善生态环境质量，沈阳经济技术开发区制定出台了《水污染防治工作实施方案（2016—2020年）》《2019年蓝天保卫战作战方案》《环境质量中长期改善方案（2019—2035）年》等一系列文件，持续开展污染防治攻坚战。

2.2.1.3 加强资金扶持，助力企业发展

（1）积极设立区级引导基金。沈阳经济技术开发区参与设立区级引导基金2个，引导基金规模18亿元。组建辽宁中德产业股权投资等6只基金，总规模62.75亿元，搭建全生命周期的金融服务体系。通过设立政府引导基金，撬动了社会资本，降低了中小微企业的融资成本，缓解了企业融资难融资贵

和传统产业转型升级面临的资金困难等方面的压力，实现了金融服务实体经济的目标。

(2)积极争取上级资金补贴。沈阳经济技术开发区积极为企业争取上级资金补助。2018 年，为沈阳远大压缩机有限公司、特变电工沈阳变压器有限公司、沈阳三生制药有限责任公司、沈阳金谷科技园股份有限公司等企业的 15 个项目累计争取国家发展和改革委资金 1.3 亿元。中央资金的获得，有力地支持了沈阳经济技术开发区的产业发展和重点项目建设。2019 年，为远大高端农机装备产业园、中德开中德园企业服务中心、宝马新厂区前期勘察测绘工程等 10 个项目获得中央资金 1.75 亿元；为赛莱默水处理系统（沈阳）有限公司、普利司通（沈阳）轮胎有限公司、沈阳中航机电三洋制冷设备有限公司等 11 家企业申请工业节能资金财政补贴 837.2 万元。2020 年，沈阳经济技术开发区为赛轮（沈阳）轮胎有限公司（以下简称“赛轮轮胎”)、东北制药集团股份有限公司、沈阳科创化学品有限公司等 8 家企业申请工业节能资金财政补贴 240.1 万元。

2.2.1.4 强化创新平台建设，提升产业发展核心竞争力

沈阳经济技术开发区将科技创新作为推动企业发展的重要手段，通过促进企业与高校产学研合作，加强创新平台建设，提高企业自主创新能力，提升企业产品的科技含量，推动传统工业向新兴科技产业转变，为区域经济创新发展、产业转型升级、新旧动能转换提供了强有力支撑。

研发平台方面。沈阳经济技术开发区有沈阳工业大学、沈阳化工大学、沈阳铸造研究所等 10 余所高校院所，两院院士 2 人；如表 2.1，建立技术研发平台 197 家，国家级重点实验室 3 个，国家级工程技术中心 1 个，国家级企业技术中心 8 个。另外，国家级稀土永磁电机质量监督检测中心、国家极端条件科学中心等国家级创新平台已启动建设。

表 2.1 国家级研发平台名单

国家级平台类型	序号	平台名称
国家级重点实验室	1	沈阳化工研究院有限公司新农药创制与开发国家重点实验室
	2	沈阳铸造研究所高端装备轻合金铸造技术国家重点实验室
	3	北方重工集团全断面掘进机实验室
国家级工程技术中心	4	沈阳工业大学国家稀土永磁电机工程技术研究中心
国家级企业技术中心	5	沈阳机床（集团）有限责任公司
	6	沈阳鼓风机集团股份有限公司
国家级企业技术中心	7	东北制药集团有限责任公司
	8	特变电工沈阳变压器集团有限公司
	9	三一重型装备有限公司
	10	北方重工集团有限公司
	11	沈阳铁路信号有限责任公司
	12	沈阳北方交通重工集团有限公司

（2）检验检测机构方面。辽宁省国家级产品质检研究基地包括国家建筑起重机械质检中心、国家电线电缆质检中心等 6 个国家级检测中心，占地 6.6 万 m^2，建筑面积 4.6 万 m^2，总投资 2 亿元，共有沈阳迪安医学检验所有限公司、中认（沈阳）北方实验室有限公司等检验检测服务机构 11 家。其中，中认（沈阳）北方实验室有限公司是中国质量认证中心（CQC）在东北地区设立的第三方国家级综合检测服务机构，沈阳迪安医学检验所有限公司是由辽宁省卫生厅批准设置的首家医学独立实验室，沈阳紫微恒检测设备有限公司是全国专业标准化技术委员会委员、中国标准化协会装备制造业工作委员会秘书

处单位。

(3)产学研协同创新方面。中科沈阳产业技术创新研究院完成首批 3.5 万 m^2 标准化厂房的改造，入驻新字号产业项目达到 10 家，沈阳经济技术开发区安排 1 亿元专项经费用于产研院建设。深化与大连理工大学建设沈阳大连理工产业技术研究院，推进建设军民融合产业园。大连理工大学军民融合沈阳铁西研究院拥有生产及办公场地 2 万 m^2，截至 2020 年有 9 个科研团队、12 家科研企业入驻在孵，2020 年科研产值达到 1.5 亿元，孵化成功的顺义科技被评为瞪羚企业并启动了上市程序。沈阳化工新材料中试基地由沈阳中化新材料科技有限公司发起成立，项目总投资 2.72 亿元，建筑面积 2.45 万 m^2，预计投产后将为地区化工新材料产业链企业完成磺化物的中试项目及对苯二酚二羟乙基醚（HQEE）的中试项目提供中试服务。

(4)国际科技合作方面。依托中德国际科技合作基地，组建纳入中德两国副部长磋商机制的中德(沈阳)高端装备制造创新委员会，下设工业互联网委员会、智能装备委员会、双元制教育委员会 3 个分委会，搭建智库咨询、对外合作、学习分享、解决实施、产业发展五大平台。另外，建设了德国海德堡、瑞典斯德哥尔摩、日本、深圳离岸创新中心等 4 家海外离岸创新中心，并获批国家海外人才离岸创新创业基地。

(5)双创载体方面。省市级众创空间、孵化器总量突破 20 家，在孵企业超过 400 户，孵化面积 51 万 m^2，2020 年新增 6.7 万 m^2。孵化培育雏鹰企业 66 家，瞪羚企业 13 家。在建的中南高科·沈阳中德智造谷、亿达信创产业园、中关村创新大厦等载体面积超过 80 万 m^2。

(6)生物医药专业服务方面。重点建设北方药谷，规划占地 33.3hm^2，规划总投资 50 亿元人民币，建设五大基地即建设生物医药研发基地、生物医药国际研发生产服务（CDMO）基地、生物制药原辅材料制造基地、生物制药核心工艺装备基地、生物医药产业人才培养基地。

(7)科技支撑服务业方面。沈阳金谷规划占地 2km^2，总投资约为 205 亿元，以“2025 创新大厦”等载体为依托，集聚了 110 余家科技服务企业进驻，2020 年获批国家级人力资源产业园。拥有辽宁省首批典型实质性产学研联盟 17 家，市级以上技术转移机构 13 家，成立了中德园知识产权仲裁院，知识产权信息公共服务平台上线运营。

2.2.2 企业主体，竭尽所能，持续推进绿色生产制造

企业在生态工业园区建设过程中发挥了主体作用，企业积极承担社会责任，通过工艺改进、设备改造、科技创新等措施实现了节能降耗减排，推动了沈阳经济技术开发区生态工业示范园区的建设。

一是积极开展清洁生产审核。在生态工业示范园区持续建设的过程中，区内企业积极开展清洁生产审核，实施清洁生产中高费方案，不断提高污染减排、资源节约和综合利用的水平。2018—2020 年，沈阳经济技术开发区内特变电工、中光电子等重点企业开展了清洁生产审核，实施率达到 100%。

二是实施重点节能减排工程。企业通过购置先进设备、淘汰高耗能设备、工艺改进等方式，实现了节能增效。三生制药、普利司通沈阳钢丝帘线有限公司、乐凯（沈阳）科技产业有限责任公司等企业对自建污水处理站进行了升级改造，沈阳石蜡化工有限公司、华晨宝马、沈阳鼓风机集团有限公司（以下简称“沈阳鼓风机集团”）、沈阳可口可乐饮料有限公司（以下简称“可口可乐”）等企业实施了中水回用工程，减少了废水污染物排放量。在燃煤小锅炉的拆除方面，2018—2020 年累计拆除燃煤小锅炉 60 台，合计 111.75t，年节约原煤 5 795t；在“煤改气 / 电”方面，2018—2020 年累计改造锅炉 12 台，减少原煤用量 1 025t。沈阳经济技术开发区热电有限公司先后进行了三次锅炉污染治理设施升级改造，重污染企业沈阳炼焦煤气有限公司于 2017 年关停，2020 年 8 月彻底拆除，有效地减少了废气污染物的排放量。2021 年，沈阳经济技术开发区范围内按《沈阳市城市热电发展总体规划（2017—2025 年）》转为备用或深度调峰的 4 座热源厂与国电沈阳沈西热电有限公司厂达成协议，采用购买热力的方式进行区域供暖，提前 5 年完成区域洁净煤超低排放供暖，共替代 9 万 t/a 原煤消耗。

三是开展绿色创建活动。沈阳经济技术开发区企业积极开展厂房集约化、生产清洁化、废物资源化、能源高效化和生产智能化建设，华晨宝马、沈阳鼓风机集团、沈阳工业泵制造有限公司、特变电工等 9 家企业获批国家级绿色工厂；赛轮（沈阳）轮胎有限公司（以下简称“赛轮轮胎”）的汽车轮胎被工信部认证为绿色设计产品；精新再制造被认定为绿色供应链，42 家企业获得省级绿色制造体系示范单位。

四是制造业与互联网融合发展。工业和信息化部于 2020 年 12 月 24 日公布了 2020 年制造业与互联网融合发展试点示范名单（不含“跨行业跨领域工业互联网平台”方向）。其中，在两化融合管理体系贯标方向，沈阳鼓风机集团有限公司申报的精益数字化企业管理能力上榜面向现代化生产制造与运营管理的新型能力建设名单；在特色专业型工业互联网平台方向，紫光中德技术有限公司申报的辽宁省输配电工业互联网平台上榜面向区域的特色工业互联网平台名单。

2.2.3 三方助力，外脑赋能，实现园区环境持续优化

沈阳经济技术开发区以大气污染防治、河流水质改善、环保督察等工作为重点，积极推行环境污染第三方治理，污染治理效率和专业化水平明显提高，切实促进了环境质量的改善。

（1）第三方环保督察服务。聘请第三方公司，围绕环保督察整改，实施高标准、专业化、全流程过程管控。

（2）第三方抗霾服务。强力推进大气污染防治工作，聘请国家沈阳经济技术绿色发展联盟和沈阳环境科学研究院承担沈阳经济技术开发区抗霾第三方服务工作，实施科学研判评估，因“病”施治。利用先进激光雷达、无人机、远红外设备、微子站等，对重点污染源进行精准锁定。建立 10 人的专家服务团队和 50 人的应急整改大队，努力做到“零耗时到达，零容忍违法，零恶化指标”。

（3）第三方水污染防治服务。沈阳经济技术开发区建立了覆盖全区的河长制管理体系，各级河长与河道警长、护河员、第三方机构共同推进“四水同治”“三污一净”等重点任务开展，河流水质改善显著，水生态环境不断提升。

（4）第三方监测服务。沈阳经济技术开发区监测站重视监测数据质量控制，充分发挥监督质控等职能作用，通过政府招标等合法程序，让正规、可靠的社会化监测机构作为环境监测工作的能力补充。

为规范环境监测行为，保障环境监测数据质量，提高监测数据公信力和权威性，维护沈阳经济技术开发区环境监测行业市场秩序，在全市率先建立了对“第三方”监测公司进行考核、评分的制度，确保监测数据的真实性、有效性，为管理部门提供科学数据。

同时对第三方运维单位进行监督管理，规范污染源自动监控设施的运行维护工作，确保污染源自动监控系统长期、正常、稳定运行。

（5）第三方运营污染设施。沈阳经济技术开发区的集中污水处理厂由第三方运营，安装在线监控设备，实现24小时不间断监控。沈阳高压开关厂、华晨宝马等5家企业污水处理站也实现了第三方运营。通过市场化运作、严格的监督考核制度和联动查处机制，保证了污水处理厂的稳定运行、出水水质的稳定达标。

2.2.4 公众参与，全民支持，形成生态工业示范建设良好氛围

公众是生态工业园区建设的基础，沈阳经济技术开发区积极拓宽公众参与的渠道，结合“6·5”世界环境日以及低碳节能活动月活动，加大宣传教育力度，培育普及生态文化。充分运用广播、电视、报刊、网络等多种媒体，向公众宣传生态工业示范园区的建设理念，推动全方位生态文化建设，不断提高沈阳经济技术开发区生态工业园区的建设水平。环保督察群众举报热线、政务微博、微信等，实时接收、处理有关生态环境问题的举报，努力营造全民支持、全民参与、全民监督的良好社会氛围。

（1）园区生态工业宣传方面。2018年，沈阳经济技术开发区组织了主题为“提升企业能效管理，建设绿色制造体系”的低碳节能活动月宣传活动以及6·5世界环境日宣传活动。2019年，沈阳经济技术开发区组织了节能宣传周以及6·5世界环境日宣传活动。2020年，沈阳经济技术开发区举行了主题为“美丽中国，我是行动者”的6·5世界环境日宣传活动以及国际生物多样性日宣传活动。通过宣传，进一步增强了群众的环境保护意识，并动员大家积极参与生态文明建设，自觉践行绿色生产和生活方式，争做美丽辽宁的建设者。

（2）企业层面。华晨宝马铁西工厂、沈阳可口可乐、沈阳鼓风机集团等企业积极开展了生态工业宣传活动。

华晨宝马每年发布可持续发展报告，从经济、环境和社会三个层面对企业在可持续发展方面的行动、业绩和未来发展策略进行公开，主动承担社会责任。

沈阳可口可乐联合沈阳经济技术开发区生态环境分局在6·5环境日举

办了“人与自然和谐共生”环保互动益起行活动，沈阳经济技术开发区生态环境分局、辽宁中粮可口可乐、东北制药集团股份有限公司、沈阳科创化学品有限公司、沈阳化工股份有限公司的百余名环保志愿者参与了“绿色”行动。

沈阳鼓风机集团以“4·22”地球日、“6·5”世界环境日、节能减排宣传周为契机，利用网络、广播、报纸、环保宣传手册等形式对员工进行环保常识的普及，增强员工的环境保护意识。同时针对新入职员工、调转岗位员工、中层以上领导等进行环保法律法规、日常环境行为等的专项培训。

2.3 国家生态工业示范园区规划完成情况

2009年，沈阳经济技术开发区提出创建国家生态工业示范园区，组织编制了《沈阳经济技术开发区国家生态工业示范园区建设规划》(以下简称《规划》)。2011年，《规划》通过了辽宁省生态工业园区建设领导小组办公室预审。2012年，《规划》通过了国家生态工业示范园区建设领导小组办公室组织的专家论证，成为东北地区首个通过国家三部委组织论证的园区。2013年2月，沈阳经济技术开发区正式成为国家生态工业示范园区建设单位。

2013年10月，沈阳经济技术开发区通过了国家生态工业示范园区建设领导小组办公室组织的验收。2014年1月，环境保护部、商务部和科学技术部对沈阳经济技术开发区下发《关于批准沈阳经济技术开发区为国家生态工业示范园区的通知》(环发〔2014〕8号)，批准沈阳经济技术开发区成为国家生态工业示范园区。

2.3.1 规划目标完成情况

2.3.1.1 《规划》中远期目标要求

《规划》提出了中远期目标，即到2020年，完善生态工业园区运行机制，生态工业园区建设对区域经济发展模式的带动作用充分显现。进一步加强沈阳经济技术开发区的产业联动，不断提升装备制造产业丰厚度、企业竞争力和产品附加值，建成规划面积 40km^2 的宝马新城，形成行业之间的柔性生态工业网络。实现资源效率高、生态环境质量好、基础设施完善的目标，充分发挥生态工业园区在促进沈阳经济技术开发区可持续发展方面的作用。

2.3.1.2 《规划》中远期目标完成情况

（1）完善运行机制。沈阳经济技术开发区为持续推进生态工业示范园区建设，建立了长效推进机制。2013 年成立了国家生态工业示范园区建设领导小组，后续根据领导职务和各部门职能，对国家生态工业园建设领导小组进行了调整。2015 年成立了低碳工业园区建设领导小组，推进园区绿色低碳发展。2021 年 3 月，成立中德（沈阳）高端装备制造产业园国家级绿色园区创建工作领导小组，推进绿色园区建设。

（2）完善生态工业链网。自获得国家生态工业示范园区的命名以来，沈阳经济技术开发区推进了装备制造业智能化、绿色化发展，汽车产业链条化、高端化发展，使医药化工产业向清洁化转型，使再制造产业成为发展新动能，沈阳经济技术开发区的产业集群进一步壮大，产业关联进一步密切，产业共生体系进一步拓展，生态产业体系实现了持续完善。

高端装备制造产业以机床产业、电气产业、通用装备产业为代表，2018—2020 年按照延链补链招商引进项目。机床产业在沈阳机床龙头企业的带领下，2020 年安川电机（沈阳）有限公司建设三期扩大了电机产能，沈阳诺达动力有限公司建设了永磁方波电机产业项目，具备了年产 1 万台的装配半自动化的生产能力，进一步完善了“功能部件—整机”的机床产业集群。电气产业引进了沈阳市宏远电磁线有限公司电磁线产业化扩建项目，沈阳安泰电气有限公司建设了配件加工项目。通用装备产业引进了沈阳恩斯克有限公司二期扩建轴承、沈阳鼓风集团舰船设备生产、远大压缩机项目等多个项目，进一步提升了产品档次、丰富了产品类型。

汽车产业以华晨宝马铁西工厂整车为核心打造宝马新城，聚集起了 18 家规模以上的宝马汽车零部件配套企业。2018—2020 年，华晨宝马铁西工厂投资 200 亿元人民币建设新工厂项目，进一步丰富了产业规模和产品种类，华晨宝马全新 3 系及 X2 产品建设项目竣工投产。为拉长产业链、增强本地化配套，沈阳经济技术开发区于 2018—2020 年间，建设了一批零部件生产项目，进一步增强了整车与零部件企业之间的配套协作关系。2018 年，沈阳华翔汽车零部件有限公司宝马零部件工厂专业生产线建设项目投产，延锋彼欧（沈阳）汽车外饰系统有限公司增产，沈阳彼尔纳汽车零部件有限公司改扩建，劳士领汽车配件（沈阳）有限公司建设了年生产20万套汽车配件项目。沈阳奇隆汽车零部件制造有限责任公司生产轿车座椅骨架、轿车用冲压件、管件、焊接件等系列产品180万台（套）/年。2019年，新晨动力机械（沈阳）有限公司发动机曲轴生产项目投产，佩尔哲汽车内饰系统（太仓）有限公司沈阳分公司新建汽车隔音隔热垫项目、欧拓（沈阳）防音配件有限公司开发区分公司汽车零部件制造项目、沈阳晨发汽车零部件有限公司建设项目建成投产。采埃孚伦福德汽车系统（沈阳）有限公司利用现有厂房增加印制电踏板（PCB）产能、博斯汽车部件（沈阳）有限公司建成，可年产18万套汽车天窗。2020年，赛轮（沈阳）轮胎有限公司年产330万套高性能智能化全钢载重子午线轮胎项目、沈阳市中瑞机械有限责任公司汽车零部件生产项目、沈阳敬信汽车零部件有限公司汽车零部件制造项目、泰孚（沈阳）汽车零部件有限公司高档轿车隔音地毯及行李架项目建成投产。

医药化工产业实施了医药化工产业的区域整合、结构调整和产品升级，实现了医药化工产业的绿色转型。沈阳经济技术开发区重污染企业沈阳炼焦煤气有限公司使用湿熄焦工艺，是废气国控源企业，是沈阳经济技术开发区的高水耗、重污染企业。企业于2017年关停，2020年8月彻底拆除。2018—2020年间，建设了三生制药北方生物医药科技园、聚乙二醇化重组假丝酵母尿酸氧化酶、东北制药医药智造产业园整体建设项目等一批重点项目，提高了绿色产品的供应能力，壮大了医药产业集群。

再制造产业重点打造和扶持了沈阳精新再制造有限公司（以下简称“沈阳精新机床”）、泰豪沈阳电机有限公司（以下简称“泰豪电机”）、沈阳金研激光再制造技术开发有限公司（以下简称“金研激光”）等再制造企业，实现了机床、电机、燃机等产品及关键部件的再制造。

（3）资源能源高效利用。沈阳经济技术开发区通过建立长效工作机制、加强节能管理、实施节能技改项目、推进清洁生产审核等工作，深入推进重点耗能企业节能降耗，积极开发和推广节能技术，各项节能工作取得了较好成效。2020年沈阳经济技术开发区单位工业增加值综合能耗为0.20t标煤/万元，与2018年相比降低了9.09%。

沈阳经济技术开发区不断深化“循环用水、一水多用”的水资源生态工业发展模式，提高水资源的梯级和循环利用效率，通过企业技术改造和技术创新进一步提升了水资源的重复利用率。2020 年沈阳经济技术开发区工业用水重复利用率为 93.90%，与 2018 年相比提高了 0.5 个百分点。

沈阳经济技术开发区按照管住总量、严控增量和盘活存量的原则，推进园区土地资源集约、高效利用。2020 年沈阳经济技术开发区单位工业用地工业增加值为 12.51 亿元 /km^2，同比增长 9.83%。

（4）环境质量持续改善。“十三五”期间，沈阳经济技术开发区环境空气质量整体呈现改善趋势，环境空气质量优、良天数由 2015 年的 178 天（占 52.0%）上升到 2020 年的 258 天（占 72.9%）。2018—2020 年，细河沈阳经济技术开发区段水质逐年改善。2020 年，细河沈阳经济技术开发区段水质由全线劣Ⅴ类稳步提升至近半数断面达到Ⅴ类水质。

2.3.2 规划项目实施情况

根据《规划》，沈阳经济技术开发区中远期实施了生态产业补链、物质代谢、节能减排污染治理、水资源集成及污染控制、生态景观建设、环境管理和保障体系建设六个方面的建设，详见附表 2。

2.4 社会经济环境效益情况

近年来，沈阳经济技术开发区先后实施了结构调整、生态产业建设、生态环境保护、保障能力建设等重点工程，取得了明显的经济、环境、社会效益。

2.4.1 经济效益

通过产业结构调整、生态产业重点工程建设，不断引导区内企业进行技术创新，沈阳经济技术开发区进一步优化提升了产业结构，拓展延伸了主导产业链网，加强了产业内部、产业之间的物质、能量及信息交流与联系，形成了产业复合共生、高效发展的格局，促进了产业向高端化升级。2020 年沈阳经济技术开发区（国家生态工业园范围内）工业增加值 348.78 亿元，同比增长 10.18%。2020 年人均工业增加值 42.67 万元 / 人，与 2018 年相比增长 11.5%，与 2015 年相比增长 35.07%。2015、2018、2020 年沈阳经济技术开发区人均工业增加值变化情况见图 2.1。

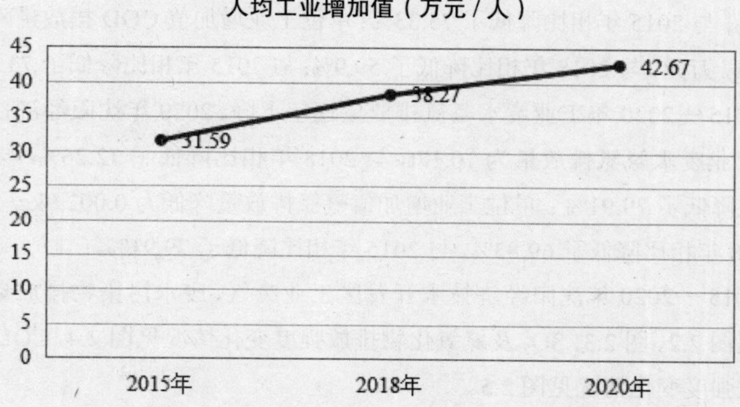

图 2.1　2015 年、2018 年、2020 年沈阳经济技术开发区人均工业增加值变化情况

2.4.2　节能环保效益

2.4.2.1　环境效益

沈阳经济技术开发区通过加强环境治理，建设一系列废水、废气治理工程及废物资源化工程，实施生态治理，沈阳经济技术开发区重点企业清洁生产审核率达到了 100%，2020 年工业废水、废气污染物排放量、排放强度实现双下降。2020 年工业固体废物综合利用率达到 94.11%，所有危险废物实现了 100% 安全处置，没有发生重大环境污染事故及生态破坏事件。

2015—2020 年工业废气 SO_2 排放量逐年下降。2020 年沈阳经济技术开发区工业废气 SO_2 排放量为 787.76t，与 2018 年相比降低了 52.67%，与 2015 年相比降低了 78.09%；单位工业增加值 SO_2 排放量降低到 0.23kg/ 万元，与 2018 年相比降低了 48.54%，与 2015 年相比下降了 75.61%。

2015—2020 年工业废气氮氧化物排放量逐年下降。2020 年沈阳经济技术开发区工业废气氮氧化物排放量为 573.5t，与 2018 年相比降低了

46.86%，与 2015 年相比降低了 79.75%。2020 年单位工业增加值 NO_X 排放量降低到了 0.16kg/ 万元，与 2018 年相比降低了 42.21%，与 2015 年相比降低了 78.46%。

2015—2020 年工业废水化学需氧量（COD）排放量逐年下降。2020 年沈阳经济技术开发区工业废水 COD 排放量为 119.5t，与 2018 年相比降低了 63.16%，与 2015 年相比降低了 75.33%；单位工业增加值 COD 排放量降低为 0.034kg/ 万元，与 2018 年相比降低了 59.9%；与 2015 年相比降低了 73.23%。

2015—2020 年工业废水氨氮排放量逐年下降。2020 年沈阳经济技术开发区工业废水氨氮排放量为 10.17t，与 2018 年相比降低了 72.26%，与 2015 年相比降低了 79.91%；单位工业增加值氨氮排放量降低为 0.002 9kg/ 万元，与 2018 年相比降低了 69.83%，与 2015 年相比降低了 79.91%。

2015—2020 年沈阳经济技术开发区工业废气、废水污染物排放量变化情况见图 2.2、图 2.3，SO_2 及氮氧化物排放强度变化情况见图 2.4，COD 及氨氮排放强度变化情况见图 2.5。

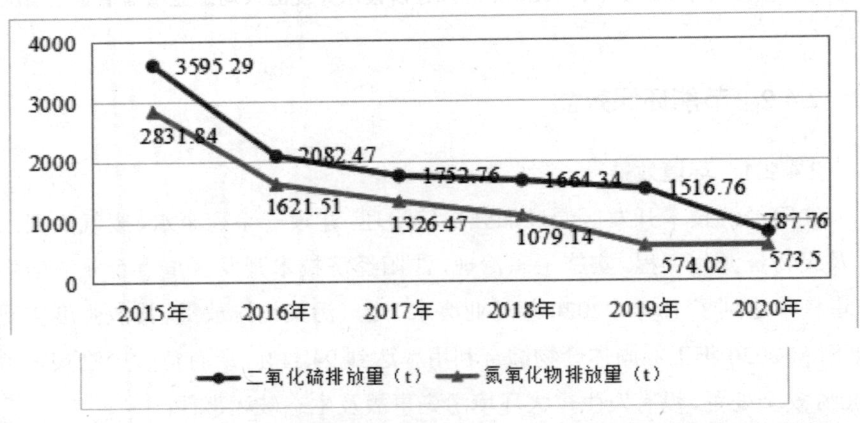

图 2.2　2015—2020 年沈阳经济技术开发区工业废气污染物排放量变化情况

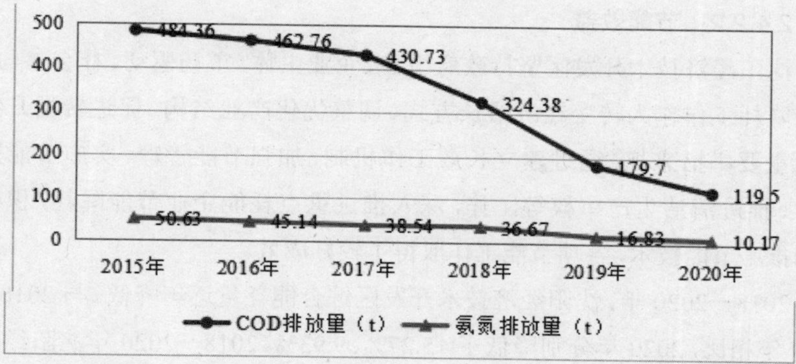

图 2.3　2015—2020 年沈阳经济技术开发区工业废水污染物排放量变化情况

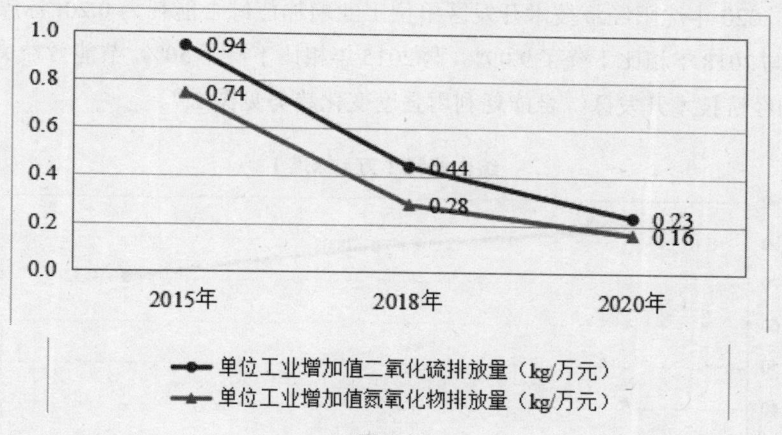

图 2.4
2015 年、2018 年、2020 年沈阳经济技术开发区废气污染物排放强度变化情况

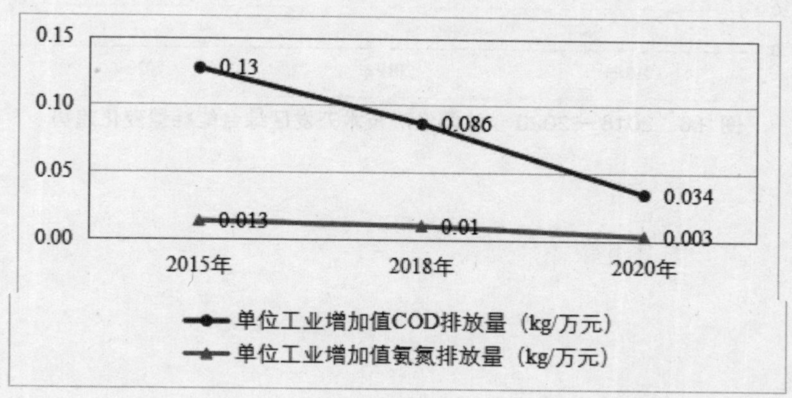

图 2.5
2015 年、2018 年、2020 年沈阳经济技术开发区废水污染物排放强度变化情况

2.4.2.2 节能效益

沈阳经济技术开发区坚持政府引导、企业主体、市场驱动、社会参与，把节能降耗工作作为转变经济增长方式、调整优化产业结构、促进转型升级的一项重要举措来抓，通过建立长效工作机制、加强节能管理、实施节能技改项目、推进清洁生产审核等工作，深入推进重点耗能企业节能降耗，积极开发和推广节能技术，各项节能工作取得了较好成效。

2018—2020 年，沈阳经济技术开发区综合能耗量逐年降低。与 2018 年、2019 年相比，2020 年分别降低了 15.27%、9.93%。2018—2020 年沈阳经济技术开发区综合能耗量变化趋势见图 2.6。

2020 年沈阳经济技术开发区单位工业增加值综合能耗为 0.20t 标煤 / 万元，与 2018 年相比下降了 9.09%，与 2015 年相比下降了 50%，节能效益突出。沈阳经济技术开发区综合能耗利用强度变化趋势见图 2.7。

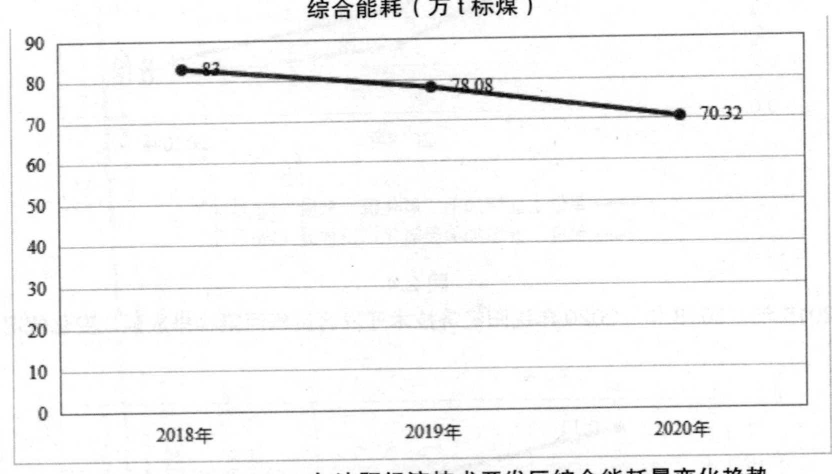

图 2.6　2018—2020 年沈阳经济技术开发区综合能耗量变化趋势

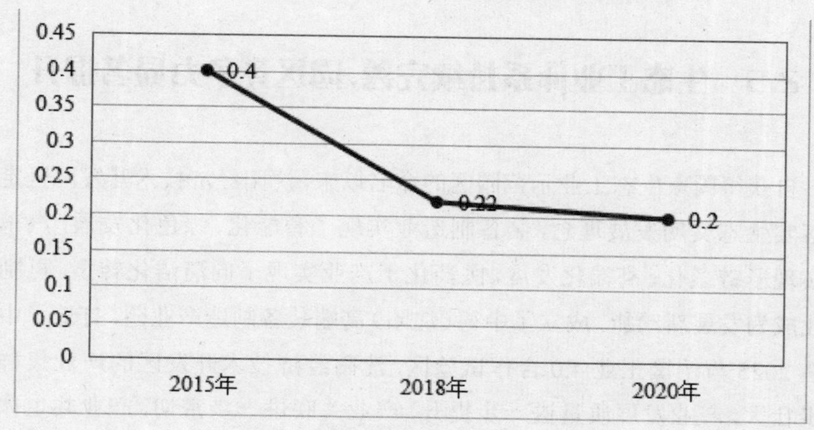

图 2.7
2015 年、2018 年、2020 年沈阳经济技术开发区综合能耗利用强度变化情况

2.4.3 社会效益

通过生态工业示范园区的建设，沈阳经济技术开发区以生态工业理念指导区内生态产业发展，通过企业间的物质交换和循环，降低了原材料使用，减少了固体废物产生量，既保护了环境，又创造了经济效益，实现了经济效益和环境效益的双赢，使人们看到生态工业的良好前景，这为全社会重视废物的回收、充分利用资源和能源起到了示范作用，还能为生态工业的实现起到重要的推动作用。

通过加强保障能力建设，企业科技创新和抗衡市场冲击的能力不断提高；建立了生态工业信息平台，加强了生态环保、节能减排知识的宣传，提高了全社会对生态工业的认知率和对环境的满意度。

2.5 生态工业体系持续完善，园区竞争力显著提升

自获得国家生态工业示范园区的命名以来，沈阳经济技术开发区坚定贯彻落实生态文明发展理念，装备制造业实现了智能化、绿色化发展，汽车产业实现了链条化、高端化发展，医药化工产业实现了向清洁化转型，再制造产业成为发展新动能，成立了中德（沈阳）高端装备制造产业园，打造了中国制造 2025 与德国工业 4.0 合作试验区，沈阳经济技术开发区的产业集群进一步壮大，产业发展质量进一步提升，产业关联进一步密切，产业共生体系进一步拓展，生态产业体系实现了持续完善，国际竞争力不断提升。

2.5.1 智能制造，装备制造业引领园区高质量发展

《中国制造 2025》指出：制造业是国民经济的主体，是立国之本、兴国之器、强国之基。沈阳经济技术开发区地处东北老工业基地的腹地—— 沈西工业走廊的引擎和桥头堡，经过 30 余年的发展，装备制造业已具备雄厚的发展基础，有规上企业 180 户，在高档数控机床、先进化工成套装备、特高压输变电装备等多个领域引领行业发展。沈阳经济技术开发区围绕“工业 4.0”开展装备制造业的新一轮振兴，坚持创新驱动、智能转型，以机床产业、电气产业、通用装备产业为代表的装备制造业重新占据了行业制高点，引领了园区经济的高质量发展。

2.5.1.1 机床产业

沈阳机床股份有限公司（以下简称“沈阳机床”）是我国机床制造行业的排头兵，由沈阳第一机床厂、中捷友谊厂和辽宁精密仪器厂 3 家联合发起，于 1993 年 5 月成立，1996 年 7 月在深圳证券交易所上市交易。2013 年国家生态工业示范园区验收时，沈阳机床主要产品有传统机床设备及相关零部件。2015—2017 年间，沈阳机床由传统的机床制造商转向工业服务商，完成了 i5 智能制造新生态的连续跳跃，成为“国家智能制造试点示范项目”“国家制造业与互联网融合发展试点示范项目”，产品种类增加了 i5 智能机床设

备、配套产品、行业工艺解决方案、工业服务等。

2018—2020 年期间，沈阳机床进行了产品结构调整，老产品逐步被淘汰，取而代之的是以 i5 新产品、新服务、新生态和 i5 智能工厂为主的产品链。同时，沈阳机床全面强化经营管理，全力开拓市场，加强科技研发，强化成本管控和质量管控，切实提升自身的竞争力。

一是强化科技研发。在原有技术储备基础之上，加速产品技术进步，推出重点新产品，新研发成功的龙门移动式五轴联动加工中心入选 2020 年度辽宁省首台（套）重大技术装备目录，填补了国内空白，达到国内领先国际先进水平。成功研制了国内首台超长行程高铁行业专用高速五轴加工中心，专用于高铁大型结构件的复杂曲面加工。这款设备设计了超长行程对接技术，床身长达 74m，可加工最大工件长度 62m，该项指标创造了行业内五轴加工设备纪录；超高速伺服驱动技术，在移动部件质量 30t 的情况下，直线轴移动速度达 40m/min，创造了大型机床领域动态性能纪录。

二是针对用户个性化需求提供专项解决方案，特别是与央企重点用户深度对接，建立了与重点用户联合攻关机制，共同研究解决关键技术难题，在航空航天等重点领域获得了多个千万元级的大额订单。

三是提升配套能力。在沈阳机床龙头企业带领下，2020 年安川电机（沈阳）有限公司建设建设三期扩大电机产能，沈阳诺达动力有限公司建设了永磁方波电机产业项目，建成年产 1 万台的装配半自动化的生产能力，进一步完善了“功能部件—整机”的机床产业集群，见图 2.8。

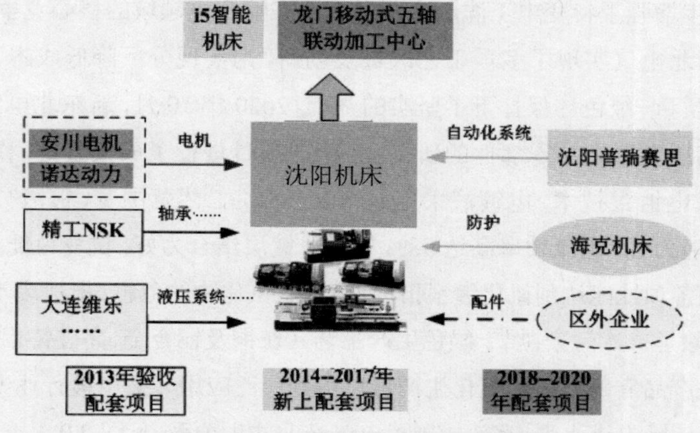

图 2.8 机床产业共生关系示意图

2.5.1.2 电气产业

在2013年国家生态工业示范园区验收之时，沈阳经济技术开发区已经成为我国最大的输变电装备及新能源装备科研及生产基地，聚集起特变电工、新东北电器（沈阳）高压开关有限公司股份（以下简称“新东北电器”）新东北电气、沈阳昊诚电气有限公司等主机生产企业，以及沈阳铸造研究所，是沈阳铁路信号有限公司、沈阳东管电力科技集团股份有限公司等多家部件生产企业。2015—2017年间，电气产业结合“互联网+”进行产业升级，向输变电智能装备、云服务重点发力，特变电工沈阳变压器公司建设了我国变压器行业唯一的国家工程实验室，以此为平台进行产品创新、服务创新，建设了“输变电智能装备制造及云服务基地”项目，成为辽宁省级智能制造及智能服务试点示范项目。

2018—2020年期间，在产业链网建设方面，沈阳市宏远电磁线有限公司电磁线产业化扩建项目，提高生产规模至年产变压器用电磁线20 000t，其中纸包线3 000t、年产组合导线5 400t、年产换位导线9 600t、年产圆线2 000t。沈阳安泰电气有限公司建设了配件加工项目，主要生产微晶合金铁芯，电流互感器和螺杆、螺母等产品，其中生产微晶合金铁芯1000台/年、电流互感器100台/年、螺杆20 000根/年、螺母50 000根/年。

在科技创新方面，特变电工沈阳变压器公司持续加大科技创新投入，不断提升自主研发能力，全面承接了国家重大装备制造业振兴国产首台（套）产品的研制任务，成功实现了特高压交流1 000kV、直流±1 100kV产品投运，进一步增强了特变电工沈阳变压器公司在输变电领域的核心竞争力。

新东北电气实现了多项工艺改进及创新，为实现分厂降低成本、提高效率、提升质量、绿色环保打下了坚实的基础。2020年10月，新东北电气“无氰镀银在高压电气产品零部件的研发及应用”项目进行了成果鉴定，作为一种新型无氰电镀银技术，电镀液采用双络合体系，工艺范围宽、镀液分散能力好、深镀能力强，电流效率高达98%以上；镀层结合力好，抗变色能力强，无氰镀银层各项性能达到氰化镀银指标；避免了氰化物的危害；电镀废水易回收处理，消除了二次污染；属于绿色生产工艺（在铜及铜合金、高硅铸铝、煅铝等高压开关产品零部件的规模化生产可以得到广泛应用），被电镀行业专家委员会鉴定为国际先进水平。有效拓展了电气产业共生关系，见图2.9。

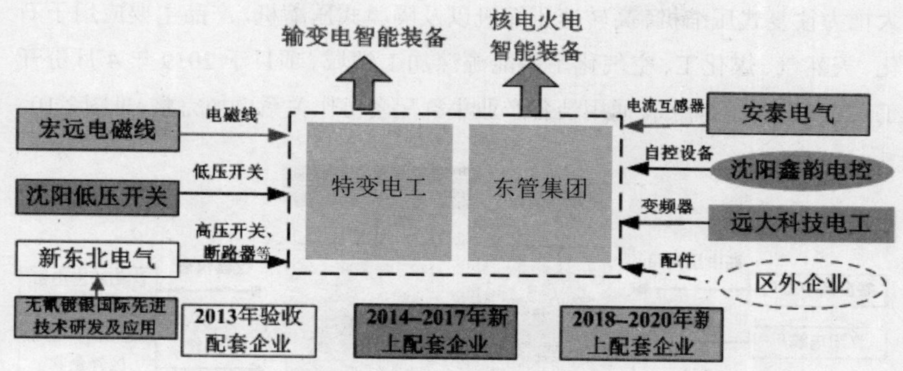

图 2.9 电气产业共生关系示意图

2.5.1.3 通用装备产业

沈阳经济技术开发区聚集了沈阳鼓风机集团、北方重工集团有限公司（以下简称“北方重工”）、三一重型装备有限公司（以下简称“三一重工”）等龙头企业，众多企业将沈阳竞技技术开发区建设成为国家通用机械制造业重大技术装备国产化基地，不仅生产规模大、企业数量多，而且技术力量雄厚，工艺装备精良，设计和制造技术居国内同行业领先地位。2018—2020 年，沈阳经济技术开发区引进了沈阳恩斯克有限公司二期扩建轴承、沈阳鼓风机集团舰船设备生产、沈阳远大压缩机有限公司（以下简称“远大压缩机”）项目等多个项目，进一步提升了产品档次、丰富了产品类型。

2018 年沈阳中航机电三洋制冷设备有限公司建设了新冷媒环保节能压缩机技术改造项目，产能增加 1200 万台 / 年。沈阳恩斯克有限公司二期扩建，并新增轴承组装生产线，扩建后年产各类轴承及配套件共计 275.3 万套。

2019 年，沈阳鼓风机集团沈阳透平机械股份有限公司“十二五”舰船设备生产能力建设项目、沈阳鼓风机集团股份有限公司核电主泵多功能全流量试验台建设项目完成验收。

2020 年，沈阳鼓风机集团打造的国产最大 130 万 t/ 年乙烯装置裂解气压缩机组氮气试生产。从 45 万 t 级到 130 万 t 级，在这一领域，沈阳鼓风机集团不断刷新着国家纪录。

远大压缩机项目，总投资 5 亿元，占地面积 15 万 m^2，总建筑面积 9.2 万 m^2，新建生产厂房、研发中心、检测中心，主要生产高端大型迷宫式压缩机、大推力往复式压缩机、高转速压缩机以及隔膜式压缩机，产品主要应用于石化、天然气、煤化工、空气化工等能源深加工领域。项目于2019年4月份开工，2020年12月建成。通用装备产业集群配套协作关系更加完整，见图2.10。

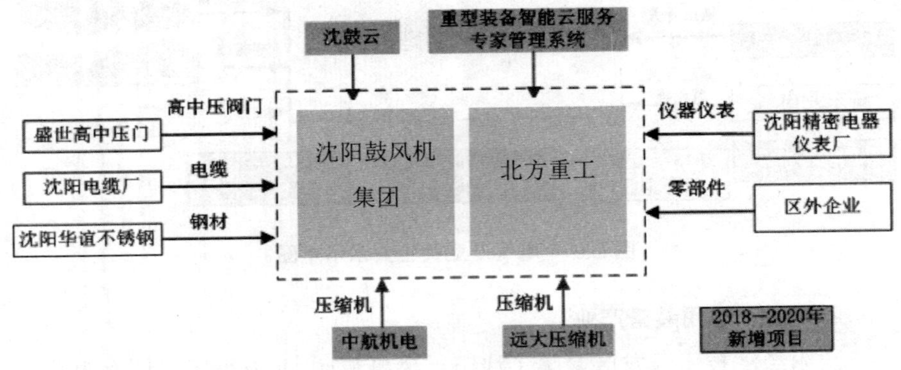

图2.10 通用装备产业集群配套协作关系示意图

2.5.2 协作共生，汽车产业提升园区产业关联度

汽车产业在沈阳经济技术开发区属于新兴产业，也是近年来发展速度最快、链条延伸最广、共生协作最密切的主导产业。在国家生态工业示范园区验收之时，沈阳经济技术开发区聚集起了以华晨宝马铁西工厂整车为核心的汽车零部件配套企业，2018—2020年主要从提升产能、新能源汽车制造、增强配套能力方面发力，实现了产业规模、能级和关联度的三重提升。

2.5.2.1 提升整车生产规模，丰富产品类型

沈阳经济技术开发区整车生产围绕宝马铁西工厂，并依托宝马研发中心、华晨汽车研究院、沈阳工业大学等研究机构，形成了科研技术雄厚，生产条件一流的国际化汽车工业4.0工厂。

华晨宝马铁西工厂是全球最大的宝马汽车生产基地，2013年国家生态工业示范园验收时，总投资112亿元的宝马一期、二期项目已建成投产，投资55亿元的三期扩建工程2014年初开工，2016年初完成，截至2017年，宝马已具备40万辆整车生产能力，产品为BMW 3系长轴距及标准轴距、全新一代BMW X1（含常规版本和混动版本）、BMW 1系、BMW 2系以及合资公司自主品牌“之诺”。

2018—2020年期间，华晨宝马铁西投资200亿元人民币建设新工厂项目，进一步丰富了产业规模和产品种类。建设用地面积2.9km^2，新建冲压车间、车身车间、涂装车间、总装车间、物流车间及配套设施，生产线高度柔性化，可实现传统燃油车和新能源车共线生产，新增产能40万辆/年，主要生产传统车型和新能源车型，其中新能源车型为纯电动车型，具体车型为新BMW3系长轴距（G28）、新BMW3系长轴距电动车（G28BEV）及换代产品、BMW X3（G08）及换代产品、下一代BMW X3纯电动车（G08BEV NM）。从2018年开始启动项目的前期工作，2020年开始建设，同年11月20日完成四大主体车间厂房封顶。

2019年，华晨宝马全新3系及X2产品建设项目竣工投产。项目利用铁西工厂现有基础，调整产品结构，在保持铁西工厂现有40万辆/年产能（现有两条生产线，每条20×104辆/年）不变的情况下，将其中23.5万辆/产能调整为新产品（G2X、F39），主要在现有生产厂房和设备的基础上，新增部分模具和夹具，对总装车间生产线进行调整，新增部分设备，利用现有公用设施，技改工程实施后生产工艺不发生变化。

2.5.2.2 加快新能源技术研发，提升产业能级

铁西区华晨宝马汽车研发中心是宝马在全球的第二个研发中心，占地面积5.3万m^2，总投资12.5亿人民币，一期工程于2013年国家生态工业示范园区验收时投入使用。2015—2017年间，动力电池中心项目于2015年开工建设，新建研发楼、试制车间和检验中心，已实现整车和零部件的研发、检测和试制开发能力，2017年7月13日正式投入使用。

2018—2020年期间，2020年宝马集团全球首个生产BMW第五代动力电池的生产基地——华晨宝马动力电池中心二期在沈阳经济技术开发区正式建成投产，二期将宝马集团在中国的动力电池产能提高超过一倍，其生产的新一代动力电池将率先搭载在华晨宝马首款纯电动汽车BMWiX3上，从而开启宝马本土化发展的全新里程。

除了新能源技术的研发，宝马实施了电动出行整体战略，宝马大力支持充电基础设施建设，提供以客户为中心的“一站式”宝马充电服务，包括公共充电设施、私人充电设施，和宝马专属数字化充电服务。截至2020年年底，宝马已将超过30万个公共充电桩（包括超过10万个提供快速充电的直流充

电桩）整合进与充电点运营商合作建设的充电网络，覆盖全国300余个城市。这个庞大的充电网络覆盖了全国超过5万km高速公路，让电动车长途驾驶成为可能。

2.5.2.3 提升本地化配套能力，增强产业关联度

沈阳经济技术开发区的汽车零部件产业以为宝马汽车提供配套的零部件进行发展，形成了一、二、三级配套产品。随着宝马进驻沈阳经济技术开发区，众多宝马汽车专用配套品牌接连入驻园区。如专业为宝马提供汽车座椅的沈阳李尔汽车系统有限公司、生产宝马车底盘与传动系统的采埃弗伦福德汽车系统（沈阳）有限公司，以及提供宝马汽车顶棚、门板的沈阳丰田纺织汽车部件有限公司。2020年，沈阳经济技术开发区汽车及零部件规模以上企业已达43家，其中宝马配套企业有18家。沈阳经济技术开发区汽车零部件产品已经成为国内骨干整车企业特别是德系整车的配套产品，其中部分已进入世界汽车零配件采购体系。具体如图2.11所示。

2013年国家生态工业示范园区验收时，沈阳经济技术开发区已有宝马配套企业生产保险杠的沈阳名华时代科技有限公司、生产座椅的佛吉亚（沈阳）汽车部件系统有限公司、生产底盘的采埃孚伦福德汽车系统（沈阳）有限公司、生产冲压件的沈阳来金汽车零部件有限公司等。2015—2017年间，沈阳经济技术开发区持续建成宝马配套企业，有生产头枕的沈阳继峰汽车零部件有限公司、生产后排座椅和骨架的施尔奇汽车系统（沈阳）有限公司、生产变速器和动力电池的沈阳华晨动力机械有限公司等。其中，华晨宝马发动机工厂是宝马集团在全球的第四家发动机厂，也是欧洲以外的第一家发动机厂。该厂主要生产BMW最新设计的直列4缸N20发动机，是目前在中国生产的技术最先进、升功率最高、能效最高和最节能环保的发动机。

2018—2020年间，沈阳经济技术开发区为拉长产业链、增强本地化配套，建设了一批零部件生产项目，进一步增强了整车与零部件企业之间的配套协作关系。2018年，沈阳华翔汽车零部件有限公司宝马零部件工厂专业生产线建设项目投产。延锋彼欧（沈阳）汽车外饰系统有限公司增产，扩建后注塑件生产能力为35万套/年。沈阳彼尔纳汽车零部件有限公司总投资4 106万元，依托二期生产车间进行改扩建，年产汽车冲压件1 500万件。劳士领汽车配件（沈阳）有限公司建设了年生产20万的套汽车配件项目。沈阳奇隆汽

车零部件制造有限责任公司生产轿车座椅骨架、轿车用冲压件、管件、焊接件等系列产品 180 万台(套)/ 年。

2019 年，新晨动力机械(沈阳)有限公司发动机曲轴生产项目投产，主要生产宝马发动机核心零部件、曲轴和连杆；佩尔哲汽车内饰系统(太仓)有限公司沈阳分公司新建汽车隔音隔热垫项目、欧拓(沈阳)防音配件有限公司开发区分公司汽车零部件制造项目、沈阳晨发汽车零部件有限公司建设项目建成投产。采埃孚伦福德汽车系统(沈阳)有限公司利用现有厂房增加(印制电路板)PCB 产能建设，新增一条 PCB 生产线及一座实验室，产能增加 250 万件 / 年。博斯汽车部件(沈阳)有限公司建成，可年产 18 万套汽车天窗。

2020 年，赛轮(沈阳)轮胎有限公司年产 330 万套高性能智能化全钢载重子午线轮胎项目、沈阳市中瑞机械有限责任公司汽车零部件生产项目、沈阳敬信汽车零部件有限公司汽车零部件制造项目、泰孚(沈阳)汽车零部件有限公司高档轿车隔音地毯及行李架项目建成投产。华晨宝马汽车有限公司投资 8.98 亿元对高压电池组装车间扩建，年产 4.86 万套的 G08 高能电池组，为 X3 系列纯电动车配套。

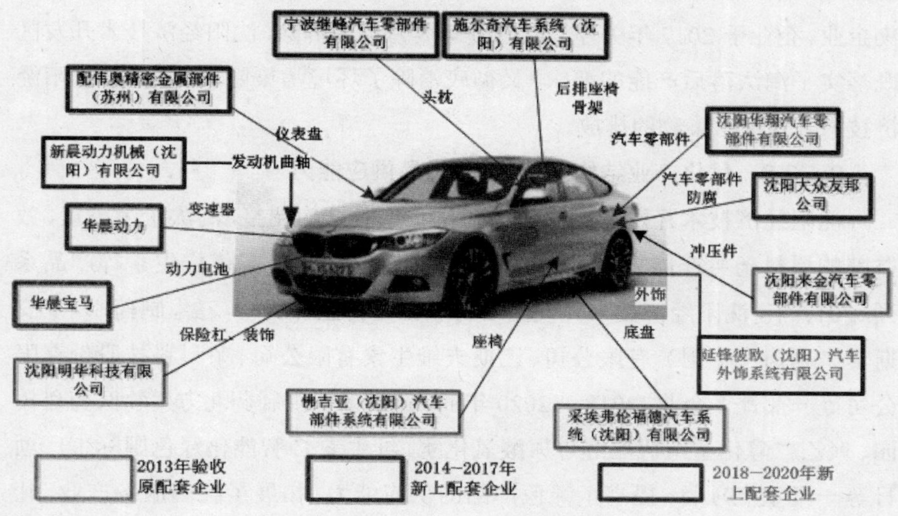

图 2.11 汽车产业共生关系示意图

2.5.3 转型升级，医药化工产业助力园区绿色发展

医药化工产业是沈阳经济技术开发区的传统产业，也是能耗较高、污染产生量较大的行业，随着国家生态工业示范园区的深入建设，沈阳经济技术开发区积极实施医药化工产业的区域整合、结构调整和产品升级，实现医药化工产业的绿色转型。

2.5.3.1 区域整合，淘汰落后产能

沈阳经济技术开发区强力推进淘汰落后产能、重污染企业的搬迁工作，2015—2017年间，沈阳经济技术开发区完成了东北制药集团有限责任公司（以下简称“东北制药”）原料药生产车间的环保搬迁改造、米其林轮胎有限公司（以下简称“米其林轮胎”）高性能子午线轮胎的搬迁项目、普利司通轮胎标准厂房及配套设施的搬迁项目、松下蓄电池（沈阳）有限公司的搬迁项目等，淘汰了落后产能，优化了空间布局。

2018—2020年间，沈阳经济技术开发区国家工业示范园区范围内不再新建化工项目；沈阳经济技术开发区重污染企业沈阳炼焦煤气有限公司使用湿熄焦工艺，且是废气国控源企业，是沈阳经济技术开发区的高水耗、重污染企业。企业于2017年关停，于2020年8月彻底拆除，沈阳经济技术开发区既落实了淘汰落后产能的要求，又彻底消除了环境污染隐患，减少了沈阳经济技术开发区污染物的排放。

2.5.3.2 优化产业结构，提升绿色产品供应能力

沈阳经济技术开发区加快了医药化工产业结构调整，淘汰了污染重、效益差的原料药生产能力，大力发展制剂、生物制药、新一代抗生素等产品系列。2017年，沈阳经济技术开发区培育了独角兽企业——三生制药，以及安斯泰来制药（中国）有限公司、巴斯夫维生素有限公司、荣科科技股份有限公司等一批骨干企业。2018—2020年间，建设了三生制药北方生物医药科技园、聚乙二醇化重组假丝酵母尿酸氧化酶、维生素C智能化绿色国际工厂项目等一批重点项目，提高了绿色产品的供应能力，拓展了医药服务产业，壮大了医药产业集群，见图2.12。

沈阳三生制药有限责任公司是目前国内规模最大、具有国际水平的重组蛋白药物研发和生产基地。三生制药集团投资了50亿元，建设北方生物

医药科技园项目，总占地面积 33 万 m^2，重点建设生物医药研发基地、生物医药国际 CDMO 基地、生物制药原辅材料制造基地、生物制药核心工艺装备基地、生物医药产业人才培养基地五大基地。其中一期投资 14 亿元，占地面积 8 万 m^2，建筑面积 8 万 m^2，主要研发生产治疗强直性疾病的药物。项目全部建成达产后，预计新增产值 100 亿元，利税 10 亿元。一期项目已于 2019 年 6 月开工建设，截至 2020 年年底，联合厂房、办公楼和展示中心均已封顶。沈阳三生制药有限责任公司聚乙二醇化重组假丝酵母尿酸氧化酶建设项目于 2020 年投产。

2020 年，东北制药集团投资 16 亿元建设维生素 C 智能化绿色国际工厂项目建成，占地面积 13.33 万 m^2，建筑面积 15.3 万 m^2，围绕智能传感与控制装备、智能物流与仓储装备等关键技术，采用先进的原料药制造生产执行系统（MES），同时集成分布式控制系统（DCS）、安全仪表系统（SIS）、工业电视监控系统（CCTV）、火灾报警系统（FAS）、可燃气体和有毒气体检测系统（GDS）等自动化控制系统，实现了维生素 C 及系列产品的智能制造新模式，年产维生素 C 2.5 万 t。

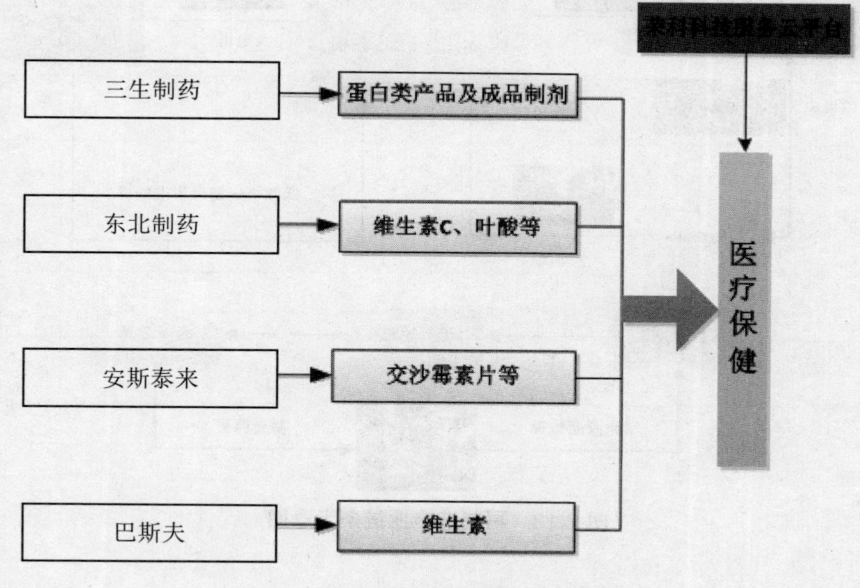

图 2.12　生物医药产业集群示意图

2.5.4 完善静脉产业，动静脉产业实现横向耦合共生

沈阳经济技术开发区在推进生产制造业高端、高质、高效发展的同时，也同步推动企业间、产业间、区域间的物质交换利用和产品再制造，建设了一批构建生态工业链的项目，完善了生态工业链网体系，实现了园区的循环、低碳发展。

2.5.4.1 发展再制造产业，延长产品的生命周期

沈阳经济技术开发区依托雄厚的装备制造基础、强大的科技创新能力，将再制造产业作为培育发展新动能、提高资源循环效率的重点领域，2017年，沈阳经济技术开发区重点打造和扶持了沈阳精新机床、泰豪电机、金研激光等再制造企业，实现了机床、电机、燃机等产品及关键部件的再制造（见图2.13），开拓了新的发展空间，引领了行业发展步伐，2018年至今沈阳精新机床、泰豪电机、金研激光等再制造企业持续稳定运行。

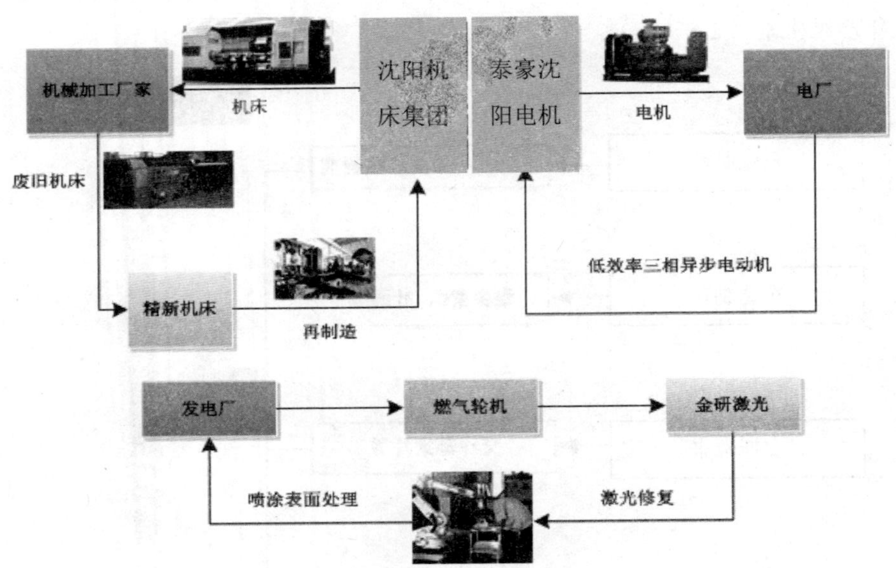

图2.13 再制造产业链条示意图

沈阳精新机床采用纳米表面技术、复合表面技术和其他表面工程技术，修复与强化机床导轨、溜板、尾座等磨损划伤表面，同时对回收的老旧机床

进行智能化升级，形成了废旧机床再制造 1 000 台 / 年的产能，于 2015 年、2016 年分别列入工业和信息化部（以下简称“工信部”）《再制造产品目录（第五批）》和《机电产品再制造试点单位（第二批）》中。2018 年 5 月获批辽宁省级“绿色工厂”，2019 年获得国家级“绿色供应链”的称号。

作为国内知名再制造企业，公司始终落实国家可持续发展战略，将绿色发展作为企业发展的理念和方向之一。在机床绿色再制造关键工艺技术及应用示范项目基础上，与东北大学、沈阳工业大学组成联合体，对机床绿色再制造工艺技术攻关进行了攻关，从机床回收、拆解、清洗、检测与分类、再制造、装配等全过程，构建了机床绿色制造体系，改造了机床再制造生产线，解决了机床再制造过程中的绿色化率低、废旧件利用率低等问题。

通过研制大型高效清洗机、采购改造 3D 打印设备等大型工艺装备实现了对再制造生产线的改造和升级。对关键核心零件进行了回收再利用，并采用了先进的绿色再制造工艺，使节能、节水、节材、减产、产品产能、零件修复率、产品性能等方面的指标得到了显著提高。

（1）节能方面，再制造设备生产线升级改造及工艺改善后，平均每台机床综合能耗为 14.07kg 标煤，改善前平均每台机床综合能耗约为 43.94kg 标煤。每台机床节能 29.87kg 标煤，节能率达到了 68%。

（2）节水方面，由于选用高性能乳化液，增加冷却液循环次数，降低了冷却液的使用量，生产线改造后，工艺得到优化，减少了零件周转数，车间清洁度得到改善，以及员工的环保意识得到了提升，用水量得到降低，改善后平均每台机床用水 0.018m^3。而改善前平均每台机床用水量约 0.06m^3。每台机床节水 0.042m^3，改善后节水率达到了 70%。

（3）节材方面，生产线升级改造及工艺改善后车床零件价值利用率为 76.7%，改善前车床零件价值利用率为 49.8%，平均每台机床节约材料 26.9%。

（4）减产方面，采用绿色再制造工艺后，减少了冷却液及油品的使用量。平均每台机床产生污染物 4.263kg。而改善前平均每台机床产生污染物 8.615kg。每台机床减少污染物产生量 4.352kg，改善后从源头减少了 51% 的污染物产生量。

（5）产品产能方面，通过对生产线的升级改造，产品产能显著提高。改善前各产品月产能力30余台，改善后月产120余台，极大地解决了生产瓶颈。

（6）核心零部件修复率方面，改善之前床身修复率为82.6%，床腿修复率为81.3%，床鞍修复率为81.3%，即主关零件平均修复率为81.7%。改善后床身修复率为92.7%，床腿修复率为96.6%，床鞍修复率为89.7%，即主关零件平均修复率为93%。改善前、后主关零件修复率平均提高11.3%。

（7）产品性能方面，使用先进绿色制造工艺生产的CK系列再制造经济型数控车床通过了国家机床质量监督检验中心的检测，检测结果证明该型号机床经再制造后达到同类新品90%的水平，并在国内军工、电机、汽车等行业得到了应用，得到了广大用户的认可。

泰豪电机主要针对电气机械和器材进行再制造，通过重新设计、更换零部件等方法，将低效率三相异步电动机再制造成高效率三相异步电动机、风机水泵专用高效率三相异步电动机和适用于特定负载和工况的系统节能电动机，如变极电动机、变频电动机。

金研激光是国内唯一一家燃气轮机热端部件深度再制造的企业，于2016年列入工信部《机电产品再制造试点单位（第二批）》中。该企业采用激光再制造技术及组合工艺，提供大型复杂装备的多种技术综合性修复再制造服务，可实现就地就近快速修复再制造，广泛应用于飞机发动机零部件、飞机结构件、地面燃机热端部件的损伤修复和表面强化，修复后机组功效提高2%，能耗降低30%。

2.5.4.2 开展废物交换利用，建立产业耦合共生链条

“医药企业—维生素C发酵残液—有机肥”废物资源化链条：沈阳经济技术开发区医药化工行业东北制药集团维生素C发酵残液委托区内的沈阳颐康环境生物科技开发有限公司制备有机肥项目，分两期建设，一期已建设完成。一期处理古龙酸母液18 850t /年、生产肥料50 000t /年、其中水稻苗床调理剂5 000t /年、有机肥料20 000t /年、生物有机肥料7 500t /年、复合微生物肥料2 500t /年、含腐植酸水溶肥15 000t /年。本项目不仅能彻底解决东北制药集团的废母液排放难题，还将使废母液变废为宝，推动我国有机农业发展。

（1）“粉煤灰 / 炉渣—建材”的废物资源化链条：洛斐尔建材（沈阳）有限公司以粉煤灰等为原料建设了年产36万m^2复合墙板生产线及硅酸钙板石

膏板原料搅拌加工生产线，生产复合墙板；沈阳振利节能环保科技股份有限公司建设了建筑节能保温产品体系项目，以粉煤灰等为原料生产干混砂浆和保温砂浆增强竖丝岩棉板。

（2）“污泥—园林绿化用泥”的废物资源化链条：沈阳振兴污泥处置有限公司实施了污泥处理工程项目，每日可处理污泥 1 000t，处理后的污泥产品符合《城镇污水处理厂污泥处置园林绿化用泥质》（GB/T23486—2009）中的指标限值要求，用于园林绿化，实现了对污泥的资源化利用。

（3）“装备制造企业—废金属—再生产品”的废物回收利用链条：沈阳经济技术开发区的装备制造企业众多，生产加工过程中产生了较多的废钢、废铁等金属废料，这类废物具有较高的资源化价值，沈阳经济技术开发区引进了废钢铁回收加工项目。沈阳唐阳物资回收有限公司建设废旧钢铁资源回收、加工项目，年加工 4 560t 成品。辽宁光林废旧物资回收有限公司废钢回收项目，年产废旧钢铁压缩包 600t 、废旧钢铁剪切料 20 000t 。

2.5.4.3 鼓励企业进行废物回收利用，提高循环利用效率

（1）医药行业企业的内部小循环。东北制药集团 213 分公司建设了乙醇回收技改项目，项目生产线位于 126-C 乙酰左卡厂房内，利用原左卡尼汀系列产品生产过程中产生的固体废物，经过精馏处理，生产出乙醇产品，年生产乙醇 1 575t。

东北制药集团细河厂区开展左旋肉碱酒石酸盐母液回收左旋肉碱工艺研究，完成了工业化试验，实现了废物再利用，年可再利用母液 30t；同时还开展催化剂回收工艺探索，实现了多批次套用催化的再加工，降低了催化剂消耗，年再利用催化剂母液 78t。

（2）装备制造行业企业的内部小循环。沈阳中光电子有限公司对纯水反渗透（R/O）废水再利用，企业对纯水生产工艺中 R/O 反渗透系统产生的废水进行回收加压后再利用到深层过滤（DF）高压水设备、电镀室清扫用水等，节约新鲜水的使用量 4 224m^3/ 年。

贝卡尔特沈阳精密钢制品有限公司实施了废乳化液处理项目，经蒸发浓缩处理后，浓缩废乳化液交给有资质单位处理，蒸发出来的冷凝水经过半导体膜循环过滤除油、过滤、杀菌等处理后，回用于润滑站补水及乳化液配液，年节约新鲜水 2 790m^3，减少危险废物产生量 2 290t。

沈阳鼓风机集团建设了污水处理站和中水回用系统，形成了“收集—处理—回用”完整的中水循环系统，经过处理后的中水用于设备冷却、产品试压、冲洗厕所、厂区绿化以及冲撒路面等，废水处理回用率91.10%。针对机械加工企业乳化液产生量大的特点，公司升级改造了现有的乳化液处理装置，实现了乳化液的厂内产生厂内处置，减少了危险废物的转运次数和数量。

赛莱默水处理系统（沈阳）有限公司建设了厂区中水回用系统，年可节约新鲜水6 000m^3。

（3）汽车制造行业企业的内部小循环。普利司通（沈阳）轮胎有限公司于2018年实施供热系统节能改造，对锅炉烟气进行余热回收，用于供暖及锅炉用水加热；2019年对空压机余热进行余热回收，用于供暖。

慕贝尔汽车部件（沈阳）有限公司回收压缩空气系统余热，年回收余热量6.81×10^8 kJ。

普利司通（沈阳）钢丝帘线有限公司新增废盐酸再生建设项目，处理酸洗工序产生的废盐酸溶液，年可再生废盐酸1 200t。

华晨宝马建设了中水回用工程，废水经中水设施处理后回用到生产和厂区绿化，年可利用中水27万m^3。

（4）食品企业内部的小循环。康师傅（沈阳）饮品有限公司通过对通过对生产车间产生的大量冷凝水进行回收，再返回给机器设备进行使用，减少了大量自来水的补给。

2.5.5 制造加“数”，深化产业数字化大融合

沈阳经济技术开发区全面贯彻落实习近平总书记关于工业互联网创新发展的重要指示精神，特别是2019年在沈阳召开的工业互联网全球峰会贺信精神，聚焦高端化、智能化、特色化、绿色化发展方向，以新发展理念为引领，将数字经济作为重点培育的战略性新兴产业，突出抓智能制造和企业上云，深化产业数字化“大融合”。以工业互联网、工业技术软件化、数字化车间、智能制造等为工作载体，以示范试点为抓手，大力推进制造业与互联网融合发展，建立行业云服务体系，推进企业上云和工业互联网平台建设。

2.5.5.1 搭建平台，推动技术赋能传统产业

作为东北老工业基地典型代表，沈阳经济技术开发区拥有3 000余家工

业企业，传统产业占工业总产值六成以上，区内数字化转型应用场景资源十分丰富。沈阳经济技术开发区于2019年6月和北京中关村签约合作成立沈阳中关村，推进了北京创新资源与沈阳产业资源优势叠加，通过推动创新链与产业链深度融合、协同发展，让“新字号”为“老字号”赋能增效，“老字号”为“新字号”提供应用场景，在双向赋能中完成新旧动能转换。

在全国32座城市的合作项目中，沈阳 · 中关村的建设运行速度是最快的，也是唯一一个实现“一中心、一基地、一园区”三箭齐发、同步建设的。2020年1月，沈阳 · 中关村智能制造创新中心揭牌运行。截至2021年年底，沈阳·中关村智能制造中心已签约项目79个，新开工项目投资额超过460亿元，储备项目超100个，深度对接创新技术100余项，助力沈阳经济技术开发区新上云企业超过50家，40个首台（套）重大技术装备项目展开研发。法国源讯、德国思爱普、清华紫光等工业互联网企业进驻园区；全球工业互联网永久会址、中国工业互联网辽宁分院等重大平台落户；独角兽企业北京农信互联、技术领先企业远景环保等一批科技创新企业成功落地；传感器产业园、京沈产业技术创新联合会等创新生态体系合作项目签约。基于沈阳·中关村在打造创新生态、赋能结构调整等领域取得的一系列突破性成果，2021年被国家四部委通报表扬，成为全国6个真抓实干、成效明显的产业转型升级示范项目之一。

紫光中德技术有限公司通过沈阳市、沈阳经济技术开发区两级上云政策引导，以工业云为核心业务，向辽沈地区企业推广工业互联网服务，先后投资建设紫光云东北节点、沈阳工业互联网平台，通过紫光工业互联网平台服务了沈阳各类工业企业超过100家，平台产品服务增至百余种。在沈阳市输配电、汽车零部件等行业形成了行业级的工业互联网平台，开发了基础机械关键零部件国家公共服务平台，还打造了沈阳市输配电行业首家数字化标杆工厂等多个工业数字化典范。法国源讯自2020年入园后通过与宝马开展深度合作，延伸了服务链条，参与沈阳经济技术开发区汽车全产业生态链的构建。2021年，沈阳 · 中关村签约20家高校院所、十余家企业等，衔接北京科技创新资源，与北京中科院、清华大学等平台融合对接，面向东北乃至国家层面需求，打造东北地区科技创新策源地。

2.5.5.2 龙头企业示范，带动园区传统工业转型升级

沈阳经济技术开发区以工业互联网的手段，围绕核心企业，带动产业链企业集群，推动工业企业上云上平台，华晨宝马、北方重工、沈阳鼓风机集团龙头企业等实施信息化、智能化、数字化升级改造，带动园区传统装备制造业向智慧工厂、数据经济转型。华晨宝马智能化工厂被纳入 2018 中德智能制造合作试点示范项目，也是沈阳市第一个 5G 示范单位。辽宁振昌智能电气设备有限公司在辽宁省推进工业互联网创新发展现场工作会议上作为典型示范，向辽宁省参会企业分享了借助工业互联网实现转型升级，创业两年，投产运营一年，从“一张白纸”到建成一座数字化生产车间的成功经验。沈阳鼓风机集团股份有限公司的精益数字化企业管理能力入选工业和信息化部 2020 年制造业与互联网融合发展试点示范名单（面向现代化生产制造与运营管理的新型能力建设名单）。

华晨宝马 5G 工厂。华晨宝马从 2018 年 10 月开始在铁西工厂和动力总成工厂全面建设 5G 基站，生产基地采用中国联通和中国移动双运营商 5G 网络，2019 年 4 月已经实现 100% 的 5G 信号覆盖，正式成为全球首座 5G 汽车生产基地。宝马铁西工厂车身车间是一个 5G 技术应用的典型案例，机器人安装高清摄影机，通过 5G 技术，快速扫描并识别车身裙板的摆放方式，以最快速的方式抓取并放置到合适的位置以进行下一步的操作。相比传统做法，效率大幅度提高。车身车间的人机共处工位，运用视觉识别技术支持的产品质量数字解决方案，可对每一个车身进行缝隙数据分析和在线几何检测，除了能检测产品质量外，华晨宝马数字化工厂利用大数据技术实时检测并分析机器人的运行情况，并发出预测性维护信号，从而确保及时调整生产，有效减少了停机维护时间，精益生产达到了一个新高度。

华晨宝马不仅通过践行德国工业 4.0 自动化和数字化生产，提升了生产效率和降低了成本，也在借助中国本土的互联网创业生态和思维，推出自主的智慧物流系统和大数据价值挖掘体系。由华晨宝马本土团队自主研发的 AI（人工智能）视觉检测系统被应用于发动机工厂动力总成车间发动机缸盖质量检测，通过 AI 与超清摄像头的结合，能够以 99.7% 的准确率自动识别缸盖表面的微小瑕疵，检测效率实现大幅增长。华晨宝马自主开发的 DILO 物流任务分配系统，借鉴滴滴的在线任务分配模式，将厂区的物流订单自动调

度、分配给叉车司机。零部件仓储区利用AGV(无人搬运车)系统管理生产需求自动下单,物流运输拣选从传统“人拣货”升级为“货到人”。20辆AGV每小时可完成超过300个拾取订单,效率是原来人工的数倍。

(2)辽宁振昌智能电气设备有限公司数字化车间。企业于2017年底成立,通过搭建工业互联网平台,建成了省内首家配电变压器数字化生产车间,车间面积4 000m^2,现已实现5G网络全覆盖,36台智能设备总段全部接入工业云平台。通过ERP信息化系统,实现了生产计划、库存信息、加工数据、设备能耗等数据的实时采集和预警分析。通过数字化、网络化、智能化等手段,企业运营指标“三提三降”:研发效率提升51%、生产效率提升27%、能源综合利用率提高11%,运营成本降低24%、产品研制周期缩短22%,产品不良品率降13%,实现了“小升规”(小微企业规范升为规模以上企业)。

(3)沈阳机床智能云科iSESOL平台:沈阳机床立足于自主研发的i5数控系统,结合新一代信息技术与大数据应用,推出智能云科iSESOL平台,是工信部工业互联网产业联盟首批通过可信服务认证的工业互联网平台。智能云科聚焦在机加工领域,服务对象核心是上游机床厂商、下游加工厂,服务内容从设备、生产互联网,到产能交易、设备运维、租赁、供应链、工业App(应用程序)等产业全生命周期服务。

2021年5月,通用技术集团装备数字化创新研发基地在沈阳机床揭牌,基地要充分发挥数据开放共享的优势,统筹推进机床板块数字化、智能化工作,开展数字化创新,提升板块管理效能,推进智能制造和工业互联网生态建设。

(4)北方重工集团重型装备智能云服务专家管理系统。2018年,北方重工集团与中国科学院沈阳自动化研究所等单位共同打造的国内首个重型装备智能云服务专家管理系统正式上线。智能云服务专家管理系统的主要模块包括基础功能模块、数据采集与处理功能模块、健康状态监测与故障模式识别功能模块、预测性维护功能模块、设备运行优化功能模块。用户通过平台及APP可以了解设备的设计、生产、运行等信息,从而实现重型装备全生命周期管理。

(5)“沈鼓云”服务平台。由沈阳鼓风机集团开发建设,其是沈阳鼓风机集团向服务型制造业转型的核心平台,其为用户提供设备远程监测和数据驱动等全生命周期的联合服务。截至 2021 年年底已在线并行接入遍布全国的 4 000 多台大型装备的实时数据。沈鼓云服务荣获了“互联网与工业融合创新试点企业”“辽宁省智能制造及智能服务试点示范标杆企业”“中国‘互联网+’行动百佳实践案例”“智能制造试点示范”“服务型制造示范项目”等称号。

沈阳鼓风机集团还由紫光中德技术有限公司提供技术支持进行智能改造，转子车间的技术工人通过可视化系统，全程掌控加工任务、图纸、工艺等各类生产数据，整个车间生产作业流程透明化，提升了工作效率和工作质量。

(6)赛轮沈阳轮胎有限公司的“橡链云”。企业通过“橡链云”工业互联网平台，实时查询企业发往全球的轮胎物流以及供应商配套情况。围绕核心工业智能制造，“橡链云”平台纵向实现了工业生产所有工序的“人机料法环测”的全面互联。过去，企业研发一款新产品要用半年时间测试上万条轮胎，现在首条新品下线就能达到标准要求。

2.6 污染物排放明显降低，保障园区良好生态环境

2.6.1 点面结合、强力控制，实现大气污染物明显减排

2.6.1.1 网格化监管＋重点源一对一管控

在沈阳经济技术开发区总体环境监管方面，沈阳经济技术开发区构建了“1+6+1”工作体系，多部门参与大兵团联合作战，初步建立了“空中雷达探测、地面微子站监测、移动走航车溯源”结合的空地一体化监管预警体系，对沈阳经济技术开发区实施网格化、立体化、全天候精准监管。先后编制了《沈阳经济技术开发区大气污染防治整改工作方案》《沈阳经济技术开发区柴油车污染防治整治工作实施方案》等方案，对大气污染防治各项工作任务进行分解落实并逐月进行评估。

在重点污染源管控方面，沈阳经济技术开发区实施一对一管控，全区 3 座电厂全部制定并落实了大气污染管控措施，开展集中供暖单位“一炉一策”规范化污染管控。

2.6.1.2 燃煤锅炉拆改及重污染企业关停

在燃煤锅炉拆改方面，截至2020年年底，沈阳经济技术开发区内20t以下的燃煤锅炉已全部拆除、去功能化或撤并，东北制药1台25t燃煤锅炉已完成淘汰。

沈阳炼焦煤气有限公司使用湿熄焦工艺，且是废气国控源企业，是沈阳经济技术开发区的高能耗水耗、重污染企业，为了彻底消除环境污染隐患并落实淘汰落后产能要求，企业于2017年8月彻底关停，二氧化硫、氮氧化物年减排量分别为122t、256t。

2.6.1.3 污染治理设施升级改造

2018年，东北制药完成了脱硝设施改造，采用炉内喷射炭基脱硝颗粒工艺进行脱硝，年可减排氮氧化物20t。2019年，沈阳沈西热电有限公司建设了脱硝工程项目及二期2台70MW热水锅炉配套脱硝工程项目并于2020年投运，新增高分子选择性脱硝（PNCR）设备，减排氮氧化物117t / 年；沈阳石蜡化工有限公司建设了催化热裂解再生烟气脱硫脱硝除尘项目，脱硝采用选择性催化还原法（SCR）工艺的脱硝技术，脱硫除尘采用喷射文丘湿气洗涤系统（JWGS）技术，通过此次技改，实现了催化热裂解（CPP）装置再生烟气氮氧化物、二氧化硫、颗粒物达到《石油炼制工业污染物排放标准》（GB 31570—2015）中规定的特别排放限值要求，减排二氧化硫59.21t / 年，氮氧化物70.22t / 年。2020年，沈阳经济技术开发区热电有限公司建设了2×116MW热水锅炉脱硝系统改造项目，每台116MW锅炉新增一套选择性非催化还原（SNCR）脱硝系统，减排氮氧化物171.61t / 年；沈阳经济技术开发区热电有限公司还建设了锅炉脱硫系统改造工程建设项目，针对1#、2#、3#、4#、5#循环流化床锅炉增设钠钙双碱法脱硫和炉内喷钙系统，减排二氧化硫445t / 年；普利司通（沈阳）轮胎有限公司建设了综合节能技术改造项目，通过对锅炉烟气进行预热回收用于供暖及锅炉用水加热等方式，年减少二氧化硫排放4.6t，减少氮氧化物排放8.6t；中宇热电针对2台220t热水锅炉建设了脱硝工程，年减排氮氧化物25t。

2.6.1.4 全面开展挥发性有机物综合整治

建设VOCs监控体系。沈阳经济技术开发区编制了VOCs自动监测站建设项目实施方案，截至2021年年底，已安装45个VOCs微子站（市级35个，区级 10 个)，初步建立了覆盖整个沈阳经济技术开发区的 VOCs 监控体系。

推动重点企业挥发性有机物（VOCs）治理工作。沈阳经济技术开发区对区内重点 VOCs 排放企业进行了排查及调研，截至 2021 年年底，沈阳经济技术开发区生态工业示范园区范围内的 40 家重点 VOCs 排放企业全部完成了一厂一策编制，列入一厂一策编制名单的企业已全部完成大气治理工艺图及操作流程上墙，实现了大气污染治理设施的信息公开。同时通过一厂一策的编制及实施，部分企业对 VOCs 治理设施进行了升级，如赛轮（沈阳）轮胎有限公司密炼车间有机废气处理工艺由原有的等离子吸附 + 光氧催化升级为净化乳化液法有机废气净化工艺（水喷淋预处理 + 除雾 + 乳化液吸收净化 + 除雾），沈阳石蜡化工有限公司的有机废气处理工艺由催化氧化焚烧升级为“分子筛吸附”+“液氮冷凝”+“催化燃烧”，米其林沈阳轮胎有限公司新建了“转轮浓缩吸附 + 蓄热式热力焚化炉（RTO）”处理设备用于处理密炼废气等。

2.6.1.5 减排效果

通过上述大气污染治理措施，沈阳经济技术开发区的大气污染得到有效的控制。2018—2020 年，沈阳经济技术开发区的工业废气污染物排放情况见图 2.14、图 2.15。

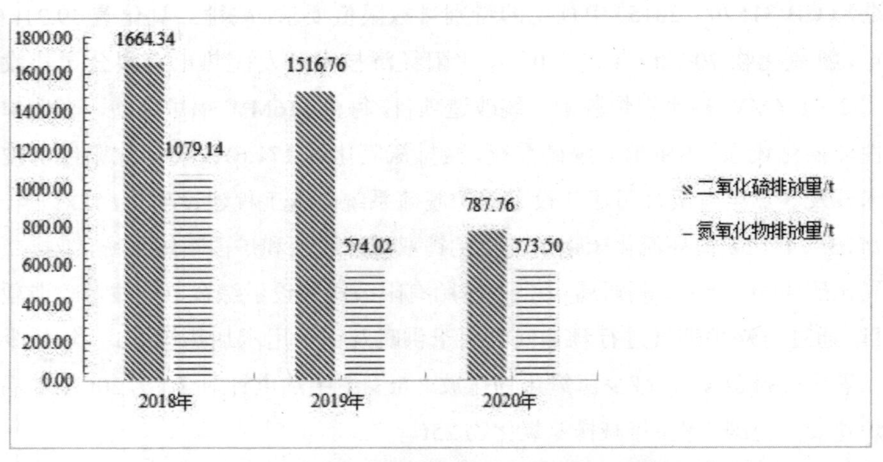

图 2.14 2018—2020 年沈阳经济技术开发区废气污染物排放情况

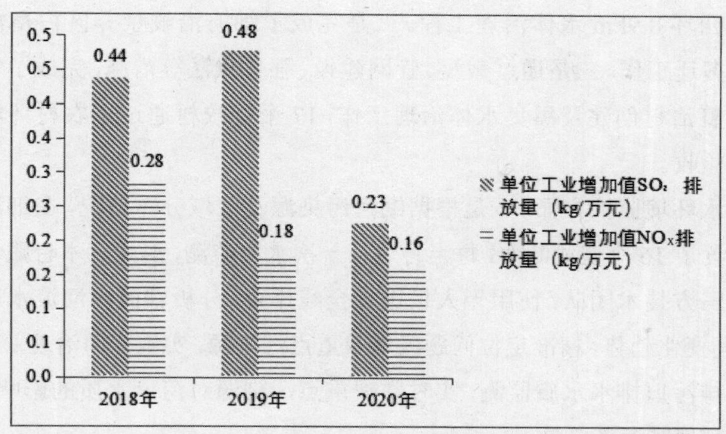

图 2.15 2018—2020 年沈阳经济技术开发区大气污染物排放强度情况

由图 2.15 可知，2018—2020 年沈阳经济技术开发区 SO_2 排放量呈现逐年降低趋势。2020 年沈阳经济技术开发区 SO_2 排放量为 787.76t，与 2018、2019 年相比分别下降了 52.7%、48.1%，单位工业增加值 SO_2 排放量为 0.23kg/万元，与 2018、2019 年相比分别下降了 47.7%、52.9%。2020 年沈阳经济技术开发区氮氧化物排放量为 573.5t，与 2018、2019 年相比分别下降了 46.9%、0.1%，单位工业增加值氮氧化物排放量为 0.16kg/ 万元，与 2018、2019 年相比分别下降了 42.9%、11.1%。

2.6.2 河长牵头、设施加强，实现水污染物排放大幅削减

2.6.2.1 强化“河长制”责任落实

沈阳经济技术开发区建立了“河长制”，由河长负责组织领导相应河湖的管理和保护工作，包括水资源保护、水域岸线管理、水污染防治、水环境治理等。沈阳经济技术开发区设立了区级河长 8 人、街道（镇）河长 45 人、村级河长 79 人、湖长 2 人、民间河长 5 名。在细河沿线累计发动了 305 名志愿者参与巡河。设立区、派出所二级河道警长，截至 2021 年年底，二级河道警长人员均已实名制入网。

2.6.2.2 全面开展地表水治理及管控

在地表水治理方面，一是以“底泥异位清淤”的方式，全面完成了细河

三环至四环 8.9km 水体治理工程。二是完成了细河沿线禁养区内畜禽养殖场关闭搬迁工作。三是通过截污、管网建设、强化执法等措施，完成了农村环境综合整治村创建及黑臭水体治理工作，17 个行政村通过了农村环境综合整治村验收。

在水环境监控方面，一是根据细河污染源及区域分布情况，在细河全线加密设置了 16 个监测断面，每半月进行一次水质监测，形成三本台账；二是聘用第三方技术团队，使用无人机进行全线排查，分析辖区内河流水质的时间、空间变化趋势，精准定位问题区域及重点污染源，实施靶向治理；三是加强入河排污口排水水质监测，实时掌握重点污染源对河流水质的影响，进而有效规划消减污染总量。

2.6.2.3 强化污水处理设施及配套管网建设

沈阳经济技术开发区建设了多项污水处理工程，全面提升污水处理能力。2018 年启动了沈阳市西部污水处理厂（15 万 t/d）提标升级改造工程，同年沈阳振兴污水处理有限公司（原西部污水处理厂二期，25 万 t/d）实现稳定运行，并全部达到《城镇污水处理厂污染排放标准》的一级 A 排放标准；同时在细河沿线完成了多个农村小型生活污水处理设施建设；按照《城镇排污与污水处理条例》的要求，强化了全区排水管网的雨污分流改造和建设，加强了对现有污水处理厂的运行管理和排放管控，最大限度地实现了污水的收集与集中处理。

2.6.2.4 推动企业中水回用

华晨宝马新建了中水回用工程，废水经中水设施处理后回用到生产和厂区绿化，年可利用中水 27 万 m^3，减排 COD10.8 t / 年，氨氮 1.08 t / 年。可口可乐建设了回收水系统，中水外供沈阳经济技术开发区热电厂作为锅炉设备冷却水使用。赛莱默水处理系统（沈阳）有限公司对原有污水站进行了升级，建设了中水回用系统，年减排废水 6 000t，减排 COD0.24 t / 年，氨氮 0.024 t / 年。

2.6.2.5 企业污染治理设施升级改造

沈阳中航机电三洋制冷设备有限公司新建了纯水制备系统，对部分污水进行回收、净化、再利用，减少了对自来水的使用量，同时对污水系统进行了整体升级改造，使外排污水的 COD、氨氮污染物值远低于《辽宁省污水综合排放标准》的要求，减排 COD24.7 t / 年，氨氮 4.2 t / 年。沈阳中光电子有限公司建设了纯水 R/O 废水再利用系统，对纯水生产工艺中 R/O 反渗透系统产生的废水进行回收加压后再利用到 DF 高压水设备、电镀室清扫用水等，年减排废水 4 000t，减排 COD0.16 t / 年、氨氮 0.016 t / 年。沈阳兴华航空电器有限责任公司建设了表面处理厂房污水处理设施升级改造项目，在原有污水处理设施的基础上，进行了分线升级改造，实现了对含铬废水、含镍废水、含氰废水、含银废水、含镉废水、地面废水的分类收集、分质处理，同时还建设了生活污水处理设施升级改造项目，新增生活污水处理设备 1 套，年可减排 COD11.3t、氨氮 0.88t。华晨宝马汽车有限公司建设了污水站改造建设项目，在原处理工艺后新增生物膜法处理工艺，采用多段式生物处理装置 MSABP+ 絮凝沉淀工艺处理涂装车间废水，年可减排 COD60t、氨氮 6t。乐凯（沈阳）科技产业有限责任公司新建了污水处理站改造项目，采用多级隔油池 + 调节池 + 微催化电解 + 反应沉淀 + 催化氧化 +DCE 直流电解反应器 + 气浮 + 厌氧 + 好氧 + 深度处理的工艺对废水进行处理，年可减排 COD1.1t、氨氮 0.2t。

2.6.2.6 减排效果

通过上述污染治理措施，沈阳经济技术开发区的水污染得到有效的控制。2018-2020 年，沈阳经济技术开发区的工业废水污染物排放情况见图 2.16、图 2.17。

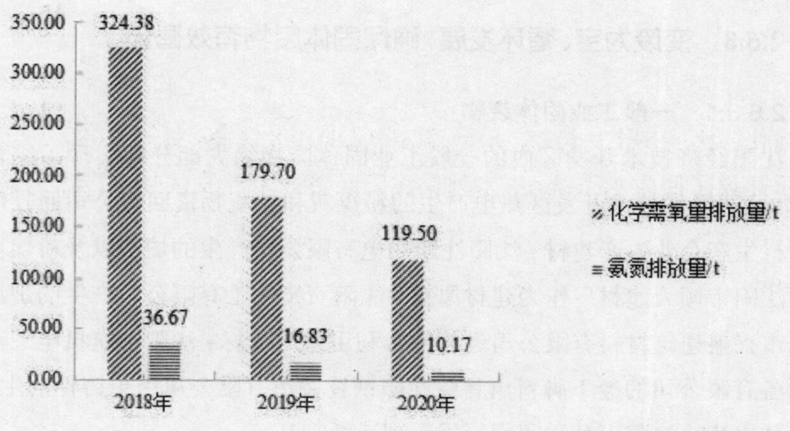

图 2.16 2018—2020 年沈阳经济技术开发区废水污染物排放情况

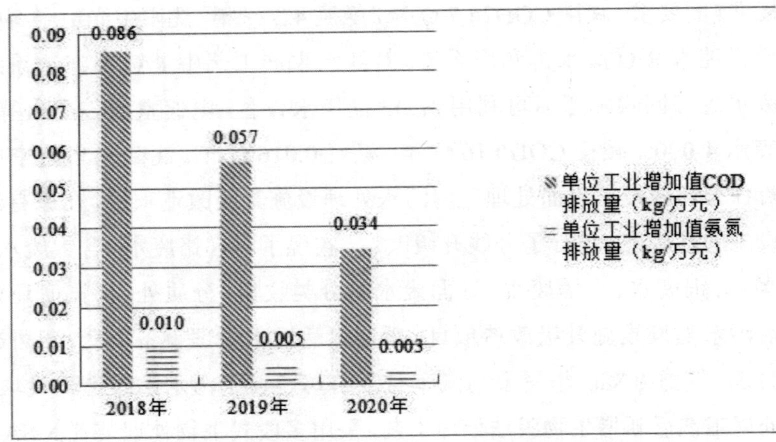

图 2.17　2018—2020 年沈阳经济技术开发区废水污染物排放强度情况

由图 2.17 可知，2018—2020 年沈阳经济技术开发区 COD 排放量呈现逐年降低趋势。2020 年沈阳经济技术开发区 COD 排放量为 119.5t，与 2018、2019 年相比分别下降了 63.2%、33.5%；单位工业增加值 COD 排放量为 0.034kg/ 万元，与 2018、2019 年相比分别下降了 60.5%、40.4%。2020 年沈阳经济技术开发区氨氮排放量为 10.17t，与 2018、2019 年相比分别下降了 72.3%、39.6%；单位工业增加值氨氮排放量为 0.003kg/ 万元，与 2018、2019 年相比分别下降了 70%、40%。

2.6.3　变废为宝、循环发展，确保固体废物有效循环

2.6.3.1　一般工业固体废物

沈阳经济技术开发区内的一般工业固体废物绝大部分都实现了综合利用，如沈阳经济技术开发区热电产生的粉煤灰和炉渣物资回收公司回收后交由建材生产企业生产建材；沈阳沈西热电有限公司产生的炉渣以及粉煤灰提供给沈阳市倾天建材厂作为建材原料；沈阳石蜡化工有限公司产生的炉渣由沈阳市兴盛建筑材料有限公司进行综合利用生产建材；沈阳中航机电三洋制冷设备有限公司的废下脚料出售给沈阳铁香铸造有限公司用于铸件的生产，废包装出售给沈阳市凡沃印刷厂用于制造纸制品等。

2.6.3.2　危险废物

（1）严格危险废物管理。沈阳经济技术开发区以有效防范环境风险为目

标，着力强化危险废物全过程管理，落实企业主体责任，优化提升危险废物利用处置能力，健全危险废物环境监管体系。在危险废物申报和转移管理方面，沈阳经济技术开发区内的危险废物产生单位均实现了在线危险废物管理计划填报和在线转移申请，2020 年共审核危险废物年报 500 余家次，审核危险废物管理计划 2 000 余次。在危险废物监管方面，沈阳经济技术开发区对重点危险废物监管单位开展规范化管理考核，制定印发了一系列企业规范化管理要求，组织企业自查，对发现环境风险隐患问题的单位，明确整改措施及整改时限，跟踪督察整改，同时结合危险废物规范化考核工作开展危险废物安全隐患排查整治。

（2）推动危险废物综合利用。区内的贝卡尔特（沈阳）钢丝制品有限公司针对湿拉工艺产生的废乳化液新建了一套废乳化液分离浓缩及后续回用设备，浓缩倍数达到 3 倍，废乳化液处理装置的总处理能力为 10t/d，处理后的蒸发釜残委托有相关资质厂家处置，废乳化液处置量减少 2 290 t / 年。东北制药集团股份有限公司开展了左旋肉碱酒石酸盐母液回收左旋肉碱工艺研究，完成了工业化试验，实现了废物再利用，年可再利用母液 30t；同时还开展了催化剂回收工艺探索，实现了多批次套用催化剂的再加工，降低了催化剂消耗，年再利用催化剂母液 78 t。普利司通（沈阳）钢丝帘线有限公司新增废盐酸再生建设项目处理酸洗工序产生的废盐酸溶液，年可再生废盐酸 1 200 t。

2.6.3.3 固体废物资源化利用绩效

通过上述一般固体废物资源化利用、危险废物处理处置措施的实施，沈阳经济技术开发区的固体废物得到了安全处理处置，2018—2020 年，沈阳经济技术开发区工业企业固体废物利用情况见图 2.18。

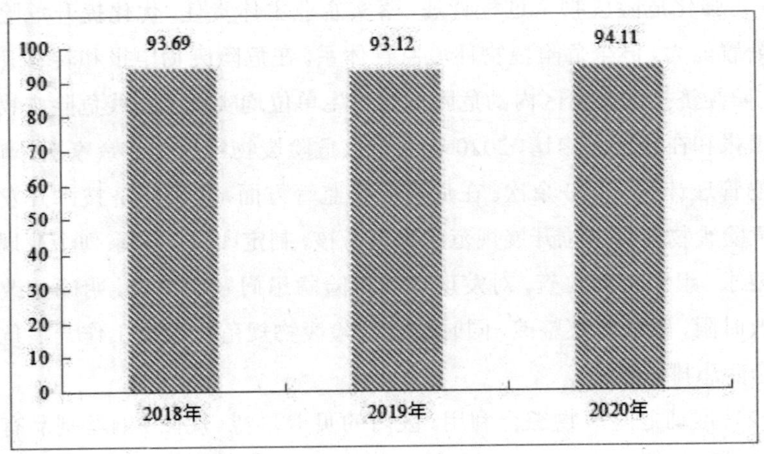

图 2.18 2018—2020 年年沈阳经济技术开发区固体废物综合利用率（%）

由图 2.18 可知，2018—2020 年沈阳经济技术开发区工业固体废物综合利用率为均在 90% 以上，满足《国家生态工业示范园区标准》（HJ274—2015）≥70% 的要求，2020 年沈阳经济技术开发区工业固体废物综合利用率达到了 94.11%，比 2018 年提高了 0.42 个百分点。

2.6.4 动态监管、风险管控，确保饮用水安全

在总体管控方面，沈阳经济技术开发区印发了《沈阳经济技术开发区国家地下水环境质量考核点位周边环境保护方案》《经开区集中式饮用水水源保护区内风险源监管方案》，对考核点位和集中式饮用水水源保护区周边污染源进行了定期排查，建立起了排查及监管动态管理台账，定期对 2016 年水源地一级保护区存在环境风险隐患的 10 眼水源井的整改（关停）情况进行复查，确保地下水环境质量稳定达标。

在例行监管方面，沈阳经济技术开发区对集中式饮用水水源地取水口的周边环境进行按月巡查，每月对辖区内 4 个水源保护区和 44 眼取水井一级保护区内的环境隐患进行排查，切实保障居民饮水安全。

在地下水风险防范治理方面，沈阳经济技术开发区组织区内的 14 座加油站实施了双层罐改造工程，减少了储油设备造成的地下水污染风险。

2.6.5 部门联动、重点监管，确保土壤安全利用

一是建立地块开发利用联动监管机制。沈阳经济技术开发区加强生态环境分局与自然资源分局的联动管理，组织相关职能部门共同督促土地所有权人开展土壤污染调查，共同参与辖区内土壤污染状况调查报告的评审，严把用地准入，未完成土壤调查前，严禁变更土地性质和变更土地所有权人，2020 年完成了 35 宗土壤污染状况调查，确保沈阳经济技术开发区地块安全利用率达到 100%。

二是强化重点地块日常监管。针对沈阳经济技术开发区已经完成停产搬迁的炼焦煤气地块，建立日常巡查制度，确保土壤不发生扰动或者扬散，针对炼焦煤气地块建设了围挡设置，铺设了防尘网，组织编制了《沈阳炼焦煤气有限公司地块地上推土现状土壤污染状况调查报告》《原沈阳炼焦煤气有限公司地块土壤污染风险评估报告》，确保该地块后续的安全合理开发利用。同时还对区内的建设用地疑似污染地块开展了调查评审，完成了 32 个对疑似污染地块土壤的调查及评审，在确定无污染风险后将其从“全国污染地块土壤环境管理系统”中移除。建立了用地性质变更地块再开发利用联动监管机制，区内所有转为住宅、公共管理、公共服务的出让地块已全部开展土壤污染状况调查评审，确保了区内土地的安全开发利用。

三是加强重点监管企业管理。沈阳经济技术开发区管委会与辖区内的 38 家土壤污染重点监管单位签订了土壤污染防治责任书，督促企业按照时限要求完成隐患排查工作，同时要求区内土壤污染重点监管单位每年开展 1 次土壤及地下水环境监测并将监测结果向社会公开，接受公众监督。

2.7 着眼基层、高效实用，构建完成环境风险防范体系

沈阳经济技术开发区在生态工业示范园区持续建设过程中，高度重视环境风险防范，本着“着眼基层、高效实用”的原则，建立起了一个符合沈阳经济技术开发区实际、适用于基层环保部门的环境应急体系。

2.7.1 编制环境风险评估报告和环境风险应急预案

沈阳经济技术开发区编制了环境风险评估报告和突发环境事件应急预案，为沈阳经济技术开发区环境风险管控提供了依据，增强了园区及园区企业的环境风险意识，有效防范了突发环境污染事故。特别是重特大突发环境污染事故的发生，提高了园区及园区企业处置突发环境污染事故的能力。事故发生时，能迅速有效地开展人员疏散施救、现场清洁净化、环境监测、污染跟踪、信息通报和生态环境影响评估与修复行动，将事故损失和社会危害减少到最低程度，保障人民群众生命健康和财产安全，保护环境，维护社会和谐稳定，促进社会经济全面、协调、可持续发展。

2.7.2 构建组建环境应急队伍

沈阳经济技术开发区成立了应急领导小组。如图2.19，领导小组以管委会主任为总指挥，沈阳经济技术开发区管委会分管生态环境副主任、沈阳经济技术开发区生态环境分局局长、沈阳经济技术开发区公安局局长、沈阳经济技术开发区应急管理局局长担任副总指挥。铁西区农业农村局、铁西区卫生健康局、沈阳经济技术开发区应急管理局、沈阳经济技术开发区生态环境分局、沈阳经济技术开发区自然资源局等为成员单位。环境应急领导小组是沈阳经济技术开发区突发环境事件应对的最高领导机构，是应对突发环境事件的责任主体，对管辖范围内的各类突发环境事件负有直接指挥权、处置权，负责统一指挥处置一般级别突发环境事件的应对工作，协调和指挥企业突发环境事件的应对工作。另外，还成立了综合协调组、应急监测组、污染控

制组、事件调查组、医疗救治组、应急保障组、治安维护组、宣传报道组、专家咨询组共 9 个应急救援小组。沈阳经济技术开发区内各存在环境风险源的企业均成立的企业内部应急救援队伍。

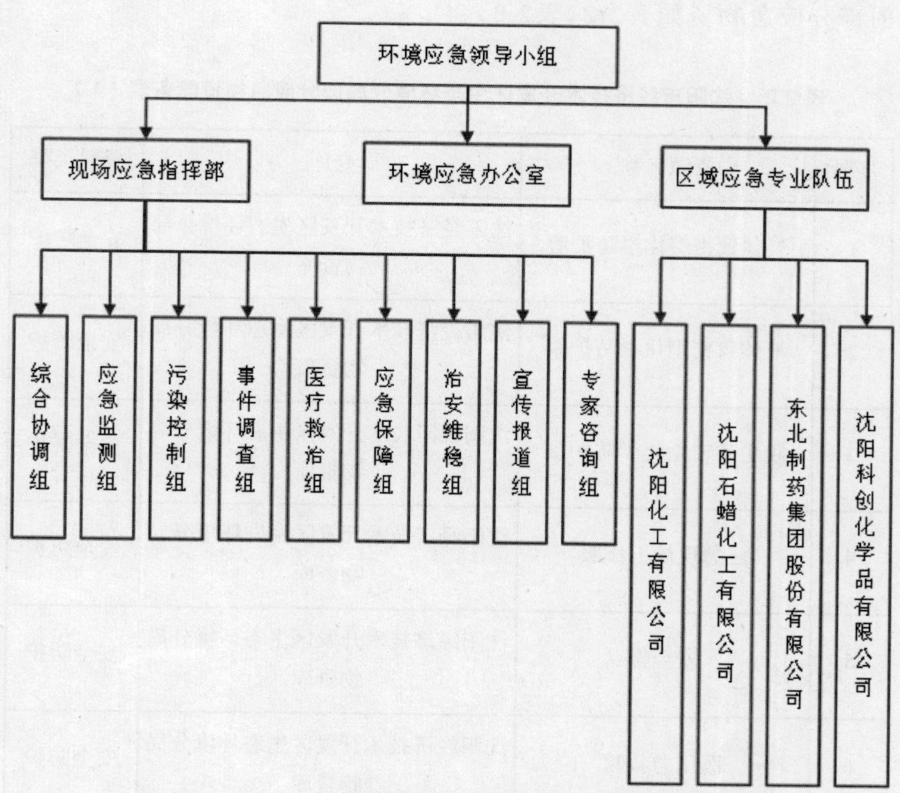

图 2.19　沈阳经济技术开发区环境应急救援组织机构图

2.7.3　储备必要的应急物资和装备

沈阳市经济技术开发区生态环境分局储备了一定量防护服、易燃易爆气体报警装置、辐射报警装置、室内空气现场甲醛氨测定仪等多种安全防护和监测仪器应急物资。

为了有效控制突发环境事件，沈阳经济技术开发区生态环境分局区域内的东北制药集团股份有限公司、沈阳经济技术开发区热电有限公司、沈阳化工有限公司和沈阳石蜡化工有限公司签订了应急物资储备共享协议。

此外，沈阳经济技术开发区成立了以财政和资本运营部、应急管理局为主的应急保障组，提供应急救援资金，组织协调应急储备物资，负责组织调集应急救援装备，保证应急救援过程中物资充足。沈阳市经济技术开发区的部分应急物资如表2.2、表2.3。

表2.2 沈阳市经济技术开发区生态环境分局部分应急物资储备表（1）

序号	资源名称	仓库	资料类型
1	气体致密型化学防护服	沈阳经济技术开发区生态环境分局物资库	安全防护
2	液体致密型化学防护服	沈阳经济技术开发区生态环境分局物资库	安全防护
3	粉尘致密型化学防护服	沈阳经济技术开发区生态环境分局物资库	安全防护
4	应急现场工作服	沈阳经济技术开发区生态环境分局物资库	安全防护
5	安全帽	沈阳经济技术开发区生态环境分局物资库	安全防护
6	医用急救箱	沈阳经济技术开发区生态环境分局物资库	安全防护
7	高精度 GPS 卫星定位仪	沈阳经济技术开发区生态环境分局物资库	监测仪器
8	易燃易爆气体报警装置	沈阳经济技术开发区生态环境分局物资库	监测仪器
9	辐射报警装置	沈阳经济技术开发区生态环境分局物资库	监测仪器
10	激光测距望远镜	沈阳经济技术开发区生态环境分局物资库	监测仪器

续表

序号	资源名称	仓库	资料类型
11	现场 COD 快速测定仪	沈阳经济技术开发区生态环境分局物资库	监测仪器
12	现场 PH 计	沈阳经济技术开发区生态环境分局物资库	监测仪器
13	便携式电导率仪	沈阳经济技术开发区生态环境分局物资库	监测仪器
14	室内空气现场甲醛氨测定仪	沈阳经济技术开发区生态环境分局物资库	监测仪器
15	便携式多种气体分析仪	沈阳经济技术开发区生态环境分局物资库	监测仪器

表 2.3 沈阳经济技术开发区部分共享应急物资储备表（2）

序号	物资名称	规格	数量	包装形式	共享单位
1	盐酸	31%	20t	罐装	东北制药集团股份有限公司
2	活性炭	20kg/ 袋，粉末状	10t	袋装	
3	石灰石	＞90%	100t	散装	沈阳经济技术开发区热电有限公司
4	盐酸	31%	500t	储罐	沈阳化工有限公司
5	液碱	30%/45%	1 300/1 000m^3	储罐	
6	吸油毡	1 500mm×800 mm ×200 mm	0.3t	—	沈阳石蜡化工有限公司
7	防爆桶	20L/10L	50 个	—	

2.7.4 加强应急演练与培训

沈阳经济技术开发区生态环境分局根据应急预案要求，结合实际情况定期和不定期组织企业开展应急培训工作，不断提高应急人员的理论和实践知识、风险防范意识，全面提升了企事业单位依法应对、处置突发环境事件的能力。例如，2018 年组织沈阳经济技术开发区企事业单位对沈阳经济技术开发区突发环境事件应急预案进行培训，2019 年开展了企业突发环境事件隐患排查和治理培训，2020 年开展了企业突发环境事件风险评估与评审培训。

为了提高企业应急救援演练预案的实用性和可操作性，完善应急准备、锻炼应急队伍，提升对突发环境事件的发生及事件发生后的快速处理工作能力，降低突发事件对环境影响，达到“练队伍、优流程、强能力”的效果，2018—2020 年沈阳经济技术开发区组织了多次突发环境事件应急演练。例如，2018 年 6 月 20 日组织区内相关部门进行了突发环境事件应急演练；2019 年 8 月 26 日在沈阳化工股份有限公司组织了稀硫酸罐发生泄漏现场应急演练，2019 年 11 月 14 日在沈阳百傲化学有限公司组织开展了综合应急演练；2020 年 6 月 24 日在洪生气体铸锻园组织了应急演练。

2.8 增光加气减煤调结构，努力迈向碳达峰碳中和

沈阳经济技术开发区深入贯彻习近平生态文明思想，积极应对气候变化，为推动实现碳减排碳中和目标，强化能源结构调整、培育低碳新业态、增加碳汇等措施，充分发挥了国家生态工业示范园区在减污降碳、协同增效，推动区域绿色发展方面的示范引领作用。

2.8.1 增光加气减煤，调整能源结构

沈阳经济技术开发区以能源结构调整为主线，加快推广燃煤替代、节能技改、资源综合利用等先进技术，不断提高太阳能、风能、天然气、电能等清洁和可再生能源的使用比例，同时积极推进燃煤锅炉改造工程，对沈阳经济

技术开发区的煤炭消耗进行替代和控制，不断削减燃煤消耗，进而引导和带动工业低碳发展。

2.8.1.1 提高新能源应用比例

1. 推广太阳能分布式光电项目

为提高沈阳经济技术开发区工业厂房的屋顶利用率，沈阳经济技术开发区积极引入太阳能分布式光电，提高了区内太阳能利用比例。2021 年，如表 2.4，华晨宝马铁西工厂、沈阳机床、三一重工、沃得农机（沈阳）有限公司、北方重工、宇培沈阳经开区物流园等公司已建设了太阳能光伏项目，合计装机容量 120.87MW，按年有效利用小时数 1 263h，系统效率 79% 计算，年发电量 12 059 万 kW · h，替代原煤消耗 1.5 万 t，减少碳排放接近 9.4 万 t CO_2（按 2021 年东北区域电网平均 CO_2 排放因子 0.7 769 kgCO_2/kW · h 计算），有效缓解了区域能源供给压力，为沈阳经济技术开发区能源供给侧改革做出了重要引领和示范。

表 2.4 2018—2020 年沈阳经济技术开发区太阳能光伏项目汇总表

序号	企业名称	装机容量（MW）
1	华晨宝马铁西工厂	7.3
2	沈阳机床（集团）有限责任公司	40
3	北方重工集团有限公司	25
4	宇培沈阳经开区物流园	3.7
5	三一重工股份有限公司	7.0
6	沃得农机（沈阳）有限公司	7.0
7	沈阳铸锻工业有限公司	11.0
8	沈阳东亿机械制造有限公司	8.0
9	泰豪沈阳电机有限公司	3.5
10	沈阳润邦达美物流股份有限公司	1.5
11	沈阳美国工业村	5.98
12	辽阳新益农信息科技有限公司荣信财富广场	0.6

2. 推进太阳能分布式光热项目

沈阳经济技术开发区在推广太阳能分布式光电项目的同时，沈阳经济技术开发区积极引入太阳能分布式光热项目。在民用方面，沈阳工业大学浴室改造项目，采用太阳能分布式光热技术，利用太阳能辐射热能，解决了校区内洗浴热水用能。在工业生产方面，特变电工沈阳变压器集团有限公司规划建设太阳能分布式光热项目，采用先进的太阳能光热技术，实现太阳能热储，对主要生产用蒸汽进行替代和补充，解决厂区冬季采暖以及夏季厂内空调用能，该项目计划投资 1 500 万元，供暖面积 10 万 m^2，年可节约热力 43 462GJ，减少原煤消耗 2 100t。

3. 积极开展分布式能源项目

沈阳经济技术开发区在推广太阳能分布式光电和光热项目的基础上，积极开展更高端的天然气分布式能源项目，全面提高了沈阳经济技术开发区清洁能源利用比例。截至 2021 年年底，沈阳智慧能源系统科技有限公司建设了天然气分布式能源项目，该项目建设 DN500 直供气管线 23km，起点为中石油秦沈沈阳末站（于洪区），终点为沈阳化学工业园（沈阳经济技术开发区）。沈阳昊诚电气股份有限公司成功探索出将风、光、电三种能源相结合的分布式能源热储技术全套解决方案，投资 1 048 万元建设了“分布式一体化供能及能效系统生产建设项目”，该项目主要应用于分布式能源供电、供热的系列产品，包括创新性中小型系列智能风机（20~200kW），固体、相变高性能蓄热供暖装置，可年实现节能量 1.2 万 t 标煤。

2.8.1.2 削减燃煤消耗比例

1. 扎实推进区域燃煤小锅炉淘汰工作

（1）推进工业燃煤小锅炉淘汰工作。沈阳经济技术开发区以对传统化石能源的高效清洁利用为主要任务，扎实推进燃煤小锅炉的拆除或环保锅炉替代，为全面改善区域大气环境质量，沈阳经济技术开发区重点推进工业燃煤小锅炉的淘汰工作，同时推进淘汰民用燃煤小锅炉。2018—2020 年累计拆除小锅炉 52 台，合计吨位 98.05t，年节约原煤 5 200t，减排 SO_2 75.99t，减排 NO_x 16.43t，减排 CO_2 2 639t，有效地提升了沈阳经济技术开发区对传统化石能源利用效率。

（2）推进民用燃煤小锅炉淘汰工作。为全面改善区域大气环境质量，沈阳经济技术开发区在推进工业小锅炉拆除工作的同时，也开展了民用小锅炉拆除工作。自2018年到2020年，共拆除民用小锅炉8台，合计吨位13.7t，城区集中供热率达到97%以上，居沈阳市之首，按制热效率提高20%计，可年节约原煤消耗595t，减排SO_2 9.3t，减排NO_x 20.1t，减排CO_2 302t。

2. 积极推进区域燃煤锅炉清洁能源改造工程

（1）积极推进区域供暖燃煤锅炉“煤改电”。如表2.5，沈阳经济技术开发区大力推广燃煤散烧用户煤改清洁能源技术，加快实施“清洁煤”替代工程，其中大力推广燃煤锅炉“煤改电”技术的应用。一方面采用电热储的方式取代燃煤锅炉，电热储技术主要利用夜间波谷电转换成热能储存在蓄热体内，日间用电高峰时，根据用户热量需求逐步自控释放，实现区域供暖，日间不消耗电能。“十三五”前期沈阳经济技术开发区以累计完成了57家燃煤锅炉电热储改造工程，包含工业和服务业。2018年，沈阳经济技术开发区持续推进了燃煤锅炉“煤改电”工作，完成了4家企业的燃煤锅炉改造，减少原煤用量600t，减排SO_2 8.16t，减排NO_x 1.76t，减排CO_2 216t。

另一方面，采用热泵机组取代燃煤锅炉，热泵机组是燃煤锅炉“煤改电”的另一种实现方式，主要包括：空气源热泵、水源热泵、地源热泵、污水源热泵等，目前沈阳机床厂区的洗浴热水已采用水源热泵系统供给，奥玛丽都、潘城阳光等商品房和财富广场等大型商场也采用水源热泵作为采暖热源。

表2.5　2018—2020年沈阳经济技术开发区“煤改电”工作开展情况

序号	年度	项目名称（企业名称）	项目类型	吨位（t）
1	2018	沈阳海博伟业轻钢彩板有限公司	工业供热	0.5
2	2018	沈阳市侨声食品厂	工业供热	2
3	2018	沈阳电镀有限责任公司	工业供热	1
4	2018	沈阳东大贴面板加工厂	工业供热	0.5
合计				4

（2）积极推进区域供暖燃煤锅炉“煤改气”。锅炉“煤改气”是推广使用清洁能源、改善沈阳经济技术开发区乃至全市空气质量、保障人民群众身体健康的重要举措之一。沈阳经济技术开发区自2013年开展了煤改气工作，截至2017年年底，沈阳经济技术开发区累计完成“煤改气”工程百余项，涉及企业52家，拆除锅炉100台，合计吨位400余t，较改造前能耗下降20%左右。2018年，沈阳经济技术开发区煤改气工作进入收尾阶段，如表2.6，共对8家企业的锅炉进行了改造，合计19.8t，节能425t标煤，减排SO_2 40.4t，减排NO_X 7.92t，减排CO_2 303t。

表2.6 2018—2020年沈阳经济技术开发区“煤改气”工作开展情况

序号	年份	项目名称（企业名称）	吨位（t）
1	2018	欣旺胶厂	0.3
2	2018	金隆源贴面板厂	1
3	2018	沈阳东正牧业有限公司	2
4	2018	沈阳市同富饲料厂	4
5	2018	沈阳张明化工有限公司	5
6	2018	沈阳市亚萍饲料厂	0.5
7	2018	沈阳市试剂二厂	6
8	2018	沈阳永大食品有限公司	1
合计			19.8

综上所述，通过实施推广新能源、提高集中供热比例、燃煤锅炉拆改等系列能源结构调整措施，沈阳经济技术开发区的取得了良好的减污降碳协同增效成果。2018—2020年，沈阳经济技术开发区的综合能耗分别为83.0万t标煤、78.1万t标煤、70.3万t标煤，综合能耗量逐年降低，与2018年、2019年相比，2020年分别降低了15.27%、9.93%；单位工业增加值综合能耗

总量从 0.22t 标煤 / 万元下降到了 0.20t 标煤 / 万元，减少了 9.09%；单位工业增加值 SO_2 排放量从 0.44kg/ 万元下降到了 0.23kg/ 万元，减少了 48.54%；单位工业增加值 NO_x 排放量从 0.28kg/ 万元下降到了 0.16kg/ 万元，减少了 42.21%。2018—2020 年，沈阳经济技术开发区单位工业增加值二氧化碳排放量实现了逐年削减，年均削减率达到分别为 40.20%、15.00%、13.66%。

2.8.2 政企协同增效，提升降碳管理能力

2.8.2.1 提升企业协同管理能力

1. 加强企业能源管理制度化建设

（1）加强企业能源管理体系建设。工业企业作为沈阳经济技术开发区的能源消耗大户，强化企业管理节能是促进工业企业提升能源利用水平的有效手段。为此，沈阳经济技术开发区积极推进区内企业开展能源体系建设，邀请了专业的认证机构瑞士通用公证行（SGS）为区内企业进行全面的能源管理体系培训，如表 2.7，2021 年，赛莱默水处理系统（沈阳）有限公司、中车沈阳机车车辆有限公司、沈阳鼓风机集团自动控制系统工程有限公司、沈阳普利司通有限公司等企业建立了覆盖企业能源利用全过程的管理体系和长效节能机制，强化了结构节能与技术节能。

表 2.7 沈阳经济技术开发区企业能源管理体系建立情况部分名单

序号	企业名称	建立年份
1	赛莱默水处理系统（沈阳）有限公司	2017
2	中车沈阳机车车辆有限公司	2017
3	华晨宝马汽车有限公司	2018
4	沈阳鼓风机集团自动控制系统工程有限公司	2019
5	沈阳普利司通有限公司	2019

（2）积极开展碳核查与碳交易。沈阳经济技术开发区多次组织区内重点

排放企业参加国家、省、市组织的碳核查和碳交易培训会，帮助企业做好碳核查工作。如表2.8，截至2020年，沈阳经济技术开发区已有7家企业开展了温室气体排放核查。沈阳经济技术开发区年消耗3 000t标煤以上的企业全部纳入了全市碳核查和碳排放交易体系中，逐步建立了区内企业的企业节能低碳市场机制，区内企业节能改造和低碳发展的内生动力明显增强。

表2.8　2018—2020年度沈阳经济技术开发区开展温室气体排放核查企业名单

序号	企业名称	序号	企业名称
1	沈阳三一重型装备有限公司	37	沈阳中光电子有限公司
2	沈阳三生制药有限责任公司	38	新东北电气集团高压开关设备有限公司
3	沈阳三科核电设备制造股份有限公司	39	乐凯沈阳科技产业有限公司
4	中粮可口可乐辽宁（北）饮料有限公司	40	泰豪沈阳电机有限公司
5	沈阳宏大华明纺织机械有限公司	41	康师傅（沈阳）饮品有限公司
6	沈阳秉信环保包装有限公司	42	北方重工集团有限公司
7	特变电工沈阳变压器集团有限公司	43	沈阳机床（集团）有限责任公司
8	贝尔卡特沈阳精密钢制品有限公司	44	沈阳华泰昌隆表面技术有限公司
9	沈阳来金汽车零部件有限公司	45	沈阳远大智能工业集团股份有限公司
10	沈阳天荣电缆材料有限公司	46	米其林沈阳轮胎有限公司
11	沈阳石蜡化工有限公司	47	沈阳中富瓶坯有限公司
12	福尔波西格林传送系统（中国）有限公司	48	太平洋制罐（沈阳）有限公司
13	万昌印刷包装（沈阳）有限公司	49	沈阳顶益食品有限公司

续表

序号	企业名称	序号	企业名称
14	康师傅（沈阳）方便食品有限公司	50	沈阳怡斯宝特面包工业有限公司
15	采埃孚伦福德汽车系统（沈阳）有限公司	51	贝卡尔特（沈阳）精细帘线有限公司
16	沈阳汉科半导体材料有限公司	52	沈阳盛西尔科技发展有限公司
17	赛莱默水处理系统（沈阳）有限公司	53	沈阳维用精密机械有限公司
18	辽宁虎驰科技传媒有限公司	54	沈阳紫日包装有限公司
19	沈阳中富胶盖有限公司	55	安斯泰来制药（中国）有限公司
20	巴斯夫维生素有限公司	56	贺利氏信越石英（中国）有限公司
21	安川电机（沈阳）有限公司	57	沈阳谷川金属有限公司
22	沈阳洪生气体有限公司	58	沈阳鼓风机集团股份有限公司
23	沈阳三江热力有限公司	59	东北制药集团有限责任公司
24	沈阳经济技术开发区中宇热电有限公司	60	中国有色（沈阳）泵业有限公司
25	沈阳中核舰航特材科技有限公司	61	沈阳思特雷斯纸业有限责任公司
26	沈阳三威洗涤用品有限公司	62	普利司通（沈阳）钢丝帘线有限公司
27	沈阳胜科水务有限公司	63	沈阳山城燃气仪表设备有限公司
28	沈阳统一企业有限公司	64	沈阳希望饲料有限公司
29	沈阳嘉和气体有限公司	65	沈阳恩斯克有限公司
30	沈阳澳深冲压焊接制品有限公司	66	莱玛特·沃尔特斯（沈阳）精密机械有限公司

续表

序号	企业名称	序号	企业名称
31	中车沈阳机车车辆有限公司	67	辽宁万利商品混凝土有限公司
32	沈阳名华模塑科技有限公司	68	沈阳经济技术开发区热电有限公司
33	沈阳和旺实业有限公司	69	沈阳星光技术陶瓷有限公司
34	沈阳紫江包装有限公司	70	沈阳恩斯克精密机器有限公司
35	沈阳紫泉饮料工业有限公司	71	沈阳中航机电三洋制冷设备有限公司
36	沈阳农心食品有限公司		

（3）积极推进重点用能企业能源审计。如表2.9，“十三五”期间，沈阳经济技术开发区全力推进区内企业开展能源审计工作。沈阳市工业节能专项中明确要求申报企业必须开展能源审计工作，沈阳经济技术开发区以此为契机，全力推进了区内企业能源审计工作，在此基础上，逐步完善全区的能源管理体系，实现了节能工作的科学化、系统化、专业化、程序化和标准化，保证了节能工作的有效性和整体性。

表2.9　沈阳经济技术开发区重点用能企业能源审计情况部分名单

序号	企业名称	序号	企业名称
1	沈阳机床（集团）有限责任公司	20	沈阳名华模塑科技有限公司
2	华晨宝马汽车有限公司	21	沈阳三聚凯特催化剂有限公司
3	沈阳经济技术开发区中宇热电有限公司	22	贝卡尔特沈阳精密钢制品有限公司
4	沈阳和平子午线轮胎制造有限公司	23	华润置地（沈阳）物业服务有限公司
5	特变电工沈阳变压器集团有限公司	24	大商铁西新玛特

续表

序号	企业名称	序号	企业名称
6	东北制药集团有限责任公司	25	国电辽宁节能环保开发有限公司
7	中国有色（沈阳）冶金机械有限公司	26	东电沈阳热电有限责任公司
8	新东北电气（沈阳）高压开关有限公司	27	普利司通（沈阳）轮胎有限公司
9	沈阳经济技术开发区热电有限公司	28	普利司通钢丝帘线有限公司
10	沈阳炼焦煤气有限公司	29	三一重型装备有限公司
11	中国北车集团沈阳机车车辆有限责任公司	30	可口可乐辽宁（北）饮料有限公司
12	康师傅（沈阳）饮品有限公司	31	沈阳科创化学品有限公司
13	普利司通（沈阳）轮胎有限公司	32	国电沈阳热电有限公司
14	沈阳石蜡化工有限公司	33	沈阳和平子午线轮胎有限公司
15	沈阳化工股份有限公司	34	沈阳远大铝业工程有限公司
16	沈阳华发热力有限公司	35	沈阳农心食品有限公司
17	北方重工集团有限公司	36	沈阳统一食品有限公司
18	沈阳鼓风机集团股份有限公司	37	沈阳第四橡胶（厂）有限公司
19	沈阳铸锻工业有限公司	38	沈阳米其林轮胎有限公司

（4）深入推进企业能源三级计量。沈阳经济技术开发区对园区内重点用能企业能源计量器具配备情况进行了监督检查，截至2020年年底，如表2.10，沈阳经济技术开发区共有20家（21户）年耗3 000t标准煤以上的重点用能企业列入监督检查范围，配备能源计量器具总计3 439台件。其中：一级计量器具（进出口用能单位）276台件，二级计量器具（进出主要次级用能

单位）2 050 台件，三级计量器具（主要用能设备）1 113 台件，以上三级计量器具配备情况全部达到了国家能源计量器具配备要求。重点用能企业通过对能源计量数据的采集、诊断、分析，科学准确地实施了有效的节能管理，取得了良好的节能降耗效果。

表 2.10　沈阳经济技术开发区能源三级计量统计表

序号	企业名称	序号	企业名称
1	东北制药集团有限责任公司	12	沈阳机床（集团）有限责任公司
2	沈阳热电厂	13	沈阳经济技术开发区热电有限公司
3	沈阳鼓风机集团股份有限公司	14	沈阳经济技术开发区中宇热电有限公司
4	沈阳化工股份有限公司	15	特变电工沈阳变压器集团有限公司
5	沈阳石蜡化工有限公司	16	新东北电气（沈阳）高压开关有限公司
6	北方重工集团有限公司	17	中车沈阳机车车辆有限公司
7	康师傅（沈阳）饮品有限公司	18	中国有色（沈阳）冶金机械有限公司
8	米其林沈阳轮胎有限公司	19	贝卡尔特沈阳精密钢制品有限公司
9	普利司通（沈阳）轮胎有限公司	20	国电沈阳热电有限公司
10	沈阳第四橡胶（厂）有限公司	21	贝卡尔特一沈阳钢帘线有限公司
11	沈阳和平子午线轮胎制造有限公司		

注：19 贝卡尔特沈阳精密钢制品有限公司与 21 贝卡尔特 – 沈阳钢帘线有限公司为一家企业。

（5）积极争取节能低碳重点课题。“十三五”期间，沈阳经济技术开发区积极组织相关科研院所、学术机构和企业争取国家重点课题研究，包括国家重点新产品计划、国家火炬计划、国家科技支撑计划、国家高技术研究发展计划（863 计划）、国家重点基础研究发展计划（973 计划）等。如表2.11，“十三五”期间，沈阳经济技术开发区内的企业及科研机构共申报国家级课题 40 余项（其中绿色节能低碳领域相关的国家级课题 6 项），获得国家科技部拨款近 1.5 亿元，对沈阳经济技术开发区低碳发展和创新能力提升等方面起到了积极的促进作用。

表 2.11　沈阳经济技术开发区绿色低碳发展领域国家课题申请情况

序号	项目名称	企业名称	课题类型
1	活性染料重要中间体清洁生产新技术开发及示范	沈阳化工研究院有限公司	国家支撑计划
2	4M125 大型往复式新氢压缩机	沈阳鼓风机集团有限公司	国家火炬计划
3	采油平台全自动计量系统	沈阳通益科技有限公司	国家重点新产品
4	高速精密数控机床绿色制造关键技术开发及应用示范	沈阳机床（集团）有限责任公司	国家支撑计划
5	富油能源微藻培育与生物柴油制备	沈阳化工研究院有限公司	国家高技术研究发展计划
6	制剂类农药清洁生产与废水循环利用技术与示范	沈阳化工研究院有限公司	国家高技术研究发展计划

2. 深入推进能源管理信息化建设

沈阳经济技术开发区大力推进信息化与工业化融合，用信息技术改进了对资源、能源与环境的实时监控和分析手段，提高了企业经济运行效率，打破了制造业信息孤岛，构建了支撑工业大数据安全有序流动的信息化管理平台。截至 2020 年，如表2.12，已有 10 家企业建立了能源监测平台，取得了显著的节能降耗效果。

例如，东北制药股份有限公司能源闭环管理体系以水、电、蒸汽三种能源介质为基础，在原料药、制剂两个厂区共部署监控 3104 个能源点位，利用能源大数据基础平台，通过线上分析，线下总结、治理相结合进行能源成本控制。线上，通过能源大数据平台对全厂区能源点位能耗数据进行实时采集，形成累计对比分析，当发生能耗超量使用时，平台会自动触发预警；线下，生产部门根据系统反馈的分析情况，及时总结做出相应调整，通过用能分析交流会、持续推进削峰填谷等方式调控生产，不断提高用能效率，降低能耗使用。东北制药股份有限公司利用能源大数据平台，2020 年累计节能创效超过 4 000 万元。华晨宝马汽车有限公司铁西工厂已建立起能源管控中心，先一步实现信息化管理，同时在建立绿色工厂的过程中，计划引入国际高端信息化管理措施，进一步提高企业信息化管理水平，在全区做出了表率；米其林沈阳轮胎有限公司采用罗斯威尔信息化管理平台，对全厂资源、能源消耗统计进行全方位管理，其能源精细化的管理模式已在全区进行推广。

表 2.12　企业能源管控平台调查表

企业名称	平台运行时间	可采集的能源或资源类型
东北制药股份有限公司	2020	电、蒸汽、水
延锋彼欧（沈阳）汽车外饰系统有限公司	2019	电、天然气
沈阳施德汽车部件有限公司	2019	电
慕贝尔汽车部件（沈阳）有限公司	2018	电
沈阳丰田纺织汽车部件有限公司	2018	电、热水、天然气、水
沈阳思特雷斯纸业有限责任公司	2017	电
普利斯通（沈阳）轮胎有限公司	2017	天然气、电
华晨宝马汽车有限公司	2016	电
米其林沈阳轮胎有限公司	2016	电、天然气
海斯坦普汽车组件（沈阳）有限公司	2015	电

3. 加强企业节能技改常态化建设

近年来，沈阳经济技术开发区着力推进企业节能技术改造，除加强政策驱动和宣传引导外，积极搭建银企对接平台，帮助企业申请国家省市节能技改各类政策性资金扶持 3 096 万元，工作重心从运动式的“拆”转为常态化的“促”，努力完善企业主动技改的内生条件，着力激活技改内生动力。如表 2.13 所示。

2018—2020 年，沈阳经济技术开发区累计完成企业节能项目 20 余项，完成投资 39 339 万元，实现节能 54 767t 标煤，直接减排二氧化碳 15 425t。节能技改工作的深入推进，为沈阳经济技术开发区带来了新产品、新产业、新业态，工业经济新旧动能转换加速，新动能对经济增长的支撑作用逐步增强。

表 2.13　2018—2020 年沈阳经济技术开发区企业节能技改项目汇总表

序号	企业名称	项目名称	投资额（万元）	节能效益（t 标煤）
1	贝卡尔特沈阳精密钢制品有限公司	综合节能技术改造	520	442.65
2	沈阳顶益有限公司	蒸箱废热蒸汽纯化增压回收装置（WSR）节能系统	148	749
3	沈阳亨通能源有限公司	综合节能改造	420	8 493.8
4	沈阳东管电力科技集团股份有限公司	工厂绿色能源节能改造项目	2 500	500
5	东北制药集团股份有限公司	余热余压综合节能项目	3 443.7	3 921
		节能改造综合项目	9 050	17 614
6	国电东北电力有限公司沈阳沈西热电有限公司厂	2 号机组低压缸切缸灵活性改造	1 110.5	7 500
7	赛轮（沈阳）轮胎有限公司	智能化车间节能改造项目	1 484.66	360

续表

序号	企业名称	项目名称	投资额（万元）	节能效益（t标煤）
8	沈阳科创化学品有限公司	沈阳科创化学品有限公司八车间生产线升级节能改造项目	1 255.23	594
9	沈阳化工股份有限公司	耗能设备改造	1 700	2 148
10	普利司通（沈阳）轮胎有限公司	综合节能技术改造项目（2 期）	499	546
		综合节能技术改造项目（1 期）	329	549
11	延锋彼欧（沈阳）汽车外饰系统有限公司	生产设备（工艺）及辅助设施综合节能改造项目	227	989
12	沈阳中光电子有限公司	综合节能技术改造项目（2 期）	1 151	617
		综合节能技术改造项目（1 期）	528.5	935.88
13	沈阳久九纸板有限公司	卫星式电子束智能环保生产线	10 000	748.2
14	沈阳宏远电磁线股份有限公司	特高压变压器用电磁线设备节能改造项目	460	1 658
15	沈阳中航机电三洋制冷设备有限公司	15F 生产线节能技术改造项目	3 791	4 200
16	沈阳和平子午线轮胎制造有限公司	综合节能技术改造项目	390	1 021
17	沈阳联盛化工有限公司	综合节能技术改造项目	331	1 180

2.8.2.2 提升政府低碳管理能力

当前，沈阳经济技术开发区的节能降耗和污染减排压力较大，减污降碳协同增效对政府管理提出了新的要求，提升政府低碳管理能力，完善相适应的管理体制，是沈阳经济技术开发区低碳发展的关键。为此，沈阳经济技术开发区主要做了两方面的工作，一是提升政府低碳服务能力，搭建政府低碳节能服务平台；二是强化政府低碳管理能力，提升科学化、信息化、制度化、系统化能源管理和低碳控制能力。

1. 提升政府低碳服务能力

打造沈阳经济技术开发区低碳节能平台品牌。沈阳经济技术开发区开展了国家低碳工业园区示范试点创建、绿色工业园创建等工作，创新开展了低碳节能活动月主题活动，截至 2021 年，已成功举办了 6 届，并在全国范围内进行了推广。沈阳经济技术开发区的低碳节能活动月立足于国家低碳工业园区创建，将其作为园区低碳发展的冲锋号和动员令，在全区范围内深入开展低碳节能活动。活动月通过专家论坛、节能展参观、对话交流、服务对接、专家义诊、高端培训讲座、企业员工节能建议征集等多种形式，在全区工业企业范围内广泛宣传低碳节能的紧迫性和重要意义，并对节能先进单位和节能先进个人进行了表彰和奖励。这一系列生动活泼、主题新颖、针对性强、高端前沿的宣传和培训，使工业企业与节能服务机构的联系趋于顺畅，极大提高了沈阳经济技术开发区工业企业自觉开展节能改造和改进节能管理的积极性，全面拓展了工业企业节能改造和管理的思路，对沈阳经济技术开发区整体低碳意识的提升，起到了不可估量的意义和功效。

2. 强化政府低碳管理能力

（1）规范化沈阳经济技术开发区管理制度。沈阳经济技术开发区从科学布局、加强项目管理、强化安全管理、严格环境保护、推进两化深度融合、完善配套服务、加强组织管理、严格固定资产投资审查等方面，对园区的规范发展提出了要求，开创了规范发展、绿色发展的新局面。科学布局方面，新建项目必须符合国家和区域的产业规划、低碳工业园、绿色园区等的要求。在环保准入方面，制定了环境准入负面清单制度，规范了园区准入标准。在两化深度融合方面，以信息化手段解决安全环保难题，推进智慧园区建设。在固定资产投资审查方面，严格执行节能评估审查制度，从源头上杜绝了能源浪费，促进了企业科学合理地利用能源，提高了能源利用效率。

（2）建立多元化低碳投融资机制。沈阳经济技术开发区以金融办为主体，组织搭建金融服务平台，建立多元化投融资机制，增强低碳建设的资金保障。研究制定相关政策、措施，最大程度保证企业低碳事业的发展，在融资机制方面为企业做出了正确指导；同时，积极为园区引进金融机构，拓宽企业融资渠道，定期召开不同形式的银企对接会，增强了企业与金融机构之间的联系；积极鼓励社会风险资本投资低碳产业，对于沈阳经济技术开发区重点发展的高端装备制造业、节能环保产业，由沈阳经济技术开发区向社会风险投资机构进行推介，鼓励专业化公司参与低碳项目的建设和运营。

2.8.3 发展绿色制造，加快产业转型升级

2.8.3.1 大力发展绿色制造

如表 2.14，近年来，沈阳经济技术开发区全面推进绿色制造体系建设，以绿色工厂、绿色产品、绿色供应链为重点培育方向，重点培育示范试点龙头企业，打造沈阳经济技术开发区低碳节能领域品牌标杆，鼓励企业开展厂房集约化、生产清洁化、废物资源化、能源高效化和生产智能化建设，9 家企业获批国家级绿色工厂；赛轮（沈阳）轮胎有限公司的汽车轮胎被工信部认证为绿色设计产品；沈阳精新再制造有限公司被认定为绿色供应链，中德（沈阳）高端装备制造产业园被认定为绿色园区。

表 2.14 “十三五”期间沈阳经济技术开发区企业国家级绿色示范创建情况

荣誉称号	年份	企业名称
工信部绿色工厂	2017	华晨宝马铁西工厂
	2017	沈阳鼓风机集团股份有限公司
	2019	赛莱默水处理系统（沈阳）有限公司
	2019	沈阳工业泵制造有限公司
	2020	沈阳三生制药股份有限公司
	2020	三一重型装备有限公司
	2020	特变电工沈阳变压器集团有限公司

续表

荣誉称号	年份	企业名称
工信部绿色工厂	2020	沈阳宏远电磁线股份有限公司
	2020	康师傅（沈阳）饮品有限公司
工信部绿色设计产品	2020	赛轮（沈阳）轮胎有限公司（S913 低滚阻系列卡车轮胎）
		赛轮（沈阳）轮胎有限公司（S815 低滚阻低噪音系列卡车轮胎）
		赛轮（沈阳）轮胎有限公司（S861 低滚阻系列卡车轮胎）
工信部绿色供应链	2019	沈阳精新再制造有限公司
工信部绿色园区	2020	中德（沈阳）高端装备制造产业园

2.8.3.2 扎实推进智能制造

（1）建设中德（沈阳）高端装备制造产业园。沈阳经济技术开发区加快中德（沈阳）高端装备制造产业园建设，打造中国制造 2025 与德国工业 4.0 合作试验区，推动装备制造业向高端化、智能化、绿色化发展。

（2）制定“互联网 +”和智能制造行动方案。加快传统装备制造业向智能制造转型升级，鼓励汽车及零部件、数控机床、通用石化、重矿机械、输变电、工程机械等产业积极转变，谋求向高端产品转变，由高碳产品向低碳产品转变。

（3）组建铁西区智能制造产业联盟。围绕沈阳经济技术开发区产业转型重大需求，以工业机器人、智能装备为突破口，以沈阳远大智能机器人有限公司为龙头，以沈阳大族赛特维机器人股份有限公司工业装备、辽宁嘉泰智能设备有限公司装备平台为核心，组建智能制造产业联盟，并通过联盟合作攻关，突破机器人及智能装备共性核心技术，研发智能化系列产品，做大做强机器人及智能装备产业。推进沈阳机床 i5 战略计划。以推进实施 i5 战略计划为工作重点，加强综合职能部门调度力度，落实东北智能制造创新产业基金（有限合伙）铁西区出资事宜，为沈阳机床关于东北智能制造创新产业基金第一期募筹基金20亿元人民币落地启动奠定基础。

2.8.3.3 积极组织智能制造示范项目申报

（1）省市级智能制造示范试点项目申报。围绕辽宁省智能制造及智能服务试点示范评选工作，沈阳经济技术开发区积极组织和协调区内智能制造及智能服务试点示范申报，加强智能制造示范体系培育和智能制造项目实施，累计获批省级智能制造及智能服务试点示范标杆企业和项目共12个，其中：省级智能制造及智能服务试点示范标杆企业2家；省级智能制造及智能服务试点示范项目10个。

（2）国家级智能制造示范试点项目申报。近年来，沈阳经济技术开发区积极组织国家级智能制造示范试点项目，共获得智能制造试点示范、智能制造标准化与新模式应用、制造业与互联网融合发展试点示范和两化融合评估管理体系贯标试点项目14项，累计获得国家和省级专项资金6 170万元，其中东北制药大宗原料药及医药中间智能制造新模式获得6 000万元。

2.8.3.4 构建以再制造产业为核心的循环型产业链

积极培育再制造产业，深入推进再制造产品规模和品种，沈阳精新再制造有限公司、泰豪沈阳电机有限公司、沈阳金研激光再制造有限公司探索建立“机电产品—修复再生—再利用”产业链；沈阳颐康环境生物科技开发有限公司建设了VC发酵残液回收古龙酸并制备有机肥项目，沈阳唐阳物资回收有限公司和辽宁光林废旧物资回收有限公司建设了废旧钢铁资源回收静脉产业项目。

2.8.4 绿色低碳出行，园区有机更新

2.8.4.1 基础设施低碳化建设

1. 交通设施低碳化

（1）推行工业领域绿色出行。沈阳经济技术开发区面积较大，主要以工业企业为主，存在数量较多的公共交通盲点，出行极不方便，同时区内大型工业企业厂区范围较大，内部出行效率较低，为补齐区内交通空白，提高企业内部出行效率，沈阳经济技术开发区提出了“工业领域绿色出行”概念。一

是积极推进共享单车填补区内公共交通空白，先后投放共享单车1 000余辆。二是积极推进共享单车与区内企业的对接，探索工业企业内部绿色出行，沈阳沃德汽车等企业均引入了共享单车。三是设置浑河西峡谷公园为“绿色骑游”公园，倡导工业区域绿色游园和绿色交通理念，前期引入共享单车200余量，后期视情况继续投入。四是大力倡导公共机构绿色出行，同时在沈阳经济技术开发区新管委会和公交站点之间，设置了十多个共享单车站点。

（2）加快新能源汽车配套充电设施建设。大力推进充电基础设施建设，有利于解决电动汽车充电难题，是发展新能源汽车产业的重要保障。近年来，沈阳经济技术开发区认真贯彻落实国务院关于推广新能源汽车的系列决策部署，积极推动电动汽车充电基础设施建设，各项工作取得了积极进展，截至2021年年底，沈阳经济技术开发区已建成各类充电桩55个，累计装机容量约300kW。

（3）完善公共交通出行系统。依据“公交主导、慢行优先”的绿色交通模式，积极推进公共交通港湾式建设。截至2021年年底，沈阳经济技术开发区内运营和经停的公交线路有18条，总车辆数为300余辆，其中新能源汽车40余辆，全年客量约300万人次。

2.8.4.2 大力推进建筑节能改造

1. 大力推进既有建筑节能改造

沈阳经济技术开发区按照沈阳市“节能暖房”的工作部署，实施区内暖房改造45.3万m^2，实际工程中标总金额3 723万元，争取国家补贴资金2 368万元，沈阳经济技术开发区自行承担1 355万元。通过实施暖房改造工程，解决了百姓十分关注的冬季冷暖问题，提升了百姓居住的生活品质，不仅顺应民意，还暖了民心。此外大大降低了全区污染指数，使全区节能、环保、民生、城区环境等多方面得到了改善，改造区域年可节约煤耗21%左右，受益居民室内温度能提高3～5℃。

2. 大力推行新建绿色建筑

沈阳经济技术开发区大力推行新建公共建筑中绿色建筑的比例，从建筑源头充分利用阳光、节省能源，促进建筑和自然环境的协调发展。2018年，华晨宝马建成了13 529.16万m^2的培训中心，该建筑按照绿色建筑标准建设，采用可再生能源供电、雨水管理、节能建筑设计等多项措施，打造绿色低碳建筑。

3．培育和发展现代建筑产业低碳示范

大力培育以“装配式、部品化”为代表的现代建筑墙体、现代建筑用机电、现代建筑结构制品，相比传统建筑方式，装配式建筑可节约钢材30%、混凝土17%，减少建筑垃圾80%，施工周期缩短一半以上，且减少碳排放57%。2021年，沈阳经济技术开发区内已初步建立起以沈阳远大铝业集团有限公司、沈阳中辰钢结构工程有限公司、沈阳正兴新材料有限公司、积水好施新型建材（沈阳）有限公司、三一重型装备有限公司、沈阳关西涂料有限公司、洛斐尔建材科技（沈阳）有限公司等龙头企业为代表的产业集群。区内美的城、金地檀府、华润二十四城、孔雀城、万科等项目均按照沈阳市现代建筑产业化装配式建筑的相关技术标准和工程建设要求施工，开工执行率90%，有力地促进了现代建筑产业的低碳化发展。

2.8.5 园区铺满绿，宜居宜业幸福城

沈阳经济技术开发区坚持以绿荫城、以水润城，让人们在公园中办公和生活成为现实。“铺满绿”工程和生态廊道建设，十五大城区公园及三大滩地公园潜心打造，形成区域廊道、园区公园、附属绿地的三级绿化体系。浑河沿岸围绕科技创新、中德合作，全方位、高标准地推动了河岸滩地的生态环境建设，做优大堤路沿线“一河两岸”拥河发展新空间。2018～2020年，沈阳经济技术开发区重点实施了沈西一东路、次干路等街道绿化工程，建设了杨树、榆树、柳树等防护绿地，完善了居住区、工业区、公共设施等的附属绿化建设。截至2020年年底，新增附属绿地166 646m^2，新增街路绿地146 900m^2，新增防护绿地154 157m^2，总共新增绿地面积467 703m^2，绿化覆盖率达到了19.02%。

2.9 环境质量稳步改善，建成清新静美园区

2.9.1 空气质量改善，蓝天白云相伴

2.9.1.1 环境空气质量变化趋势分析

1.“十三五”期间变化趋势

沈阳经济技术开发区设有 1 个国控环境空气监测点位，位于沈辽西路。2016—2020 年沈阳经济技术开发区环境空气质量监测结果见表 2.15。

表 2.14 2016—2020 年沈阳经济技术开发区环境空气质量情况

监测项目	2016年	2017年	2018年	2019年	2020年	（GB3095—2012）二级标准
二氧化硫（SO_2）（μg /m^3）	42	31	26	20	18	60
二氧化氮（NO_2）（μg /m^3）	51	34	36	36	37	40
PM10（μg /m^3）	96	94	83	89	93	70
PM2.5（μg /m^3）	51	54	45	47	48	35
臭氧（O_3）（μg /m^3）	—	—	170	162	163	160
一氧化碳（CO）（μg /m^3）	—	—	1.8	1.9	1.7	4

注：SO_2、NO_2、PM10、PM2.5 均为年平均浓度值，CO 为 24 小时平均浓度，O_3 为最大 8 小时平均浓度。

由图 2.20 可知，2020 年沈阳经济技术开发区沈辽西路国控点位处 SO_2、NO_2、CO 浓度满足《环境空气质量标准》（GB3095—2012）二级标准。PM10、

PM2.5、O_3 浓度不满足《环境空气质量标准》(GB3095—2012)二级标准。

“十三五”期间，沈阳经济技术开发区环境空气质量全面改善。如图2.20、图2.21，环境空气质量优、良天数由2015年的178天(占52.0%)上升到2020年的258天(占72.9%)，上升80天，优级天数由2015年的7天上升到了2020年的46天，上升39天。SO_2 年平均值由2015年的60μg/m^3 下降到了2020年的18μg/m^3，降低了70%。NO_2 年平均值由2015年的51μg/m^3 下降到了2020年的37μg/m^3，降低了27%。PM_{10} 浓度年平均值由2015年的124μg/m^3 下降到了2020年的93μg/m^3，降低了25%。PM2.5浓度年平均值由2015年的75μg/m^3 下降到了2020年的48μg/m^3，降低36%。O_3 年平均值由2015年的215μg/m^3 下降到了2020年的163μg/m^3，降低24%。CO年平均值由2015年的2.5mg/m^3 下降到了2020年的1.7mg/m^3，降低32%。

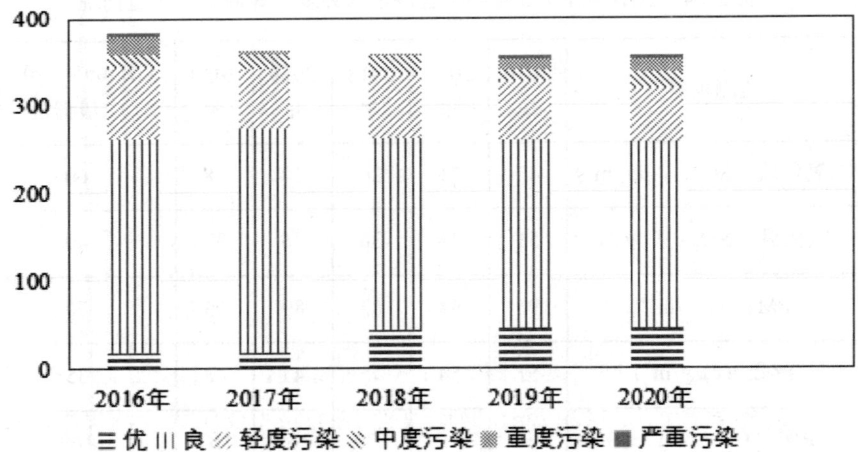

图2.20　2016—2020年沈阳经济技术开发区沈辽西路环境空气质量类别

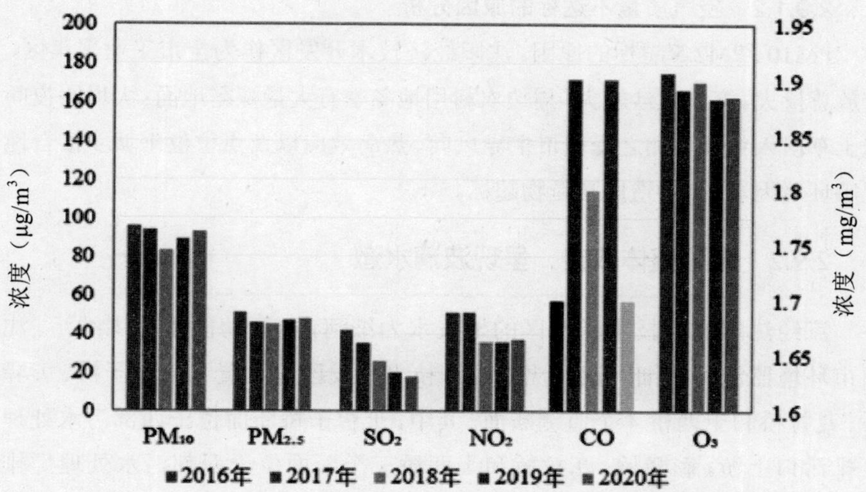

图 2.21 2016—2020 年沈阳经济技术开发区沈辽路国控点位主要污染物浓度对比

2. 2020—2021 年变化趋势

针对大气环境 PM10、PM2.5、O_3 浓度超环境质量二级标准的问题，2021 年沈阳经济技术开发区实施了道路扫保攻坚战、工地搅拌站管控攻坚战、扬尘污染治理攻坚战、挥发性有机物治理攻坚战、餐饮油烟治理攻坚战、交通管控攻坚战等十大攻坚任务，大气环境质量明显改善。截至 12 月 8 日，2021 年沈辽西路国控点位优良天数 270 天，同比增加 19 天；PM2.5 年累计浓度 42μg/m^3，同比改善 12.5%；PM10 年累计浓度 83μg/m^3，同比改善 10.8%；SO_2 年累计浓度 13μg/m^3，同比改善 23.5%；NO_2 年累计浓度 33μg/m^3，同比改善 8.3%；O_3 年累计浓度 142μg/m^3，同比改善 13.4%；CO 年累计浓度 1.6mg/m^3，同比改善 5.9%。在全省 21 个重点区域中，PM2.5 浓度排名第 15 位（比去年同期提升 2 位），改善幅度排名第 5 位（比去年同期提升 15 位）。

2021 年，沈阳市印发了《沈阳市蓝天行动领导小组办公室关于印发沈阳市各地区大气污染防治工作考核办法的通知》（沈蓝组办〔2021〕5 号），对沈阳经济技术开发区的 PM2.5 浓度提出了考核要求，考核目标值为 44μg/m^3，沈阳经济技术开发区 2021 年 PM2.5 年累计浓度 42μg/m^3，满足沈阳市的考核要求。

2.9.1.2 空气质量不达标的原因分析

PM10、PM2.5 超标的原因。沈阳经济技术开发区作为全市工业聚集区，排放总量大。春秋风沙较大，周边农村用地冬季有大量裸露地面；大堤路夜间渣土车出入频繁；加之受城市主导风向、热岛效应以及点位位于城乡接合地区等环境因素影响，造成颗粒物超标。

2.9.2 细河整体改善，呈现波清水澈

流经沈阳经济技术开发区的地表水为细河，主要功能是排洪纳污。沈阳市环境监测站在细河流经沈阳经济技术开发区段设置了土台子桥、彰驿桥、兀拉桥和土西桥 4 个监测断面。其中，土台子桥断面位于西部污水处理厂排污口上游，彰驿桥、兀拉桥和土西桥三个断面位于西部污水处理厂排污口下游。

2.9.2.1 “十三五”期间细河水质逐年变化情况

1. “十三五”期间水质逐年变化情况

2018—2020 年，沈阳经济技术开发区细河水质监测见表 2.15。

表 2.15 2018—2020 年沈阳经济技术开发区地表水水质情况

断面名称	年份	监测项目		
		COD（mg/L）	氨氮（mg/L）	总磷（mg/L）
土台子桥	2016	70	14.0	0.97
	2017	34	10.0	1.78
	2018	40	10.6	1.68
	2019	29	9.91	0.42
	2020	27	0.307	0.16

续表

断面名称	年份	监测项目		
		COD（mg/L）	氨氮（mg/L）	总磷（mg/L）
彰驿桥	2016	69	13.3	0.95
	2017	70	13.5	1.73
	2018	44	13.6	1.12
	2019	49	16.46	0.34
	2020	33	2.21	0.17
兀拉桥	2016	64	11.0	0.82
	2017	49	12.6	2.03
	2018	49	15.8	1.15
	2019	47	15.6	0.35
	2020	34	1.66	0.21
土西桥	2016	59	10.7	0.71
	2017	47	9.19	2.13
	2018	41	13.7	0.99
	2019	50	12.7	0.36
	2020	29	2.02	0.16
《地表水环境质量标准》（GB3838—2002）Ⅴ类水体		40	2.0	0.4

由表 2.15 的监测数据可知，2016—2020 年，细河沈阳经济技术开发区段四个断面水质均呈现改善趋势。2020 年，细河沈阳经济技术开发区段水质由全线劣Ⅴ类稳步提升至近半数断面达到Ⅴ类水质。2020 年，土台子桥断面 COD、氨氮、总磷浓度年均值比 2016 年分别降低了 61.43%、97.8%、83.51%；彰驿桥断面 COD、氨氮、总磷浓度年均值比 2016 年分别降低了 52.17%、83.38%、82.11%；兀拉桥断面 COD、氨氮、总磷浓度年均值比 2016 年降低 46.88%、84.91%、74.39%；土西桥断面 COD、氨氮、总磷浓度年均值比 2016 年降低了 50.85%、81.12%、77.46%。

细河土西桥是沈阳经济技术开发区段考核断面。2016—2020 年，细河沈阳经济技术开发区段主要污染物 COD、氨氮变化见图 2.21、图 2.22。

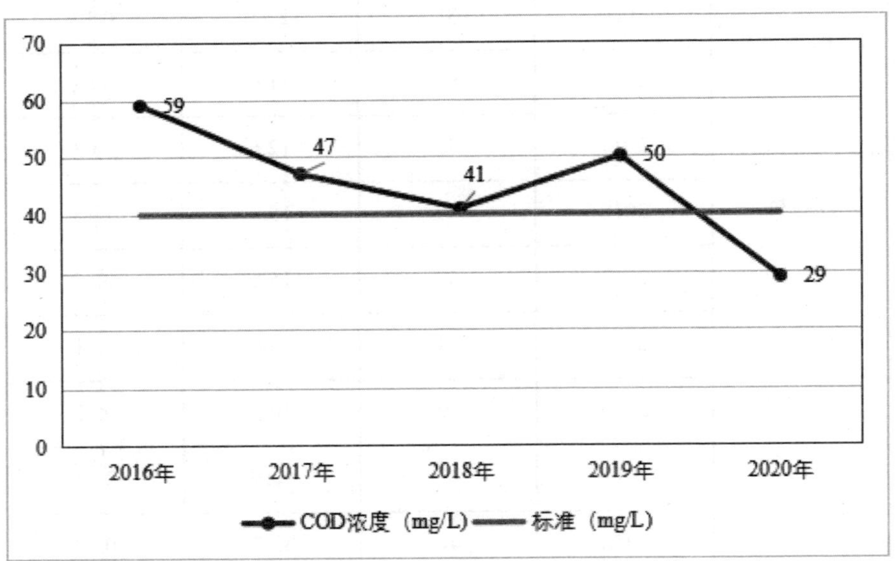

图 2.21 2016—2020 年细河沈阳经济技术开发区段 COD 年均浓度变化曲线图

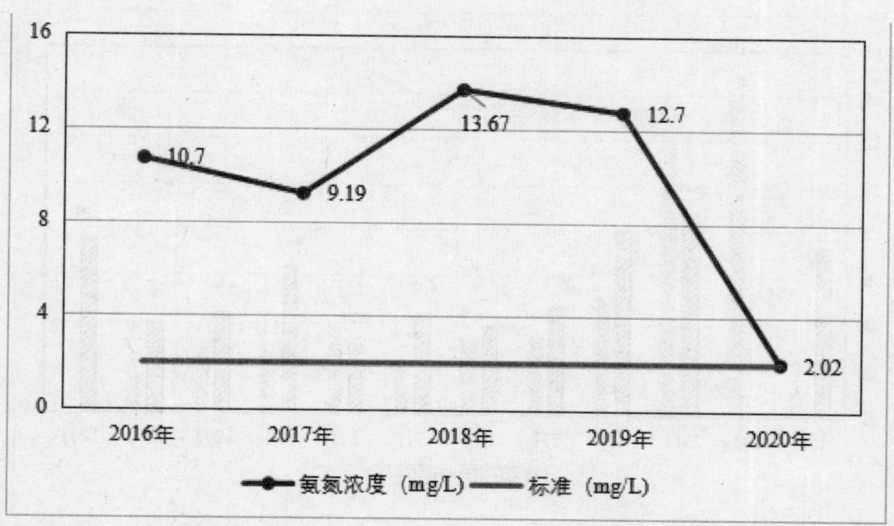

图 2.22　2016—2020 年细河沈阳经济技术开发区段氨氮年均浓度变化曲线图

由图 2.21、图 2.22 可知，“十三五”期间，细河沈阳经济技术开发区段水质中主要污染物 COD、氨氮年均浓度变化有所下降，表明细河沈阳经济技术开发区段水质有所改善。

虽然沈阳经济技术开发区段水质整体呈现改善趋势，但是 2019 年主要污染物考核指标 COD、氨氮年均浓度值呈不规则变化。这主要是由于 2019 年沈阳经济技术开发区以“底泥异位清淤”的方式进行河道治理导致的。沈阳经济技术开发区对细河四环至入河口河道 55km 的黑臭水体进行了清淤治理，2019 年 6 月、7 月四个断面断流，2019 年 9 月至 12 月部分断面断流，细河清淤治理对细河水质影响较大。

2. 2020—2021 年水质变化趋势

为有效改善细河水质，2021 年沈阳经济技术开发区对园区雨水、污水管网进行了整治排查和改造，实施了“一企一管”、污水厂扩建等工程。自 2021 年 4 月以来，土西桥断面水质综合指数同比改善 33.82%，持续达到地表水Ⅳ类水质，如图 2.23 所示。

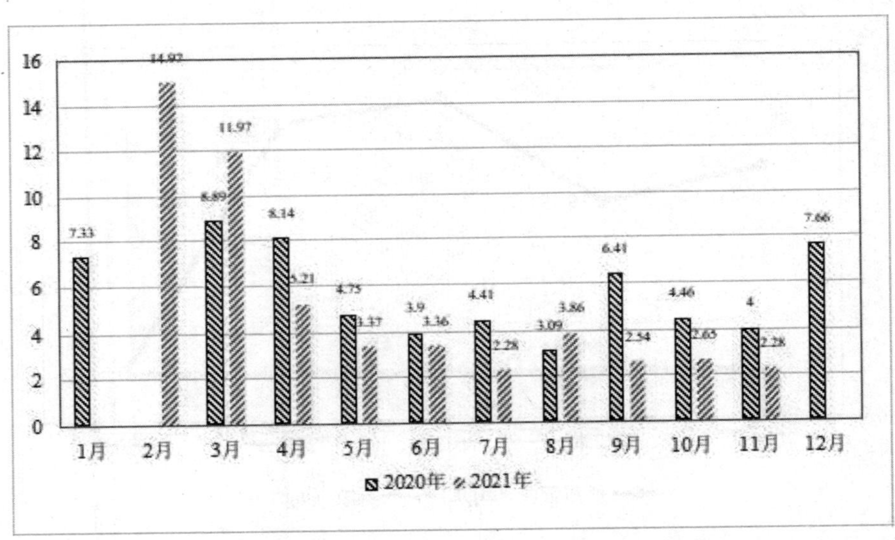

图 2.23　2020—2021 年细河土西桥水质综合指数变化情况

2.9.2.2　细河水质沿程变化情况

2016—2020 年，除了 2016 年，其余年份细河流经沈阳经济技术开发区后，下游彰驿桥、兀拉桥和土西桥断面水质较上游土台子桥断面水质有所变差，如图 2.24、图 2.25 所示。

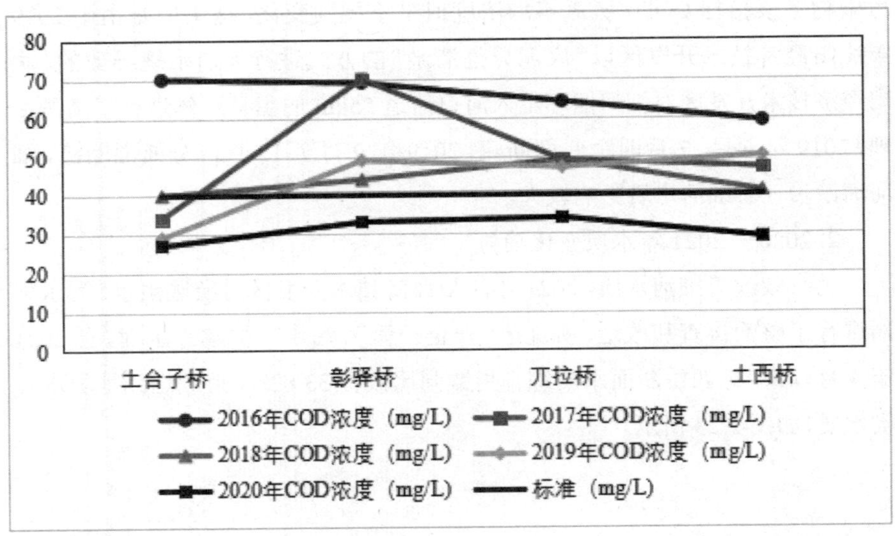

图 2.24　2016—2020 年细河沈阳经济技术开发区段沿程 COD 年均浓度变化曲线图

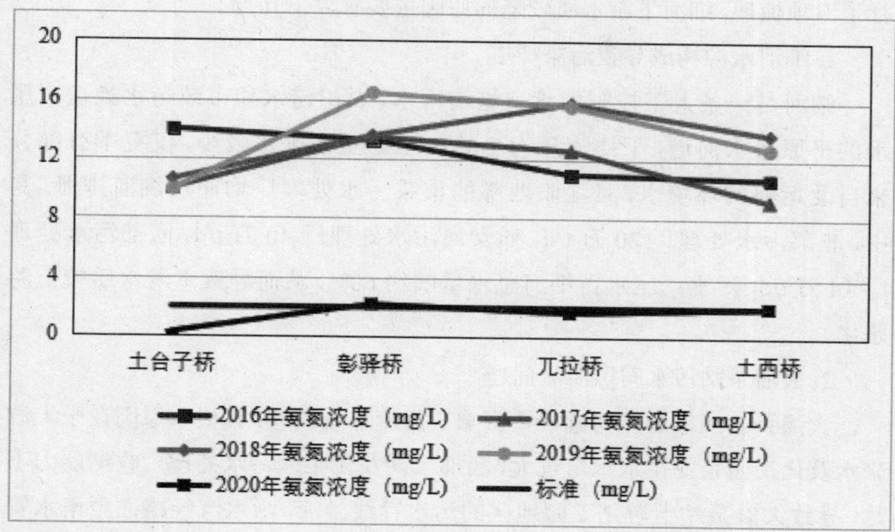

图 2.25　2016—2020 年细河沈阳经济技术开发区段沿程氨氮年均浓度变化曲线图

由图 2.25 和图 2.26 可知，细河沈阳经济技术开发区段沿程水质的 COD、氨氮浓度整体呈现先增长后下降的趋势。

沈阳经济技术开发区企业污水全部实现了纳管处理，分别排入西部污水处理厂和振兴污水处理厂。2016—2020 年，西部污水厂的出水 COD 的浓度分别为 44.39mg/L、41.46mg/L、35.4mg/L、17.9mg/L、14.0mg/L，氨氮浓度分别为 4.33mg/L、3.71mg/L、4.25mg/L、1.56mg/L、1.15mg/L，满足《城镇污水处理厂污染物排放标准》（GB18918—2002）一级 A 标准要求，且均小于上游土台子桥断面 2016—2020 年各年度的 COD、氨氮浓度；振兴污水厂（2018 年运行）的出水 COD 的浓度分别为 23.8mg/L、25.1mg/L、22.5mg/L，氨氮浓度分别为 1.59mg/L、1.04mg/L、0.54mg/L，满足《城镇污水处理厂污染物排放标准》（GB18918—2002）一级 A 标准要求，且均小于上游土台子桥断面 2018—2020 年各年度的 COD、氨氮浓度。

2.9.2.3　细河下游水质较差原因分析

2020 年，沈阳经济技术开发区水体达标工程取得阶段性成果，但仍有个别问题制约着河流水质改善，根据全年细河监测情况，利用无人机巡查、走航车检测、现场便携仪检测等手段，对辖区内各项制约河流水质改善问题进行了专项梳理。细河下游水质较差的原因主要有以下几点。

1. 细河水源构成导致污染严重

细河是一条人工控制的承泄城市雨水、农田涝水和市政污水处理厂尾水的平原排水河道，平均流量为 $7m^3/s$。上游生态来水较少，仅夏季有部分来自北运河的环境水，且沈阳西部的市政污水处理厂均通过细河排泄。其中，北部污水处理厂 20 万 t/d，仙女河污水处理厂 40 万 t/d，西部污水处理厂 14 万 t/d，污水厂尾水占细河总水量的约 60%，从而导致下游水质较上游恶化。

2. 大潘泵站污水间歇溢流问题

大潘泵站间歇溢流问题严重影响了河流水质改善，其根本原因在于上游来水及化工园企业排水水量过大，西部二期及化工园污水处理厂收纳能力不足，导致大潘泵站上游化工园地区的污水管线溢流，污水流经路面至雨水管线，进入大潘泵站，最终造成泵站溢流。

3. 市政溢流口间歇溢流问题

市政溢流口间歇溢流问题是制约细河水质改善的全年持续性问题，2020 年第四季度前，由于南部污水处理厂及管网转输工程建设尚未完成，上游于洪区来水水量较大，远超沈阳经济技术开发区内两座污水处理厂设计的处理能力，导致大量污水未经处理直接通过市政溢流口流入细河，溢流情况频发，严重影响河流水质。

针对上述问题，沈阳经济技术开发区采取了一系列的整改措施。一是推进化工园雨水、污水等各类管线管网的排查整治、底泥清淤，分批进行排水管网改造。按照“一企一管、多企一管、市政共管”收集模式，全力实施“一企一管”建设，沈化专线长约 2 600m 的全线主体管线已焊接完成，现已采用临时泵形式实现通水试运行。二是已向沈阳市水务局上报上游客水量过大，客水排放量降低后即可解决溢流问题。

2.9.3 地下水持续达标，水质安全良好

沈阳经济技术开发区设有高明台 616#、浑河闸 612# 两个地下水监测点位。沈阳经济技术开发区监测站委托第三方检测公司对这两个监测点每年监测一次。2018—2020 年地下水质监测数据见表 2.16。

表 2.16 2018—2020 年沈阳经济技术开发区地下水质监测结果
（单位:mg/L，pH 无量纲）

项目	2018		2019		2020		GB/T 14848—2017 III 类标准
	高明台	浑河闸	高明台	浑河闸	高明台	浑河闸	
pH 值	7.06	7.12	7.23	6.94	6.96	7.21	6.5～8.5
氨氮	0.169	0.638	0.217	0.258	＜0.025	＜0.025	≤0.5
总硬度	198.2	254.2	402	381	370	229	≤450
氯化物	127.9	81.60	77.4	87.3	205	77	≤250
氟化物	0.18	0.19	0.798	0.991	0.088	0.202	≤1.0
硫酸盐	3.10	165.9	94.2	129	94.2	173	≤250
硝酸盐氮	1.22	2.87	0.614	0.753	17.0	5.20	≤20
亚硝酸盐氮	＜0.003	0.014	＜0.003	＜0.003	＜0.001	＜0.001	≤1
挥发酚	＜0.002	＜0.002	＜0.000 3	＜0.000 3	＜0.002	＜0.002	≤0.002
氰化物	＜0.002	＜0.002	＜0.004	＜0.004	＜0.002	＜0.002	≤0.05
汞	＜0.000 1	＜0.000 1	＜0.04	＜0.000 04	＜0.000 04	＜0.000 04	≤0.001
硒	＜0.000 1	＜0.0001	＜0.000 4	＜0.000 4	＜0.000 4	＜0.000 4	≤0.01
砷	＜0.000 4	＜0.000 4	0.000 826	0.000 861	＜0.000 3	＜0.000 3	≤0.01
六价铬	＜0.004	＜0.004	≤0.004	≤0.004	≤0.004	≤0.004	≤0.05
高锰酸钾指数	2.5	1.6	0.94	1.02	2.7	2.8	≤3.0

续表

项目	2018		2019		2020		GB/T 14848—2017 III类标准
	高明台	浑河闸	高明台	浑河闸	高明台	浑河闸	
阴离子合成洗涤剂	<0.05	<0.05	<0.005	<0.005	<0.05	<0.05	≤0.3
铁	0.05	0.17	0.24	0.23	<0.03	0.04	≤0.3
锰	<0.01	0.23	0.04	0.04	<0.01	0.15	≤0.1
镉	<0.005	<0.005	<0.001	<0.001	<0.000 05	<0.000 05	≤0.005
铅	<0.01	<0.01	<0.01	<0.01	<0.000 09	<0.000 09	≤0.01
铜	<0.01	<0.01	<0.05	<0.05	<0.05	<0.05	≤1
锌	<0.01	<0.01	<0.05	<0.05	<0.05	<0.05	≤1
总大肠杆菌（MPN/100ml）	<2	<2	<2	<2	<2	<2	≤3

由表2.16可知，2018—2020年高明台监测点位pH、总硬度、硝酸盐氮、氟化物、铅、砷等指标监测值均满足《地下水环境质量标准》（GB/T14848—2017）Ⅲ类标准要求，水质良好。浑河大闸点位除锰出现超标外，其余指标检测值均满足《地下水环境质量标准》（GB/T14848—2017）Ⅲ类标准要求，整体水质良好。浑河大闸点位锰超标是由于沈阳市处于辽河流域高锰地质带，属于地质结构性污染。

2.9.4 声环境质量较好，动静相互分离

沈阳经济技术开发区区域噪声监测采用网格监测方法，共布设了53个监测点位。评价标准为《声环境质量标准》（GB3096—2008）3类功能区标准。

2018—2020年，沈阳经济技术开发区域环境噪声达到《声环境质量标准》（GB3096—2008）标准要求。按照《声环境质量评价方法技术规定》中区域声环境质量总体等级划分的规定进行评价，2018—2020年沈阳经济技术开发区区域声环境质量处于“较好”水平。2018—2020年沈阳经济技术开发区域环境噪声检测结果见表2.17。

表2.17 沈阳经济技术开发区噪声环境现状监测结果统计表

单位：dB(A)

年份	2018	2019	2020
年平均等效声级	53.8	54.2	53.8

“十三五”期间，沈阳经济技术开发区区域环境噪声平均等效声级逐年下降，区域声环境质量总体水平略有提高，如图2.26所示。

图2.26 2016—2020年沈阳经济技术开发区区域环境噪声变化曲线

2.9.5 土壤环境质量良好，保障生态安全

2020年4月，沈阳经济技术开发区开展了土壤环境质量监测。根据园区总体规划、用地类型分布及周边敏感点的情况，共布设了6个土壤监测点位。

具体监测数据见表 2.18。

表 2.18　沈阳经济技术开发区土壤环境质量监测结果(2020 年)　单位:mg/kg

检测项目	监测点位						第一类用地筛选值
	西南空地	中部空地	花牛堡子村	四台子	岳家村	大青街道	
砷	6.75	9.54	13.2	10.4	11.4	14.4	20
镉	0.063	0.176	0.139	0.283	0.68	0.58	20
汞	0.067	0.023	0.034	0.096	0.251	0.36	8
铅	25	30	29	39	56	100	400
铜	14	30	27	36	41	335	2 000
镍	37	43	35	34	34	45	150
石油烃(C10-C14)	50L	50L	50L	50L	50L	50L	826
石油烃(C15-C28)	100L	100L	100L	100L	100L	100L	826
石油烃(C29-C40)	100L	100L	100L	100L	100L	100L	826
六价铬	0.01L	0.01L	0.01L	0.01L	0.01L	0.01L	3
四氯化碳	0.028L	0.028L	0.028L	0.028L	0.028L	0.028L	0.9
氯仿	0.028L	0.028L	0.028L	0.028L	0.028L	0.028L	0.3
氯甲烷	0.028L	0.028L	0.028L	0.028L	0.028L	0.028L	12
1,1- 二氯乙烷	0.028L	0.028L	0.028L	0.028L	0.028L	0.028L	3

续表

检测项目	监测点位						第一类用地筛选值
	西南空地	中部空地	花牛堡子村	四台子	岳家村	大青街道	
1，2- 二氯乙烷	0.028L	0.028L	0.028L	0.028L	0.028L	0.028L	0.52
1，1- 二氯乙烯	0.028L	0.028L	0.028L	0.028L	0.028L	0.028L	12
顺 -1，2- 二氯乙烯	0.028L	0.028L	0.028L	0.028L	0.028L	0.028L	66
反 -1，2- 二氯乙烯	0.028L	0.028L	0.028L	0.028L	0.028L	0.028L	10
二氯甲烷	0.028L	0.028L	0.028L	0.028L	0.028L	0.028L	94
1，2- 二氯丙烷	0.055L	0.055L	0.055L	0.055L	0.055L	0.055L	1
1，1，1，2- 四氯乙烷	0.028L	0.028L	0.028L	0.028L	0.028L	0.028L	2.6
1，1，2，2- 四氯乙烷	0.028L	0.028L	0.028L	0.028L	0.028L	0.028L	1.6
四氯乙烯	0.028L	0.028L	0.028L	0.028L	0.028L	0.028L	11
1，1，1- 三氯乙烷	0.028L	0.028L	0.028L	0.028L	0.028L	0.028L	701
1，1，2- 三氯乙烷	0.028L	0.028L	0.028L	0.028L	0.028L	0.028L	0.6
三氯乙烯	0.028L	0.028L	0.028L	0.028L	0.028L	0.028L	0.7
1，2，3- 三氯丙烷	0.028L	0.028L	0.028L	0.028L	0.028L	0.028L	0.05
氯乙烯	0.028L	0.028L	0.028L	0.028L	0.028L	0.028L	0.12

续表

检测项目	监测点位						第一类用地筛选值
	西南空地	中部空地	花牛堡子村	四台子	岳家村	大青街道	
苯	0.028L	0.028L	0.028L	0.028L	0.028L	0.028L	1
氯苯	0.028L	0.028L	0.028L	0.028L	0.028L	0.028L	68
1，2- 二氯苯	0.028L	0.028L	0.028L	0.028L	0.028L	0.028L	560
1，4- 二氯苯	0.028L	0.028L	0.028L	0.028L	0.028L	0.028L	5.6
乙苯	0.028L	0.028L	0.028L	0.028L	0.028L	0.028L	7.2
苯乙烯	0.028L	0.028L	0.028L	0.028L	0.028L	0.028L	1290
甲苯	0.028L	0.028L	0.028L	0.028L	0.028L	0.028L	1200
间 / 对二甲苯	0.028L	0.028L	0.028L	0.028L	0.028L	0.028L	163
邻二甲苯	0.028L	0.028L	0.028L	0.028L	0.028L	0.028L	222
硝基苯	0.028L	0.028L	0.028L	0.028L	0.028L	0.028L	34
苯胺	0.028L	0.028L	0.028L	0.028L	0.028L	0.028L	92
2- 氯酚	0.028L	0.028L	0.028L	0.028L	0.028L	0.028L	250
苯并 [a] 蒽	0.028L	0.028L	0.028L	0.028L	0.028L	0.028L	5.5
苯并 [a] 芘	0.028L	0.028L	0.028L	0.028L	0.028L	0.028L	0.55
苯并 [b] 荧蒽	0.028L	0.028L	0.028L	0.028L	0.028L	0.028L	5
苯并 [k] 荧蒽	0.028L	0.028L	0.028L	0.028L	0.028L	0.028L	55
䓛	0.028L	0.028L	0.028L	0.028L	0.028L	0.028L	490

续表

检测项目	监测点位						第一类用地筛选值
	西南空地	中部空地	花牛堡子村	四台子	岳家村	大青街道	
二苯并 [a，h] 蒽	0.028L	0.028L	0.028L	0.028L	0.028L	0.028L	0.55
茚并 [1，2，3-cd] 芘	0.028L	0.028L	0.028L	0.028L	0.028L	0.028L	5.5
萘	0.55L	0.55L	0.55L	0.55L	0.55L	0.55L	25
阿特拉津	0.03L	0.03L	0.03L	0.03L	0.03L	0.03L	2.6
顺式 - 氯丹	0.02L	0.02L	0.02L	0.02L	0.02L	0.02L	2
反式 - 氯丹	0.02L	0.02L	0.02L	0.02L	0.02L	0.02L	2
p,p’ - 滴滴滴	0.03L	0.03L	0.03L	0.03L	0.03L	0.03L	2.5
p,p’ - 滴滴伊	0.03L	0.03L	0.03L	0.03L	0.03L	0.03L	2
滴滴涕	0.03L	0.03L	0.03L	0.03L	0.03L	0.03L	2
敌敌畏	0.03L	0.03L	0.03L	0.03L	0.03L	0.03L	1.8
乐果	0.03L	0.03L	0.03L	0.03L	0.03L	0.03L	86
硫丹	0.02L	0.02L	0.02L	0.02L	0.02L	0.02L	234
七氯	0.02L	0.02L	0.02L	0.02L	0.02L	0.02L	0.13
α - 六六六	0.01L	0.01L	0.01L	0.01L	0.01L	0.01L	0.09
β - 六六六	0.01L	0.01L	0.01L	0.01L	0.01L	0.01L	0.32
γ - 六六六	0.01L	0.01L	0.01L	0.01L	0.01L	0.01L	0.62

续表

检测项目	监测点位						第一类用地筛选值
	西南空地	中部空地	花牛堡子村	四台子	岳家村	大青街道	
六氯苯	0.03L	0.03L	0.03L	0.03L	0.03L	0.03L	0.33
灭蚁灵	0.02L	0.02L	0.02L	0.02L	0.02L	0.02L	0.03
二噁英（ngTEQ/kg）	0.62	2.8	1.4	5.5	2.6	7.5	10

注：L 表示测试结果低于检出限。

通过表 2.18 可知，沈阳经济技术开发区土壤环境质量现状监测中仅砷、镉、汞、铅、铜、镍、二英，共计 7 项检出，其他监测因子均未检出。各监测点位监测结果均满足《土壤环境质量 建设用地土壤污染风险管控标准（试行）》（GB36600—2018）第一类用地筛选值要求。

2.10 国家生态工业示范园区持续推进要求落实情况

2018 年，专家组对国家生态工业示范园区提出了大力发展绿色制造、做好碳排放管理、加强生态环境保护等方面的建议。根据专家组的意见和建议，沈阳经济技术开发区在接下来的国家生态工业示范园区建设中，全面推进了绿色制造体系建设，增强了企业和园区两个层面的碳排放管理，从细河整治、监测体系完善、加强固体废物管理、推进土壤修复等方面强化了生态环境保护。

2.10.1 全面推进绿色制造体系建设

近年来，沈阳经济技术开发区全面推进绿色制造体系建设，以绿色工厂、绿色产品、绿色供应链为重点培育方向，重点培育示范试点龙头企业，打造沈阳经济技术开发区低碳节能领域品牌标杆，鼓励企业开展厂房集约化、生产清洁化、废物资源化、能源高效化和生产智能化建设，11 家企业获得了国家级绿色工厂的荣誉称号，42 户企业获得了省级绿色工厂的荣誉称号。

2.10.2 做好碳排放管理工作

沈阳经济技术开发区重点提升企业级和政府级两个端点的低碳管理能力。

（1）企业层面。深入推进传统产业节能精细化管理手段，积极开展能源管理体系建设、碳核查、能源审计、能源三级计量等工作，不断挖掘企业节能低碳潜力。深入推进能源管理信息化建设，构建支撑工业大数据安全有序流动的信息化管理平台，截至 2020 年，已有 10 家企业建立了能源监测平台，取得了显著的节能降耗效果。加强企业节能技改常态化建设，工业经济新旧动能转换加速，2018—2020 年，沈阳经济技术开发区累计完成企业节能项目 20 余项，完成投资 39 339 万元，实现节能 54 767t 标煤，直接减排二氧化碳 868 612.68t。

（2）园区层面。全国首创的“低碳节能活动宣传月”活动，开展了“低碳专家行”、低碳培训、低碳经验分享推广等工作，促进了节能低碳新技术的交流推广，加强了企业、政府和社会公众的节能低碳发展意识。引入第三方咨询公司进行咨询服务，确保了低碳节能相关管理工作的科学性和系统性，同时大力开展低碳节能培训、低碳专家行、节能义诊等工作。

2.10.3 进一步加强生态环境保护

1. 加强细河整治

一是加强细河治理管理考核。沈阳经济技术开发区持续开展细河沈阳经济技术开发区段区级水体达标管控工作，建立了“巡查交办、复查督办、延时重访、考核问责”的工作体系，通过深入问题点位，跟踪督办、核查问题整改等，对各部门、各街道的整治工作进展情况实施问效一体化考核。同时强化“河长制”责任落实。设立了区级河长 8 人、街道（镇）河长 45 人，村级河长 79 人，湖长 2 人，5 名民间河长。

二是强化水质检测。为准确掌握水生态环境质量状况，根据细河污染源及区域分布情况，沈阳经济技术开发区在细河全线加密设置了 16 个监测断面，每半月进行一次水质监测，通过分析辖区内河流水质的时间、空间变化趋势，精准定位问题区域及重点污染源，实施靶向治理。同时同步加强入河排污口排水水质监测，实时掌握重点污染源对河流水质的影响，进而有效规划消减污染总量。

三是全面开展细河黑臭水体治理工程。自2017年以来，沈阳经济技术开发区先后实施了细河三环至四环8.9km黑臭水体治理工程、细河沿线禁养区内畜禽养殖场关闭搬迁、细河四环至入河口55km水体治理工程、细河四环外综合治理工程、浑河生态蓄水工程、引浑济细工程等多项水系治理工程，总投资超过2亿元。

四是强化废水排放监管。沈阳经济技术开发区按照“查、测、溯、治”的工作步骤，对细河全线开展排污口溯源排查，逐个甄别核实细河排污口，建立了“一口一档”的整治档案，建立了动态的排污口台账，完成了入河排污口登记、建档、编码和规范化标识牌的设立，将排污口全部纳入了日常监管。对存在违法的排污口进行封堵拆除，并实施最严厉的处罚。对纳入日常监管的排污口，加强监测、监控、监管能力建设，形成长效机制。组织沈阳环境科学研究院专家对化工园地区28家重点涉水企业进行了污水处理能力核查，确保相关涉水企业处理能力符合排水需求，并将污水处理设施工艺及操作流程等上墙公示。

五是强化污水处理设施及配套管网建设。沈阳经济技术开发区实施了多项污水处理工程建设，全面提升了污水处理能力。2018年启动了沈阳市西部污水处理厂（15万t/d）提标升级改造工程，同年沈阳振兴污水处理有限公司（原西部污水处理厂二期，25万t/d）实现稳定运行，并全部达到《城镇污水处理厂污染排放标准》的一级A排放标准，同时在细河沿线完成了多个农村小型生活污水处理设施建设。

通过以上工作，截至2021年10月份，细河水质持续改善，细河土西桥断面生化需氧量、化学需氧量、总磷污染物浓度分别为3mg/L，24.7mg/L及0.127mg/L，持续达到地表水V类考核标准。同比2020年，生化需氧量改善37.06%、化学需氧量改善26.97%、总磷改善23.84%，河流各项污染物浓度明显消减。

2. 完善监测监控体系，加强特殊因子监测

一是持续完善监测监控体系，沈阳经济技术开发区构建了“1+6+1”工作体系，多部门参与大兵团联合作战，初步建立了“空中雷达探测、地面微子站监测、移动走航车溯源”结合的空地一体化监管预警体系，对沈阳经济技术

开发区实施了网格化、立体化、全天候精准监管。

二是强化重点排放源在线监管。沈阳经济技术开发区持续加强市区平台重点企业在线监控，截至2021年年底，已完成了对53家企业的在线监控设备验收，2021年15家新增企业开展了在线设施安装联网，基本实现了重点污染源的全部在线监控和管理。

三是建设VOCs监控体系。沈阳经济技术开发区编制了VOC自动监测站建设项目实施方案，截至2021年年底，已安装45个VOCs微子站（市级35个，区级10个），初步建立了覆盖整个沈阳经济技术开发区的VOCs监控体系。

3.加强固体废物管理，提高固体废物综合利用率

一是常态化监管和重点专项整治相结合。沈阳经济技术开发区以有效防范环境风险为目标，着力强化危险废物全过程管理，落实企业主体责任，优化提升危险废物利用处置能力，健全危险废物环境监管体系。在危险废物申报和转移管理方面，沈阳经济技术开发区内的危险废物产生单位均实现了在线危险废物管理计划填报和在线转移申请，2020年共审核危险废物年报500余家次，审核危险废物管理计划2 000余次。在危险废物监管方面，沈阳经济技术开发区对重点危险废物监管单位开展了规范化管理考核，制定印发了一系列企业规范化管理要求，组织企业自查，对发现环境风险隐患问题的单位，明确整改措施及整改时限，跟踪督察整改，同时结合危险废物规范化考核工作开展危险废物安全隐患排查整治。

二是强化医疗废物监管。沈阳经济技术开发区定期对接诊发热病人的医疗机构和隔离宾馆开展现场检查，督促医疗机构和隔离酒店妥善做好医疗废物贮存、转运等管理工作，确保医疗废物贮存和转运符合转移联单管理制度的要求，消除环境安全隐患。

三是开展实验室危险废物整治。沈阳经济技术开发区制定并印发了《经开区实验室危险废物专项整治行动实施方案》，强化辖区内涉及实验室危险废物单位的监管，开展危险废物收集、贮存、处置等全链条检查，逐个环节检查各单位实验室危险废物管理情况，督促做好问题整改。

四是鼓励企业建设废物再利用项目。区内的贝卡尔特（沈阳）钢丝制品有限公司针对湿拉工艺产生的废乳化液新建了一套废乳化液分离浓缩及后

续回用设备，浓缩倍数达 3 倍，废乳化液处理装置的总处理能力为 10t/d，废乳化液处置量减少了 2 290t / 年。东北制药集团股份有限公司开展了左旋肉碱酒石酸盐母液回收左旋肉碱工艺研究，完成了工业化试验，实现了废物再利用，年可再利用母液 30t。同时还开展了催化剂回收工艺探索，实现了多批次套用催化剂的再加工，降低了催化剂消耗，年再利用催化剂母液 78t。普利司通（沈阳）钢丝帘线有限公司新增废盐酸再生建设项目处理酸洗工序产生的废盐酸溶液，年可再生废盐酸 1 200t。

通过以上措施，沈阳经济技术开发区范围内的一般工业固体废物和危险废物都实现了综合利用或者安全处理处置，2018—2020 年工业固体废物（含危险废物）处置利用率均达到了 100%，2020 年沈阳经济技术开发区工业固体废物综合利用率达到了 94.11%，相较 2018 年的 93.69% 提高了 0.42 个百分点。

4. 推进土壤管理及修复

一是建立地块开发利用联动监管机制。沈阳经济技术开发区加强生态环境分局与自然资源分局的联动管理，组织相关职能部门共同督促土地所有权人开展土壤污染调查，共同参与辖区内土壤污染状况调查报告的评审，严把用地准入，未完成土壤调查前，严禁变更土地性质和变更土地所有权人，2020 年完成了 35 宗土壤污染状况调查，确保沈阳经济技术开发区地块安全利用率达到 100%。

二是强化重点地块日常监管。针对沈阳经济技术开发区已经完成停产搬迁的炼焦煤气地块，建立日常巡查制度，确保土壤不发生扰动或者扬散，针对炼焦煤气地块建设了围挡设置，铺设了防尘网，组织编制了《沈阳炼焦煤气有限公司地块地上推土现状土壤污染状况调查报告》《原沈阳炼焦煤气有限公司地块土壤污染风险评估报告》《土壤污染风险管控方案与修复技术方案》，确保该地块后续的安全合理开发利用。同时还对区内的建设用地疑似污染地块开展了调查评审。完成了对 32 个疑似污染地块土壤的调查及评审，在确定无污染风险后将其从“全国污染地块土壤环境管理系统”中移除。沈阳经济技术开发区建立了用地性质变更地块再开发利用联动监管机制，区内所有转为住宅、公共管理、公共服务的出让地块已全部开展土壤污染状况调查评审，确保了区内土地的安全开发利用。

三是加强重点监管企业管理。沈阳经济技术开发区管委会与辖区内的38家土壤污染重点监管单位签订了土壤污染防治责任书，督促企业按照时限要求完成隐患排查工作，同时要求区内的土壤污染重点监管单位每年开展一次土壤及地下水环境监测并将监测结果向社会公开，接受公众监督。

5. 落实三线一单

根据《沈阳市人民政府关于实施“三线一单”生态环境分区管控的意见》（沈政发〔2021〕10号）和《沈阳市生态环境局关于印发〈生态环境准入清单（2021年版）〉的通知》（沈环发〔2021〕31号），沈阳经济技术开发区生态工业示范园区属于重点管控单元，不涉及生态红线，沈阳经济技术开发区严格按照沈政发〔2021〕10号文要求，以推动产业转型升级、强化污染减排、提升资源利用效率为重点，依照生态环境分区管控要求进行城市开发建设、资源利用、生态环境要素管理、环境监管与执法、规划环评审查和建设项目环评审批等工作，严格落实了“三线一单”生态环境分区管控的约束和指导作用。

3 园区标准年际达标情况

3.1 达标情况自查表

根据《国家生态工业示范园区标准》(HJ274—2015)，沈阳经济技术开发区对生态工业示范园区的建设状况进行了全面、深入、详细的绩效评估，根据评估结果，2018—2020 年三年间，全部考核指标均达到了《国家生态工业示范园区标准》(HJ274—2015)要求。

沈阳经济技术开发区 2015—2020 年生态工业示范园区标准达标情况见附表 3。

3.2 达标情况分析

3.2.1 人均工业增加值

考核标准：≥ 15 万元 / 人。

计算公式：

$$\text{人均工业增加值（万元 / 人）} = \frac{\text{园区工业增加值（万元）}}{\text{园区年末从业人员数（人）}}$$

数据来源：沈阳市铁西区统计局。

3.2.1.1 完成情况

自沈阳经济技术开发区正式获批成为国家级生态工业示范园区以来，沈阳经济技术开发区认真贯彻落实科学发展观，秉承全面、协调、可持续的发展原则，融合五大发展理念，积极调整沈阳经济技术开发区的产业结构，加大科技投入力度，全力提高区内企业的工艺技术水平，多方位完善生态产业链条，发展循环经济，现有的企业规模逐步扩大，一批重大项目相继开工、陆续竣工、投产运营，同时对区内落后产能进行了腾笼换鸟，实现了产业升级。目前沈阳经济技术开发区已形成了以先进装备制造产业、汽车及零部件产业、生命健康产业等为主导的先进制造业体系，区域经济质量逐步提高。

2018 年，沈阳经济技术开发区装备制造业主要企业持续发展，米其林沈阳轮胎有限公司、安川电机（沈阳）有限公司、沈阳恩斯克有限公司等一批企业增资扩产，机床集团工业云跻身中国十强，沈阳鼓风机集团股份有限公司成为国家级服务型制造示范企业，三一重型装备有限公司产值同比增长了 105%；汽车及零部件产业产值同比增长了 11.5%，其中，华晨宝马汽车有限公司铁西工厂产值增长了 10.5%，新能源汽车产值增长了 326%，总投资 200 亿元的华晨宝马新工厂实现奠基；医药化工产业发展态势良好，产值增长 13%，其中，东北制药集团股份有限公司和沈阳三生制药股份有限公司分别增长 45% 和 51.5%。沈阳炼焦煤气公司停产关闭工作基本完成，实现了高耗能高污染企业的腾笼换鸟、产业升级。

2019 年，投资 23 亿元的华晨宝马新 3 系、X2 生产线正式投产，特变电工沈阳变压器集团有限公司年产量达 2.4 亿 KW，位居世界首位，沈阳鼓风机集团重大压缩机装备突破百台套。全年完成“规升巨”（规模以上工业企业主营业务收入达到1 亿元）企业 7 户，“小升规”企业 45 户，智能升级项目 34 个，企业上云 43 家。瑞士布克哈德 - 远大压缩机项目实现当年开工当年主体竣工，安川电机三期等 36 个项目竣工投产。但由于 2019 年我国经济内外环境的原因，宝马产值同比降低 100 亿元，其他部分企业产值也有所减少，沈阳经济技术开发区工业增加值总体略有降低。

2020 年，在疫情面前，沈阳经济技术开发区在全市率先成立企业工作组“一对一”包保企业，派驻 169 名企业管家收集解决问题 2 296 个。制定 10 条惠企纾困政策，为企业融资 30 亿元，缓缴减免税费 36 亿元。争取国家、省市帮扶资金 3.88 亿元。开辟宝马等外企员工“专班服务通道”。“点对点包车”接转用工返沈举措全市推广。通过线上线下发布用工信息 1.2 万余条，为企业招聘 2 300 余人。无偿向企业提供 100 万片口罩、2 000L 消毒液、200 套防护服等防疫物资，确保区内规模以上工业企业第一时间实现复工复产。2020 年沈阳鼓风机集团股份有限公司、特变电工沈阳变压器集团有限公司订单分别增加了 20% 和 19%，沈阳三生制药股份有限公司跻身中国医药研发 20 强，新签约项目 202 个，协议投资额 2 155 亿元。总投资 2 427 亿元的 240 个亿元以上项目实现开复工，项目总数增长 20%，项目数量和投资额均位列全市首位。沈阳远大压缩机有限公司、本特勒汽车系统（沈阳）有限公司二期等 61 个项目竣工。投资 200 亿元的华晨宝马第三工厂研发中心主体封顶，34 项宝马配套工程按节点推进。投资 30 亿元、年产 330 万套的赛轮轮胎项目实现当年开工、当年投产。

由表 3.1 可知，2018—2020 年沈阳经济技术开发区人均工业增加值均能满足标准要求，2020 年人均工业增加值比 2018 年提高了 11.51%。

表 3.1 人均工业增加值统计表

指标	2018 年	2019 年	2020 年	标准
园区工业增加值（亿元）	379.32	316.56	348.78	—
园区年末从业人员数（人）	99 126	86 432	81 739	—
人均工业增加值（万元 / 人）	38.27	36.63	42.67	≥ 15

3.2.2 建设规划实施后新增构建生态工业链项目数量

考核标准：≥ 6 个。

3.2.2.1 完成情况

自国家生态工业示范园区建设规划基准年（2011 年）以来，园区建设规划范围内以构建生态工业链为目的实施了若干配套基础设施项目以及资源循环利用项目，具体见表 3.2。

表 3.2 建设规划实施后新增构建生态工业链项目统计表

序号	项目名称	项目类别	项目正式投运时间
1	沈阳振兴污泥处置有限公司沈阳市污水处理厂污泥处理工程项目	配套基础设施项目	2013 年
2	沈阳金研激光再制造技术开发有限公司建设项目	资源循环利用项目	2014 年
3	洛菲尔建材（沈阳）有限公司年产 36 万 m^2 复合墙板生产线及硅酸钙板石膏板原料搅拌加工生产线项目	资源循环利用项目	2015 年
4	沈阳振利节能环保科技股份有限公司建筑节能保温产品体系项目	资源循环利用项目	2015 年
5	沈阳经济技术开发区中宇热电有限公司热源扩建项目	配套基础设施项目	2017 年
6	沈阳市西部污水处理厂扩建工程	配套基础设施项目	2018 年
7	贝卡尔特沈阳精密钢制品有限公司废乳化液处理项目	资源循环利用项目	2018 年
8	沈阳唐阳物资回收有限公司废旧钢铁资源回收、加工项目	资源循环利用项目	2018 年
9	辽宁光林废旧物资回收有限公司废钢回收项目	资源循环利用项目	2018 年
10	沈阳西部污水处理厂提标改造工程项目	配套基础设施项目	2018 年
11	普利司通（沈阳）钢丝帘线有限公司废盐酸再生建设项目	资源循环利用项目	2020 年
12	沈阳恒盛再生资源回收利用有限公司废钢加工处理、废纸打包建设项目	资源循环利用项目	2020 年

（1）基础设施建设类项目（4 个）：为了满足沈阳经济技术开发区对供热的需求，沈阳经济技术开发区中宇热电有限公司实施了热源扩建项目，新建设 2 台 220t 循环流化床锅炉及其辅机系统，替代原有 2 台 35t/h 抛煤机倒转炉排锅炉和 2 台 75t/h 横梁式炉排蒸汽锅炉，该项目实施后锅炉热效率大大提升，由原来的 59.3% 提高到 89%，每年可节约标准煤 18 000t。沈阳振兴污泥处置有限公司实施了沈阳市污水处理厂污泥处理工程项目，日可处理污泥 1 000t，处理后的污泥产品符合《城镇污水处理厂污泥处置园林绿化用泥质》（GB/T23486—2009）的要求，用于园林绿化，实现了对污泥的资源化利用。沈阳西部污水处理厂提标改造工程项目采用厌氧 / 缺氧 / 氧化（A^2/O）+深度处理 + 次氯酸钠及紫外线消毒工艺，新增高密度沉淀池、V 型滤池、紫外线消毒池等，更换了陈旧设备，同时增加了除臭工艺，实现了对污水的深度处理，项目总投资 19702.52 万元，出水水质达到《城镇污水处理厂污染物排放标准》（GB18918—2002）一级 A 标准。沈阳市西部污水处理厂扩建工程位于沈阳经济技术开发区沈西九东路 58 号，占地为 24.74hm^2，整个生产区内有格栅及污水提升泵房、沉砂池、臭氧制备间及臭氧氧化池、水解酸化池、配水井、改良 A^2/O 生化池、高效沉淀池、滤池间、深度处理臭氧投加系统、鼓风机房、污泥脱水间、投药间、综合楼、机修间及水源热泵间、化验楼、仓库等。设计规模 25 万 m^3/d，出水达到国家《城镇污水处理厂污染物排放标准》（GB18918—2002）一级 A 排放标准要求。

（2）资源循环利用项目（8 个）：为提高资源利用效率、减少污染物排放，贝卡尔特沈阳精密钢制品有限公司实施了废乳化液处理项目，经蒸发浓缩处理后，浓缩废乳化液交给有资质单位处理，蒸发出来的冷凝水经过半导体膜循环过滤除油、过滤、杀菌等处理后，回用于润滑站补水及乳化液配液，年节约新鲜水 2 790t，减少危险废物产生量 2 290t。普利司通（沈阳）钢丝帘线有限公司新增废盐酸再生建设项目，处理酸洗工序产生的废盐酸溶液，年可再生废盐酸 1 200t。

沈阳经济技术开发区引进建材项目，完善“粉煤灰—建材”静脉产业链条，洛斐尔建材（沈阳）有限公司以粉煤灰等为原料建设了年产 36 万 m^2 复合墙板生产线及硅酸钙板石膏板原料搅拌加工生产线，生产复合墙板。沈阳振利节能环保科技股份有限公司建设了建筑节能保温产品体系项目，以粉煤灰等为原料生产干混砂浆和保温砂浆增强竖丝岩棉板。

在设备再制造方面，沈阳金研激光再制造技术开发有限公司采用激光再制造技术及组合工艺，广泛应用于飞机发动机零部件、飞机结构件、地面燃机热端部件的损伤修复和表面强化，修复后机组功效提高了 2%，能耗降低了 30%。

沈阳唐阳物资回收有限公司建设废旧钢铁资源回收、加工项目，年加工 4 560t 成品。辽宁光林废旧物资回收有限公司废钢回收项目，年产废旧钢铁压缩包 600t、废旧钢铁剪切料 20 000t。沈阳恒盛再生资源回收利用有限公司废钢加工处理、废纸打包建设项目年可加工处理废钢 10 万 t，废纸 500t，废钢可作为周边钢厂的原料，废纸可提供给造纸企业用于纸制品生产。

3.2.3 工业固体废物综合利用率

考核标准：≥ 70%。

计算公式：

工业固体废物综合利用率（%）

$$= \frac{\text{工业固体废物综合利用量（t）}}{\text{工业固体废物总产生量（t）+ 综合利用往年贮存量（t）}} \times 100\%$$

数据来源：沈阳市生态环境局。

3.2.3.1 完成情况

沈阳经济技术开发区十分重视工业固体废物的综合利用工作，依据循环经济理念、工业生态学原理和清洁生产要求建立了以上下游产品接续成链、关联产品复合成网、资源循环综合利用为特色的生态工业体系，通过物流或能流传递等方式把不同工厂或企业连接起来，形成了共享资源和互换副产品、废物的产业共生组合。

沈阳经济技术开发区内的绝大部分企业对一般工业固体废物都实现了综合利用，如表 3.3，沈西热电有限公司产生的炉渣以及粉煤灰提供给沈阳市倾天建材厂作为建材原料；沈阳石蜡化工有限公司产生的炉渣由沈阳市兴盛建筑材料有限公司进行综合利用，生产建材；沈阳中航机电三洋制冷设备有限公司的废下脚料出售给沈阳铁香铸造有限公司，用于铸件的生产，废包装出售给沈阳市凡沃印刷厂，用于制造纸制品等。

表 3.3 沈阳经济技术开发区重点一般工业固体废物产生企业固体废物利用情况

企业名称	一般固体废物种类	产生量（t）	综合利用量（t）	综合利用方式
沈阳中航机电三洋制冷设备有限公司	废包装、废铁、废铜线、废机加件	11 237	11 237	废下脚料出售给沈阳铁香铸造有限公司，用于铸件的生产，废包装出售给沈阳市凡沃印刷厂，用于制造纸制品
沈阳秉信环保包装有限公司	废纸	5 726.38	5 726.38	出售给辽宁沈抚实业有限公司
沈阳石蜡化工有限公司	粉煤灰、炉渣	12 850	12 850	外售给沈阳市兴盛建筑材料有限公司用于生产建材
华晨宝马汽车有限公司铁西工厂	废旧锂电、金属废料、非金属生产废物（木头、合成木材、纸板纸张、塑料薄膜、纯塑料零件、混合塑料部件、泡沫、橡胶/轮胎）	4 668.756	4 668.756	废旧高压电池/模组/电芯交由华友钴新材料有限公司综合利用，非金属废料委托沈阳金钰镁仑商贸有限公司等进行回收，金属废料委托本溪钢联金属资源有限公司、中铝东南材料院（福建）科技有限公司、本溪钢联金属资源有限公司等进行利用
北方重工集团有限公司	钢屑、铝屑、钢材	8 022.95	8 022.95	出售给辽宁陆帆实业有限公司、辽宁圣宝龙物资回收有限公司、辽宁光林废旧物资回收有限公司等用于再制钢材、铝材

续表

企业名称	一般固体废物种类	产生量（t）	综合利用量（t）	综合利用方式
沈阳经济技术开发区热电有限公司	粉煤灰、炉渣	113 318.4	113 318.4	物资回收公司回收后交由建材生产企业生产建材
米其林沈阳轮胎有限公司	不合格轮胎、下脚料等	5 516.94	5 450.37	交由贝斯特金属制品收购有限公司等进行综合利用
沈阳沈西热电有限公司	粉煤灰、炉渣	14 000	14 000	出售给沈阳市倾天建材厂用于生产建材
特变电工沈阳变压器集团有限公司	废钢、废铜、废电缆等	5 807.15	5 807.15	外售给汇发金属材料有限公司等综合利用
沈阳鼓风机集团股份有限公司	废钢、废铜、废铝等	9 134	9 134	外售给沈阳国瑞再生资源有限公司综合利用
中车沈阳机车车辆有限公司	废钢材、钢屑等	4 801.48	4 801.48	外售给辽宁沈车铸业有限公司、沈阳恒辉机车车辆配件有限公司等单位综合利用

在危险废物方面，区内的贝卡尔特（沈阳）钢丝制品有限公司针对湿拉工艺产生的废乳化液新建了一套废乳化液分离浓缩及后续回用设备，浓缩倍数达 3 倍，废乳化液处理装置的总处理能力为 10t/d，处理后的蒸发釜残委托有相关资质厂家处置，废乳化液处置量减少 2 290t / 年。东北制药集团股份有

限公司开展左旋肉碱酒石酸盐母液回收左旋肉碱工艺研究，完成了工业化试验，实现了废物再利用，年可再利用母液30t。同时还开展了催化剂回收工艺探索，实现了多批次套用催化剂的再加工，降低了催化剂消耗，年再利用催化剂母液78t。普利司通（沈阳）钢丝帘线有限公司新增废盐酸再生建设项目处理酸洗工序产生的废盐酸溶液，年可再生废盐酸1 200t。

由表3.4可知，2018—2020年沈阳经济技术开发区工业固体废物综合利用率均能够满足标准要求，2020年沈阳经济技术开发区工业固体废物综合利用率达到94.11%，比2018年提高了0.42个百分点。

表3.4 工业固体废物综合利用率统计表

指标	2018年	2019年	2020年	标准
一般工业固体废物产生量（t）	256 398.3	248 707.9	265 773.7	—
一般工业固体废物综合利用量（t）	255 155.5	246 192.0	264 496.7	—
一般固体废物综合利用往年贮存量（t）	672.0	0.1	0.0	—
危险废物产生量（t）	16 915.1	16 040.4	15 276.48	—
危险废物综合利用量（t）	1 585.9	340.76	0.00	—
危险废物综合利用往年贮存量（t）	53.22	0	0	—
工业固体废物综合利用率（%）	93.69	93.12	94.11	≥ 70

3.2.4 单位工业用地面积工业增加值

考核标准：≥ 9亿元 / km^2

计算公式：

单位工业用地面积工业增加值（亿元 / km^2）

$$= \frac{\text{园区工业增加值（亿元）}}{\text{园区工业用地面积（km}^2\text{）}}$$

数据来源：沈阳市铁西区统计局、沈阳市自然资源局经济技术开发区分局。

3.2.4.1 完成情况

近年来，在用地指标日趋紧张的形势下，沈阳经济技术开发区按照国家和省、区、市一系列有关保护资源、节约集约利用土地的有关法律法规和政策要求，按照管住总量、严控增量和盘活存量的原则，采取了一系列措施提高了区内土地的集约化利用水平。

1. 严格控制供地环节

严格按照国家相关标准及产业政策在土地出让合同中明确出让地块的土地利用指标，如容积率、建筑密度、投资强度等，节约集约利用土地。

2. 强化批后监管

持续开展土地批后监管工作，对于未按出让合同约定开、竣工的项目下发“开、竣工履约通知书”，督促企业开发建设。对于政府原因造成的闲置土地，积极消除闲置土地影响因素，采取督促企业开工或收回方式处理，提高了区域土地利用效率。

3. 盘活存量建设用地

对批而未供地块逐一梳理，明确未供原因，建立批而未供土地台账，引导项目选址及征收拆迁工作，优化利用、盘活存量建设用地。

为提高土地节约集约利用水平，沈阳经济技术开发区本着实事求是的原则，以切实消化存量土地、全面清理处置供而未用土地为目标，严格按照法定的程序和要求，对每宗闲置土地进行认定和依法处置，采取开工、收回等有效措施处置闲置土地。

4. 建立完善考核机制

沈阳经济技术开发区建立了集约用地评价考核机制，每年对用地状况数据、社会经济数据方面进行评价，协调解决评价工作中出现的问题，并委托沈阳市国土资源发展研究中心作为技术承担单位负责评价技术工作，对集约用地情况进行评价并提出优化建议。

由表3.5可知，2018—2020年沈阳经济技术开发区单位工业用地工业增加值均能够满足标准要求，2020年沈阳经济技术开发区单位工业用地工业增加值比2019年提高了9.86%。

表 3.5　单位工业用地工业增加值统计表

指标	2018 年	2019 年	2020 年	标准
园区工业增加值（亿元）	379.32	316.56	348.78	—
园区工业用地面积（km^2）	27.61	27.64	27.72	—
单位工业用地工业增加值（亿元 /km^2）	13.74	11.45	12.58	≥ 9

3.2.5　综合能耗弹性系数

考核标准：当园区工业增加值建设期年均增长率＞ 0，综合能耗弹性系数≤ 0.6；当园区工业增加值建设期年均增长率＜ 0，综合能耗弹性系数≥ 0.6

计算公式：

$$综合能耗弹性系数=\frac{园区工业综合能耗总量建设期年均增长率（\%）}{园区工业增加值建设期年均增长率（\%）}$$

园区工业综合能耗总量建设期年均增长率（%）

$$=\left\{\left[\frac{验收年工业综合能耗总量（t 标煤）}{规划基准年工业综合能耗总量（t 标煤）}\right]^{\frac{1}{验收年-基准年}}-1\right\}\times 100\%$$

园区工业增加值建设期年均增长率（%）

$$=\left\{\left[\frac{验收年工业增加值（亿元）}{规划基准年工业增加值（亿元）}\right]^{\frac{1}{验收年-基准年}}-1\right\}\times 100\%$$

数据来源：沈阳市铁西区统计局。

3.2.5.1　完成情况

沈阳经济技术开发区坚持政府引导、企业主体、市场驱动、社会参与，把节能降耗工作作为转变经济增长方式、调整优化产业结构、促进转型升级的一项重要举措来抓，强化措施，扎实推进，较好地完成了沈阳经济技术开发区的节能降耗工作。

一是建立长效工作机制，调整充实了节能减排工作领导小组，建立了领导小组成员单位联席会议制度，形成了主要领导亲自抓、分管领导靠上抓，部门联动、齐抓共管的工作机制。制定了《沈阳经济技术开发区管委会批转节能减排统计监测及考核实施方案和办法的通知》，建立了能耗统计、监测和考核体系。

二是加强节能管理，对新、改、扩建工业固定资产投资项目，严格节能评估和审查，控制“两高”项目的引进和实施，实现了源头节能减排。积极引导企业进行能源管理体系认证，赛莱默公司在辽宁省率先通过了能源管理体系认证，并作为标兵企业在辽宁省推广其先进经验，随后中车沈阳机车车辆有限公司也通过了能源管理体系认证。积极推进重点用能企业能源审计工作，沈阳经济技术开发区企业能源审计数量累计达到 38 家，累计实现节能 9.5 万 t 标煤。

三是实施节能技改项目和清洁生产审核。区内企业通过购置先进设备、淘汰高耗能设备、工艺改进等方式，实现了节能增效。

附表 4 列出了 2018—2020 年沈阳经济技术开发区部分企业节能改造措施，通过各种节能措施，沈阳经济技术开发区节能工作取得了良好成效。2018—2020 年沈阳经济技术开发区投入的能源种类包括煤、天然气、汽油、柴油、热力、电力等，产出的能源为热力和电力，根据综合能耗计算通则计算得出沈阳经济技术开发区的综合能耗情况。沈阳经济技术开发区 2018—2020 年能源消耗情况见附表 5。

沈阳经济技术开发区 2018 年工业增加值年均增长率 > 0，综合能耗弹性系数应 ≤ 0.6，2019—2020 年工业增加值年均增长率 < 0，综合能耗弹性系数应 ≥ 0.6。由表 3.6 可知，2018—2020 年沈阳经济技术开发区综合能耗弹性系数分别为 -0.61、0.72、5.76，满足标准要求。

表 3.6　综合能耗弹性系数

指标	2018 年	2019 年	2020 年	标准
工业增加值（亿元）	379.32	316.56	348.78	—
工业增加值增长率（%）	5.18	−6.31	−1.11	—
综合能耗（t 标煤）	830 035	780 791	703 250	—
综合能耗增长率（%）	−3.15	−4.55	−6.38	—
综合能耗弹性系数	−0.61	0.72	5.76	当园区工业增加值建设期年均增长率＞0，综合能耗弹性系数≤0.6 当园区工业增加值建设期年均增长率＜0，综合能耗弹性系数≥0.6

3.2.6　单位工业增加值综合能耗

考核标准：≤0.5。

计算公式：

单位工业增加值综合能耗（t 标煤 / 万元）

$$=\frac{\text{园区工业综合能耗总量（t 标煤）}}{\text{园区工业增加值总量（万元）}}$$

数据来源：沈阳市铁西区统计局。

3.2.6.1　完成情况

沈阳经济技术开发区坚持政府引导、企业主体、市场驱动、社会参与，把节能降耗工作作为转变经济增长方式、调整优化产业结构、促进转型升级的一项重要举措来抓，通过建立长效工作机制、加强节能管理、实施节能技改项目、推进清洁生产审核等工作，深入推进重点耗能企业节能降耗，积极开发和推广节能技术，各项节能工作取得了较好成效。如表 3.7，2018—2020 年沈阳经济技术开发区单位工业增加值综合能耗分别为 0.22t 标煤 / 万元、

0.25t 标煤 / 万元、0.20t 标煤 / 万元，2020 年比 2018 年降低了 9.09%，满足标准要求。

表 3.7　单位工业增加值综合能耗统计表

指标	2018 年	2019 年	2020 年	标准
园区综合能耗总量（t 标煤）	830 035	780 791	703 250	—
园区工业增加值（亿元）	379.32	316. 56	348. 78	—
单位工业增加值综合能耗（t 标煤 / 万元）	0.22	0.25	0.20	≤ 0.5

3.2.7 新鲜水耗弹性系数

考核标准：当园区工业增加值建设期年均增长率＞ 0，新鲜水耗弹性系数≤ 0.55；当园区工业增加值建设期年均增长率＜ 0，新鲜水耗弹性系数≥ 0.55。

计算公式：

$$\text{新鲜水耗弹性系数}=\frac{\text{园区工业新鲜水耗总量建设期年均增长率（\%）}}{\text{园区工业增加值建设期年均增长率（\%）}}$$

园区工业新鲜水耗总量建设期年均增长率（%）

$$=\left\{\left[\frac{\text{验收年工业新鲜水耗总量（m）}}{\text{规划基准年工业新鲜水耗总量（m}^3\text{）}}\right]^{\frac{1}{\text{验收年}-\text{基准年}}}-1\right\}\times 100\%$$

园区工业增加值建设期年均增长率（%）

$$=\left\{\left[\frac{\text{验收年工业增加值（亿元）}}{\text{规划基准年工业增加值（亿元）}}\right]^{\frac{1}{\text{验收年}-\text{基准年}}}-1\right\}\times 100\%$$

数据来源：沈阳市铁西区统计局。

3.2.7.1 完成情况

沈阳经济技术开发区严格落实《沈阳市实行最严格水资源管理制度“十三五”工作方案》（沈政办发〔2017〕40 号）、《沈阳市节水行动实施方案》《铁西区县域节水型社会达标建设工作实施方案》等的要求，编制了《沈阳经济技术开发区水资源配置规划报告》，基本实现了对水资源开发利用的全过程监控，在制度建设、取水许可审批、河湖长制等方面取得了良好成效。

（1）加强企业用水管理。水资源管理部门不定期对区内企业进行节水检查，确保企业按计划用水，杜绝跑、冒、滴、漏现象的发生。积极配合国家、省、市建立监控名录，健全计量监控设施、严格监督管理和内部节水管理。

（2）严格控制用水总量。依法开展建设项目水资源论证工作，对未依法完成水资源论证工作的建设项目，审批机关不予批准，建设单位不得擅自开工建设和投产使用。按照省政府明确的沈阳市取用水总量控制指标，制定年度用水计划，对区、县（市）级行政区域年度用水实行总量管理，加强计量管理，建设远程监控措施。严格执行水资源有偿使用制度。规范征收、使用和管理水资源费，按照规定的征收范围、对象、标准和程序征收，任何单位和个人不得擅自减免、缓征或停征水资源费。

（3）推动节水型企业建设。沈阳经济技术开发区内的企业用水均有水表计量，严格按照表显缴纳水资源费，并严格按照节约用水规范使用水资源。按照县域节水型社会创建要求，合理使用建设节水型社会专项资金 80 余万元，以免费为企业更换电磁水表、进行水平衡测试报告等方式提高了企业的节水意识。

（4）积极开展废水再利用。贝卡尔特沈阳精密钢制品有限公司建设了厂区雨水收集系统和废乳化液蒸发、分离浓缩及后续回用设备系统，对雨水进行收集利用，并对废乳化液再生过程中产生的清水进行回用，年可节约新鲜水 7 000m^3；赛莱默水处理系统（沈阳）有限公司建设了厂区中水回用系统，年可节约新鲜水 6 000m^3；东北制药集团股份有限公司采用了蒸汽再压缩（MVR）技术用于蒸发浓缩系统，年可节约新鲜水 17.79 万 m^3，同时采用蒸汽凝结水回收系统将蒸汽凝结水进行回收，年可节约新鲜水 47.4 万 m^3；沈阳中光电子有限公司建设了纯水 R/O 废水再利用系统，年可节约新鲜水 4 224m^3。

附表 6 列出了 2018—2020 年沈阳经济技术开发区部分企业节水改造措

施，通过各种节水措施，沈阳经济技术开发区节水工作取得了良好成效。沈阳经济技术开发区 2018 年工业增加值年均增长率＞ 0，新鲜水耗弹性系数应≤ 0.6，2019—2020 年工业增加值年均增长率＜ 0，新鲜水耗弹性系数应≥ 0.6。由表 3.8 可知，2018—2020 年沈阳经济技术开发区新鲜水耗弹性系数分别为 -0.56、0.80、5.12，满足标准要求。

表 3.8 新鲜水耗弹性系数统计表

指标	2018 年	2019 年	2020 年	标准
工业增加值（亿元）	379.32	316.56	348.78	—
工业增加值增长率（%）	5.18	-6.31	-1.11	—
新鲜水耗总量（万 m^3）	3363.35	3124.75	2907.42	--
新鲜水耗增长率（%）	-2.92	-5.03	-5.67	--
新鲜水耗弹性系数	-0.56	0.80	5.12	当园区工业增加值建设期年均增长率＞ 0，新鲜水耗弹性系数≤ 0.55 当园区工业增加值建设期年均增长率＜ 0，新鲜水耗弹性系数≥ 0.55

3.2.8 工业用水重复利用率

考核标准：≥ 75%

计算公式：

$$工业重复用水率=\frac{园区工业重复用水量（m^3）}{园区工业用水总量（m^3）}$$

数据来源：沈阳市铁西区统计局。

3.2.8.1 完成情况

近年来，沈阳经济技术开发区不断深化“循环用水、一水多用”的水资源生态工业发展模式，提高了水资源的梯级和循环利用效率，通过企业技术改造和技术创新进一步提升了水资源的重复利用率。

由表 3.9 可知，2018—2020 年沈阳经济技术开发区工业用水重复利用率均能够满足标准要求，2020 年沈阳经济技术开发区工业用水重复利用率达到 93.90%，比 2018 年提高了 0.5 个百分点。

表 3.9 工业用水重复利用率统计表

指标	2018 年	2019 年	2020 年	标准
工业重复用水量（万 m^3）	47 567.5	49 042.5	44 773.7	—
新鲜水用量（万 m^3）	3 363.35	3 124.75	2 907.42	—
工业用水总量（万 m^3）	50 930.8	52 167.3	47 681.1	—
工业用水重复利用率（%）	93.40	94.01	93.90	≥ 75

3.2.9 工业园区重点污染源稳定排放达标情况

考核标准：达标。

数据来源：沈阳市经济技术开发区生态环境分局。

3.2.9.1 完成情况

1. 重点废气污染源达标排放情况

沈阳经济技术开发区的主要大气污染物包括企业使用燃煤锅炉所产生的 SO_2、NO_x、烟尘，生产过程中产生的颗粒物、非甲烷总烃等。重点废气污染源达标情况见附表 7。

2018—2020 年沈阳经济技术开发区重点废气污染源排放的 SO_2、NO_x、颗粒物等浓度均稳定达标。

2. 废水污染物达标排放情况

沈阳经济技术开发区重点企业产生的废水经自建污水站预处理后排入污水处理厂进一步处理后达标排放。重点监控的常规污染物为 COD、氨氮，特征污染物为 Ni、Cr^{6+}、Zn、Cu 等。

（1）废水常规污染物达标排放情况。根据企业的在线监测数据及例行监测报告，2018—2020 年沈阳经济技术开发区重点企业常规废水污染物排放情况，见附表 8。

2018—2020 年沈阳经济技术开发区重点废水污染源企业 COD 和氨氮排放浓度均能满足相应排放标准的要求，实现了稳定达标排放。

（2）特征污染物排放达标情况。根据例行监测报告，2019—2020 年沈阳经济技术开发区重点企业废水特征污染物排放情况，见附表 9。

由附表 9 可知，沈阳经济技术开发区重点废水污染源企业排放的特征污染物满足相应排放标准的要求。

3. 污水集中处理设施达标排放情况。

沈阳经济技术开发区内企业产生的废水经预处理后全部排入沈阳市西部污水处理厂及沈阳市西部污水处理厂扩建工程（现更名为沈阳振兴污水处理有限公司）处理达标后排放，其中沈阳市西部污水处理厂 2018 年建设了提标改造工程，设计出水水质由原来的二级标准提升至一级 A 标准，2019 年 7 月 19 日提标改造工程完成了竣工环保验收及网上备案，开始执行一级 A 标准。沈阳市西部污水处理厂扩建工程（现更名为沈阳振兴污水处理有限公司）设计出水水质为一级 A 标准。

2018—2020 年沈阳市西部污水处理厂及沈阳振兴污水处理有限公司出水水质在线数据情况分别见表 3.10 和表 3.11。

表 3.10　2018—2020 年西部污水处理厂出水情况

项目	监测因子（mg/L）		执行标准
	COD_{Cr}	氨氮	
2018 年	35.4	4.25	COD100 mg/L，氨氮 25mg/L（2019 年 7 月 19 日之前）；COD50 mg/L，氨氮 5（8）mg/L（2019 年 7 月 19 日之后）
2019 年	17.9	1.56	
2020 年	14.1	1.19	

表 3.11　2018—2020 年振兴污水处理有限公司出水情况

项目	监测因子（mg/L）		执行标准
	COD_{Cr}	氨氮	
2018 年	23.8	1.59	一级 A：COD50 mg/L，氨氮 5（8）mg/L
2019 年	25.1	1.04	
2020 年	22.5	0.54	

由表 3.10 和表 3.11 可知，2018—2020 年沈阳市西部污水处理厂、振兴污水处理有限公司出水水质均满足《城镇污水处理厂污染物排放标准》（GB18918—2002）的相应标准要求。

3.2.10　工业园区国家重点污染物排放总量控制指标及地方特征污染物排放总量控制指标完成情况

考核标准：全部完成。

数据来源：沈阳市生态环境局。

3.2.10.1　完成情况

2017 年，辽宁省人民政府印发了《辽宁省“十三五”节能减排综合工作实施方案》（辽政发〔2017〕21 号），对全省的污染物总量排放控制工作做出了统一部署，控制的重点污染物为 COD、氨氮、二氧化硫、氮氧化物。

在区域污染物排放控制方面，沈阳市依据辽政发〔2017〕21 号文对全市的减排任务做出分解，铁西区与沈阳经济技术开发区为两套牌子一套领导，铁西区的管理机构与沈阳经济技术开发区合署办公，管理机构为同一套班子，因而沈阳经济技术开发区执行沈阳市对铁西区的总量控制要求。污染物总量考核方法为沈阳市将各个区县达标后的污染物减排情况进行统一汇总和上报，由辽宁省生态环境厅进行统一考核。根据辽宁省生态环境厅《关于通报沈阳市 2018—2020 年度生态环境保护约束性指标完成情况审核结果的函》，沈阳市 2018—2020 年均完成了污染物总量减排指标。

由于沈阳市未将总量指标分解到企业，本报告依据沈阳经济技术开发区内企业的排污许可证进行总量达标分析。

排污许可分为登记管理、简化管理、重点管理三种类型，根据相应的排污许可证申请与核发技术规范，登记管理计简化管理均不涉及排放总量要求，仅对排放浓度进行限制，进行排污许可重点管理的企业，若其不涉及排污许可证申请与核发技术规范中规定的主要排放口，则不规定许可排放量，只规定许可排放浓度，若涉及排污许可证申请与核发技术规范中规定的主要排放口，则规定许可排放浓度及许可排放量。

截至2020年年底，沈阳经济技术开发区内重点管理的企业名单、排污许可证核发时间及其是否涉及许可排放量要求的情况见表3.12。

表3.12 沈阳经济技术开发区排污许可重点管理企业情况统计表

企业名称	排污许可证核发时间	是否涉及总量许可要求
米其林沈阳轮胎有限公司	2020-08-18	否
赛轮（沈阳）轮胎有限公司	2020-08-13	否
沈阳普利司通有限公司	2020-07-16	否
沈阳沈西热电有限公司	2019-04-15	是
沈阳思特雷斯纸业有限责任公司	2020-06-02	是
中车沈阳机车车辆有限公司	2020-08-18	是
沈阳中航机电三洋制冷设备有限公司	2020-08-17	是
沈阳经济技术开发区热电有限公司	2020-06-03	是
沈阳经济技术开发区中宇热电有限公司	2019-09-27	是
沈阳三生制药有限责任公司	2020-03-18	是
乐凯（沈阳）科技产业有限责任公司	2020-07-31	是
沈阳思拓威源机械制造有限公司	2019-08-14	是

根据上述企业排污许可证的有效时间，各企业排污许可证核发时间均为2019年之后，因此对各企业的排污许可证总量达标分析主要分析2020年的达标情况。生态工业示范园区范围内涉及排污许可总量要求的企业包括沈阳沈西热电有限公司、沈阳思特雷斯纸业有限责任公司、中车沈阳机车车辆有限公司、沈阳中航机电三洋制冷设备有限公司、沈阳经济技术开发区热电有限公司、沈阳经济技术开发区中宇热电有限公司、沈阳三生制药有限责任公司、沈阳思拓威源机械制造有限公司等，以上企业的总量达标情况见表3.13。

由表3.13可知，沈阳经济技术开发区涉及的国家重点污染物排放量满足控制指标要求。

表 3.13　2020 年各企业污染物总量达标情况

企业名称	排放量（t/年）				排污许可证许可量（t/年）				达标情况
	COD	氨氮	二氧化硫	氮氧化物	COD	氨氮	二氧化硫	氮氧化物	
沈阳沈西热电有限公司	—	—	20.239	22.066	—	—	38.509419	52.148095	达标
沈阳思特雷斯纸业有限责任公司	5.213	0.124	—	—	30	3	—	—	达标
中车沈阳机车车辆有限公司	1.213	0.111	—	—	30.12	1.72	—	—	达标
沈阳中航机电三洋制冷设备有限公司	2.835	0.26	—	—	59.62	3.84	—	—	达标
沈阳经济技术开发区热电有限公司	—	—	9.114	90.488	—	—	394.38	533.25	达标
沈阳经济技术开发区中宇热电有限公司	—	—	17.708	63.69	—	—	62.72	156.8	达标

续表

企业名称	排放量（t/年）				排污许可证许可量（t/年）				达标情况
	COD	氨氮	二氧化硫	氮氧化物	COD	氨氮	二氧化硫	氮氧化物	
沈阳三生制药有限责任公司	1.544	0.142	—	—	7.4	0.74	—	—	达标
沈阳思拓威源机械制造有限公司	0.023	0.002	—	—	0.97	0.1	—	—	达标

注：企业污染物排放量数据来源为2020年环境统计数据库，排污许可证许可量数据来源为企业排污许可证副本。

3.2.11 工业园区内企事业单位发生特别重大、重大突发环境事件数量

考核标准：0。

3.2.11.1 完成情况

经沈阳市生态环境局核查，2018—2020年，沈阳经济技术开发区未发生特别重大、重大突发环境事件。

3.2.12 环境管理能力完善度

考核标准：100%。

3.2.11.1 完成情况

沈阳经济技术开发区设有独立的环保机构，即沈阳市经济技术开发区生态环境分局，下设办公室、环境综合管理科、审批科、法规监察科、大气科、水科、固体废物噪辐科、绩效管理科、应急信访办等科室，还设有环境监测站、环境监察大队，负责沈阳经济技术开发区环境保护工作。主要职能包括：①贯彻执行国家、省、市环保法律法规，制定沈阳经济技术开发区环境保护、污染防治规划；②审批建设项目并监督检查三同时执行情况；③制订污染源项目治理计划并对辖区环境质量以及各类污染源实施监测；④负责辖区内环境

保护目标责任制的考核工作，组织开展环境综合整治和专项治理工作；⑤负责环境统计、环境宣传教育和环境信息公开工作，负责辖区内污染事故、纠纷和环境来信来访调查处理工作。

沈阳市政府高度重视环保工作，每年与铁西区（开发区）签订环保目标考核责任状，根据每年发展需要对指标任务进行量化分解，对各部门及其工作人员履行环境保护职责、完成年度环境目标指标情况进行考核。

沈阳经济技术开发区管委会通过了 ISO14001 认证，每年都制定环境管理手册并依据手册要求开展工作。

沈阳经济技术开发区管委会成立了创建国家生态工业示范园区领导小组，领导小组由管委会主任担任组长，管委会办公室、生态环境分局、发展和改革局、经济发展局、自然资源分局等沈阳经济技术开发区相关委办局领导为成员，全面负责国家生态工业示范园区的持续建设工作。领导小组下设办公室，设在了生态环境分局，负责推进生态工业示范园区建设的各项具体工作。

3.2.13 工业园区重点企业清洁生产审核实施率

考核标准：100%。

数据来源：沈阳市经济技术开发区生态环境分局。

3.2.13.1 完成情况

为进一步贯彻落实《中华人民共和国清洁生产促进法》，提高资源能源利用效率，减少污染物的产生和排放，建立环境友好的生产方式，沈阳经济技术开发区积极组织区内企业进行清洁生产培训工作，并专门聘请清洁生产专家为企业讲解清洁生产的工作要求，引导企业开展清洁生产审核。

如表 3.14，2018 年辽宁省生态环境厅未下达强制进行清洁生产审核的企业名单；2019 年辽宁省生态环境厅强制进行清洁生产审核的企业名单中不涉及沈阳经济技术开发区生态工业示范园区范围内的企业，2020 年辽宁省生态环境厅强制进行清洁生产审核的企业名单中沈阳经济技术开发区生态工业示范园区范围内的企业有沈阳华泰昌隆表面技术有限公司、沈阳中光电子有限公司、东北制药集团股份有限公司、特变电工沈阳变压器集团有限公司 4 家，4 家均已开展清洁生产审核并通过评估，满足标准要求。

表 3.14 重点企业清洁生产审核实施率统计表

指标	2018 年	2019 年	2020 年	标准
通过 / 开展清洁生产审核评估的重点企业数（个）	0	0	4	—
重点企业总数（个）	0	0	4	—
重点企业清洁生产审核实施率（%）	100	100	100	100

3.2.14 污水集中处理设施

考核标准：具备。

数据来源：沈阳市西部污水处理厂、沈阳振兴污水处理有限公司。

3.2.14.1 完成情况

沈阳经济技术开发区的居民生活污水和企业生产废水排入沈阳市西部污水处理厂和沈阳振兴污水处理有限公司进行集中处理。

沈阳市西部污水处理厂位于沈阳经济技术开发区浑河二十一街 23 号，设计处理规模 15 万 t/d，采用浮动填料活性污泥法水处理工艺，设计出水水质为二级标准，2018 年，西部污水厂启动了提标改造工作，采用 A^2/O + 深度处理 + 次氯酸钠及紫外线消毒工艺，新增高密度沉淀池、V 型滤池、紫外线消毒池等，更换陈旧设备，同时增加除臭工艺，实现了对污水的深度处理，项目总投资 19 702.52 万元，出水水质达到《城镇污水处理厂污染物排放标准》（GB18918—2002）一级 A 标准。2019 年 7 月 19 日提标改造工程完成了竣工环保验收及网上备案，出水开始执行一级 A 标准。

西部污水处理厂装有在线监控装置，2018—2020 年西部污水处理厂的在线情况见表 3.15。

表 3.15　2018—2020 西部污水处理厂出水水质情况

项目	年均出水浓度（mg/L）		执行标准
	COD	氨氮	
2018 年	35.4	4.25	COD100 mg/L，氨氮 25mg/L（2019 年 7 月 19 日之前）；COD50 mg/L，氨氮 5（8）mg/L（2019 年 7 月 19 日之后）
2019 年	17.9	1.56	
2020 年	14.1	1.19	

由表 3.15 可知，西部污水处理厂出水水质满足《城镇污水处理厂污染物排放标准》（GB18918—2002）的相应标准要求。

沈阳振兴污水处理有限公司（原沈阳市西部污水处理厂扩建工程）位于沈阳经济技术开发区沈西九东路 58 号，占地为 24.74hm^2，整个生产区内有格栅及污水提升泵房、沉砂池、臭氧制备间及臭氧氧化池、水解酸化池、配水井、改良 A^2/O 生化池、高效沉淀池、滤池间、深度处理臭氧投加系统、鼓风机房、污泥脱水间、投药间、综合楼、机修间及水源热泵间、化验楼、仓库等。设计规模 25 万 m^3/d，出水达到国家《城镇污水处理厂污染物排放标准》（GB18918—2002）一级 A 排放标准要求。

沈阳振兴污水处理有限公司装有在线监控装置，2018—2020 年沈阳振兴污水处理有限公司的废水水质在线监测年度数据见表 3.16。

表 3.16　2018—2020 沈阳振兴污水处理有限公司出水水质情况

项目	年均出水浓度（mg/L）		执行标准
	COD	氨氮	
2018 年	23.8	1.59	COD50mg/L，氨氮 5mg/L
2019 年	25.1	1.04	
2020 年	22.5	0.54	

由表 3.16 可知，沈阳振兴污水处理有限公司出水水质满足《城镇污水处理厂污染物排放标准》（GB18918—2002）一级 A 标准要求。

综上，园区具备污水集中处理设施，污水厂均安装了在线监控设施，出水稳定达标。

3.2.15 园区环境风险防控体系建设完善度

考核标准：100%。

3.2.15.1 完成情况

沈阳经济技术开发区在生态工业示范园区持续建设的过程中，高度重视环境风险防范，按照《全国环保部门环境应急能力建设标准》要求，本着“着眼基层、高效实用”的原则，建立起了一个符合沈阳经济技术开发区实际、适用于基层环保部门的环境应急体系

1. 开展了风险评估

沈阳经济技术开发区生态环境分局全面开展了风险源排查工作，对区内化工企业、医药企业、涉重金属企业、危险废物产生单位等进行了深入排查，筛选确定了重点环境风险源企业，编制了环境风险评估报告。将重点环境风险源企业信息、应急防护与处置方法、环境应急管理资料等信息集成起来，建立了一个直观、准确、实用、易操作的风险源信息数据库，并实现了动态管理，有利于快速应对突发事件。

2. 编制了环境风险应急预案

沈阳经济技术开发区编制了突发环境事件应急预案，为沈阳经济技术开发区的环境风险管控提供了依据，增强了园区及园区企业的环境风险意识，有效防范了突发环境污染事故。特别是重了特大突发环境污染事故的发生，提高了园区及园区企业处置突发环境污染事故的能力。事故发生时，能迅速有效地开展人员疏散施救、现场清洁净化、环境监测、污染跟踪、信息通报和生态环境影响评估与修复行动，将事故损失和社会危害减少到最低程度，保障人民群众生命健康和财产安全，保护环境，维护社会和谐稳定，促进社会经济全面、协调、可持续发展。

3. 组建了环境应急队伍

沈阳经济技术开发区成立了应急领导小组。领导小组以管委会主任为总

指挥，沈阳经济技术开发区管委会分管生态环境副主任、沈阳经济技术开发区生态环境分局局长、沈阳经济技术开发区公安局局长、沈阳经济技术开发区应急管理局局长担任副总指挥。铁西区农业农村局、铁西区卫生健康局、沈阳经济技术开发区应急管理局、沈阳经济技术开发区生态环境分局、沈阳经济技术开发区自然资源局等为成员单位。环境应急领导小组是沈阳经济技术开发区突发环境事件应对的最高领导机构，是应对突发环境事件的责任主体，对管辖范围内的各类突发环境事件负有直接指挥权、处置权，负责统一指挥处置一般级别突发环境事件的应对工作，协调和指挥企业突发环境事件的应对工作。另外，还成立了综合协调组、应急监测组、污染控制组、事件调查组、医疗救治组、应急保障组、治安维护组、宣传报道组、专家咨询组共 9 个应急救援小组。沈阳经济技术开发区内各存在环境风险源的企业均成立了企业内部应急救援队伍。同时还建立了环境应急专家库。

4. 储备了必要的应急物资和装备

沈阳市经济技术开发区生态环境分局储备了一定量的应急物资。同时，为了有效控制突发环境事件，沈阳经济技术开发区生态环境分局区域内的东北制药集团股份有限公司、沈阳经济技术开发区热电有限公司、沈阳化工有限公司和沈阳石蜡化工有限公司签订了应急物资储备共享协议。

此外，沈阳经济技术开发区成立了以财政和资本运营部、应急管理局为主的应急保障组，提供应急救援资金，组织协调应急储备物资，负责组织调集应急救援装备，保证应急救援过程中物资充足。

5. 形成了环境应急管理制度

沈阳经济技术开发区环境应急办公室设在生态环境分局，将环境风险源企业数据库中的重点环境风险源企业纳入日常环境监管。生态环境分局编制了沈阳经济技术开发区突发环境事件应急处置预案，从制度上规范了应急事件的处置方法；编制了重点风险企业突发环境事件隐患排查治理工作方案，针对重点环境风险源企业应急设施建设情况等进行现场检查。

沈阳经济技术开发区生态环境分局在充分发挥基层环保部门职能作用的同时，完善了全域视频监控系统，对沈阳经济技术开发区重点建设项目进行重点在线监控，对环境风险及时预警。

6. 加强培训和宣传

生态环境分局定期组织企业开展应急工作培训，不断提高应急人员的理论和实践知识。开展应急宣传周活动，通过图片展示、活动宣传的方式，提高了各部门依法应对、处置突发事件的能力。

7. 定期进行演练

沈阳经济技术开发区每年都有针对性地开展预案演练。对不实用、不符合实际的部分及时进行调整，通过演练检验预案的针对性和实用性。

3.2.16 工业固体废物（含危险废物）处置利用率

考核标准：100%。

计算公式：

工业固体废物（含危险废物）处置利用率（%）

$$=\frac{\text{园区当年工业固体废物处置利用量（含危险废物）(t)}}{\text{园区当年工业固体废物总产生量 (t)}}\times 100\%$$

数据来源：沈阳市生态环境局。

3.2.16.1 完成情况

沈阳经济技术开发区的一般固体废物主要为热电行业及配置锅炉企业的粉煤灰、炉渣；装备制造业产生的废钢、废有色金属、废包装、废电线等；汽车及零部件行业产生的废下脚料、废钢丝、废包装物等。区内危险废物主要为医药化工行业产生的残液、废弃药品、废包装；装备制造业及汽车和零部件行业产生的废乳化液、废酸、废碱、废漆渣、污泥；废气治理过程中产生的废催化剂、废活性炭等。

在一般固体废物方面，沈阳经济技术开发区重点推进对一般固体废物的综合利用，沈阳经济技术开发区依据循环经济理念、工业生态学原理和清洁生产要求建立了以上下游产品接续成链、关联产品复合成网、资源循环综合利用为特色的生态工业体系，通过物流或能流传递等方式把不同工厂或企业连接起来，形成了共享资源和互换副产品、废物的产业共生组合。通过在沈阳经济技术开发区生态工业信息平台上及时发布各企业固体废物的产生、供需及流向信息，使固体废物在沈阳经济技术开发区各个企业之间得到综合利用，如沈阳经济技术开发区热电产生的粉煤灰和炉渣交由建材生产企业生产建材；沈西热电有限公司产生的炉渣以及粉煤灰提供给沈阳市倾天建材厂作为建材原料；沈阳石蜡化工有限公司产生的炉渣由沈阳市兴盛建筑材料有限公司进行综合利用生产建材；沈阳中航机电三洋制冷设备有限公司的废下脚料出售给沈阳铁香铸造有限公司，用于铸件的生产，废包装出售给沈阳市凡沃印刷厂，用于制造纸制品等。

在危险废物方面，沈阳经济技术开发区在确保危险废物合理处置的前提下，鼓励企业对自身产生的危险废物进行减量化和资源化处置。在危险废物管理方面，沈阳经济技术开发区采取了以下举措：一是开展危险废物申报登记，区内危险废物产生单位均实现了网上申报、网上填写转移联单，实现了对危险废物的转移过程的全过程在线管理。二是开展危险废物专项整治，以区内的重点产废单位为抓手，对危险废物处置及产生危险废物的单位开展专项整治，2020 年完成检查百余家次。三是开展危险废物年报申报和转移管理。全年共审核危险废物年报 500 余次，审核危险废物管理计划 2 000 余次。区内危险废物产生企业均按照《危险废物贮存污染控制标准》（GB18597—2001）及修改单的要求建设了危险废物暂存设施，严格按照《危险废物转移联单管理办法》的要求委托有资质的单位处置危险废物物，区内的危险废物均得到了妥善的处理处置。同时在危险废物的利用方面，鼓励企业对自身产生的危险废物进行综合利用，区内的贝卡尔特（沈阳）钢丝制品有限公司针对湿拉工艺产生的废乳化液新建了一套废乳化液分离浓缩及后续回用设备，浓缩倍数达 3 倍，废乳化液处理装置的总处理能力为 10t/d，处理后的蒸发釜残委托有相关资质厂家处置，废乳化液处置量减少了 2 290t / 年。东北制药集团股份有限公司开展了左旋肉碱酒石酸盐母液回收左旋肉碱工艺研究，完成了工业化试验，实现了废物再利用，年可再利用母液 30t。同时还开展了催化剂回收工艺探索，实现了多批次套用催化剂的再加工，降低了催化剂消耗，年再利用催化剂母液 78t。普利司通（沈阳）钢丝帘线有限公司新增废盐酸再生建设项目处理酸洗工序产生的废盐酸溶液，年可再生废盐酸 1 200t。

2018—2020 年沈阳经济技术开发区工业固体废物总产生量分别为 273 313t、264 748t、281 050t，全部实现了综合利用或合理处置，处置利用率达到 100%，满足标准要求。具体如表3.17 所示。具体如表 3.17 所示。

表 3.17　工业固体废物（含危险废物）处理处置统计表

指标	2018 年	2019 年	2020 年	标准
一般工业固体废物产生量（t）	256 398.3	248 707.9	265 773.7	—
一般工业固体废物综合利用量（t）	255 155.5	246 192.0	264 496.7	—
其中：综合利用往年贮存量（t）	672.0	0.1	0.0	—
一般工业固体废物处置量（t）	1 427.8	2 655.6	1 314.0	—
其中：处置往年贮存量（t）	10.0	140.2	42.0	—
一般工业固体废物贮存量（t）	497.0	0.6	5.0	—
危险废物产生量（t）	16 915.1	16 040.4	15 276.48	—
危险废物综合利用量（t）	1 585.9	340.76	0.0	—
其中：综合利用往年贮存量（t）	53.22	0.0	0.0	—
危险废物处置量（t）	16 073.2	15 595.2	15 274.898	—
其中：处置往年贮存量（t）	913.824	111.819	85.927	—
危险废物贮存量（t）	222.99	216.261	87.509	—
固体废物总产生量（t）	273 313	264 748	281 050	—
固体废物总处置利用量（t）	273 313	264 748	281 050	—
工业固体废物处置利用率（%）	100	100	100	100

3.2.17　主要污染物排放弹性系数

考核标准：当园区工业增加值建设期年均增长率＞ 0，主要污染物排放弹性系数≤ 0.3；当园区工业增加值建设期年均增长率＜ 0，主要污染物排放弹性系数≥ 0.3。

计算公式：

某种污染物排放量建设期年均增长率（%）

$$=\left\{\left[\frac{\text{验收年某种污染物排放量（t）}}{\text{规划基准年某种污染物排放量（t）}}\right]^{\frac{1}{\text{验收年}-\text{基准年}}}-1\right\}\times100\%$$

某种污染物排放:量建设期年均增长率（%）

$$=\frac{\text{某种污染物排放量建设期年均增长率（%）}}{\text{园区工业增加值建设期年均增长率（%）}}$$

主要污染物排放弹性系数 =（$\sum_1^n$某种污染物排放弹性系数）/ n

数据来源：沈阳市生态环境局、沈阳市铁西区统计局。

3.2.17.1 完成情况

沈阳经济技术开发区高度重视环境保护工作，通过开展污染治理、加强监督管理等措施，主要污染物排放总量逐年下降。

1. 大气污染物排放量逐年下降

（1）建立网格化监管体系。沈阳经济技术开发区构建了“1+6+1”工作体系，多部门参与大兵团联合作战，初步建立了“空中雷达探测、地面微子站监测、移动走航车溯源”结合的空地一体化监管预警体系，对沈阳经济技术开发区实施网格化、立体化、全天候精准监管。

（2）严格实施燃煤锅炉监管。全区 3 座电厂全部落实大气污染管控措施，20t 以下燃煤锅炉全部拆除、去功能化或撤并，年节约原煤 5 200t，减排 $SO_2$75.99t，减排 NO_x164.27t。

（3）污染治理设施升级改造。2018 年，东北制药集团股份有限公司完成了脱硝设施改造，采用炉内喷射炭基脱硝颗粒工艺进行脱硝，年可减排氮氧化物 20t；2019 年，沈阳沈西热电有限公司建设了脱硝工程项目及二期 2 台 70MW 热水锅炉配套脱硝工程项目，新增 PNCR 脱硝设备，可减排氮氧化物 117t / 年；2019 年，沈阳石蜡化工有限公司建设了催化热裂解再生烟气脱硫脱硝除尘项目，脱硝采用 SCR 工艺的脱硝技术；脱硫除尘采用 JWGS 技术，通过此次技改，CPP 装置再生烟气氮氧化物、二氧化硫、颗粒物达到《石油炼制工业污染物排放标准》(GB 31570-2015)中规定的特别排放限制要求，可减排二氧化硫 59.21t / 年；氮氧化物 70.22t / 年；2020 年，沈阳经济技术开发区热电有限公司建设了 2×116MW 热水锅炉脱硝系统改造项目，每台 116MW 锅炉新增一套 SNCR 脱硝系统，可减排氮氧化物 171.61t / 年，同时还建设了锅炉脱硫系统改造工程建设项目，针对 1#、2#、3#、4#、5# 循环流化床锅炉增设钠钙双碱法脱硫和炉内喷钙系统，可减排二氧化硫 445t / 年；普利司通(沈阳)轮胎有限公司建设了综合节能技术改造项目，通过对锅炉烟气进行预热回收，用于供暖及锅炉用水加热等方式，年可减少二氧化硫排放 4.6t，减少氮氧化物排放 8.6t；中宇热电针对 2 台 220t 热水锅炉建设了脱硝工程，年减排氮氧化物 25t。

(4)关停重污染企业。沈阳炼焦煤气有限公司使用湿熄焦工艺，是沈阳经济技术开发区的高能耗水耗、重污染企业。为了彻底消除环境污染隐患，并落实淘汰落后产能要求，企业于 2017 年 8 月关停，SO_2、氮氧化物年减排量分别为 122t、256t。普利司通轮胎启动了搬迁技改工作，计划逐步由沈阳经济技术开发区搬迁至化工园内，沈阳石蜡化工有限公司有限公司 2021 年开始炼油生产线停产，沈阳经济技术开发区内的重污染企业逐步搬迁至专业园区或者开展清洁化转型。

2. 废水污染物排放量逐年下降

沈阳经济技术开发区不断加大环保基础设施投入，对已有污水处理设施的企业，鼓励其进行升级改造、建设深度处理工程，从而提高污染治理水平，减少了 COD、氨氮的排放。

中水回用。华晨宝马汽车有限公司铁西工厂新建了中水回用工程，废水经中水设施处理后回用到生产和厂区绿化，年可利用中水 27 万 m^3，减排 COD10.8t / 年，氨氮 1.08t / 年；沈阳可口可乐有限公司建设了回收水系统，中水外供沈阳经济技术开发区热电厂作为锅炉设备冷却水使用，赛莱默水处理系统(沈阳)有限公司对原有污水站进行了升级，建设了中水回用系统，年减排废水 6000t，减排 COD0.24t/a，氨氮 0.024t/a。

企业污染治理设施升级改造。沈阳中航机电三洋制冷设备有限公司新建了纯水制备系统，对部分污水回收、净化、再利用，减少了自来水的使用量，同时对污水系统进行了整体升级改造，使外排污水的 COD、氨氮污染物值远低于《辽宁省污水综合排放标准》的要求，减排 COD24.7t/ 年，氨氮 4.2t/ 年；沈阳中光电子有限公司建设了纯水 R/O 废水再利用系统，对纯水生产工艺中 R/O 反渗透系统产生的废水进行回收加压后再利用到 DF 高压水设备、电镀室清扫用水等，年减排废水 4 000t，减排 COD0.16t / 年，氨氮 0.016t / 年；沈阳兴华航空电器有限责任公司建设了表面处理厂房污水处理设施升级改造项目，在原有污水处理设施的基础上，进行了分线升级改造，实现了对含铬废水、含镍废水、含氰废水、含银废水、含镉废水、地面废水分类收集、分质处理，同时还建设了生活污水处理设施升级改造项目，新增生活污水处理设备 1 套，年可减排 COD11.3t、氨氮 0.88t；华晨宝马汽车有限公司建设了污水站改造建设项目，在原处理工艺后新增生物膜法处理工艺，采用多段式生物处理装置 MSABP+ 絮凝沉淀工艺处理涂装车间废水，年可减排 COD60t、氨氮 6t；乐凯（沈阳）科技产业有限责任公司新建了污水处理站改造项目，采用多级隔油池 + 调节池 + 微催化电解 + 反应沉淀 + 催化氧化 +DCE 直流电解反应器 + 气浮 + 厌氧 + 好氧 + 深度处理的工艺对废水进行处理，年可减排 COD1.1t、氨氮 0.2t。

污水厂扩建及提标改造。2018 年，沈阳西部污水处理厂提标改造工程项目投入运行，该项目采用 A/A/O+ 深度处理 + 次氯酸钠及紫外线消毒工艺，新增高密度沉淀池、V 型滤池、紫外线消毒池等，更换了陈旧设备，同时增加了除臭工艺，实现了对污水的深度处理，项目总投资 19702.52 万元，出水水质由原有的《城镇污水处理厂污染物排放标准》（GB18918—2002）二级标准提升到一级 A 标准。同时沈阳经济技术开发区还建设了沈阳市西部污水处理厂扩建工程（现更名为沈阳振兴污水处理有限公司），该项目位于沈阳经济技术开发区沈西九东路 58 号，占地为 24.74hm^2，生产区内有格栅及污水提升泵房、沉砂池、臭氧制备间及臭氧氧化池、水解酸化池、配水井、改良 A^2/O 生化池、高效沉淀池、滤池间、深度处理臭氧投加系统、鼓风机房、污泥脱水间、投药间、综合楼、机修间及水源热泵间、化验楼、仓库等。设计规模 25 万 m^3/d，出水达到国家《城镇污水处理厂污染物排放标准》（GB18918-2002）一级 A 排放标准要求，项目 2018 年投入运行。通过污水厂的提标及扩建，年可减排 COD304t，氨氮 150t。

沈阳经济技术开发区 2018 年工业增加值年均增长率＞ 0，主要污染物排放弹性系数应≤ 0.3，2019—2020 年工业增加值年均增长率< 0，主要污染物排放弹性系数应≥ 0.3。由表 3.18 可知，2018—2020 年沈阳经济技术开发区主要污染物排放弹性系数分别为 -6.97、6.15、34.02，满足标准要求。

表 3.18　主要污染物排放弹性系数

指标	2018 年	2019 年	2020 年	标准
工业增加值（亿元）	379.32	316.56	348.78	—
工业增加值增长率（%）	5.18	-6.31	-1.11	—
COD 排放量（t）	324.38	179.70	119.50	—
氨氮排放量（t）	36.67	16.83	10.17	—
SO_2 排放量（t）	1 664.34	1 516.76	787.76	—
NO_x 排放量（t）	1 079.14	574.02	573.50	—
COD 排放弹性系数	-10.71	7.98	40.85	—
氨氮排放弹性系数	-15.48	11.08	55.96	—
SO_2 排放弹性系数	-0.16	0.78	20.11	—
NO_x 排放弹性系数	-1.55	4.76	19.15	—
主要污染物排放弹性系数	-6.97	6.15	34.02	当园区工业增加值建设期年均增长率> 0，主要污染物排放弹性系数≤ 0.3 当园区工业增加值建设期年均增长率< 0，主要污染物排放弹性系数≥ 0.3

3.2.18 单位工业增加值二氧化碳排放量年均削减率

考核标准：≥ 3%

计算公式：

单位工业增加值二氧化碳排放量年均削减率（%）

$$=\left\{\left[1-\frac{\text{验收年单位工业增加值二氧化碳排放量（t）}}{\text{规划基准年单位工业增加值三氧化碳排放量（t）}}\right]^{\frac{1}{\text{验收年}-\text{基准年}}}\right\}\times 100\%$$

单位工业增加值二氧化碳排放量（t/ 万元）

$$=\frac{\text{园区工业企业二氧化碳排放总量（t）}}{\text{园区工业增加值总量（万元）}}$$

园区工业企业二氧化碳排放总量（t）

= 化石能源燃烧排放二氧化碳量（t）+ 生物质能源燃烧排放二氧化碳量（t）+ 电力调入调出二氧化碳间接排放量（t）

数据来源：沈阳市铁西区统计局。

3.2.18.1 完成情况

沈阳经济技术开发区贯彻执行《沈阳市“十三五”控制温室气体排放工作方案》，坚持政府引导、企业主体、市场驱动、社会参与，把节能降耗工作作为转变经济增长方式、调整优化产业结构、促进转型升级的一项重要举措来抓，在低碳组织管理及规划、能源结构优化、绿色低碳理念宣传教育等方面进行了一系列的工作。

1. 调整能源结构

（1）推进工业燃煤小锅炉淘汰工作。沈阳经济技术开发区以传统化石能源高效清洁利用为主要任务，扎实推进燃煤小锅炉的拆除或环保锅炉替代，为全面改善区域大气环境质量，沈阳经济技术开发区重点推进工业燃煤小锅炉的淘汰工作，同时推进淘汰民用燃煤小锅炉，截至 2020 年年底，区内的 20t 以下的燃煤锅炉已经全部淘汰。

（2）发展可再生能源。为提高沈阳经济技术开发区工业厂房屋顶的利用率，沈阳经济技术开发区积极引入太阳能分布式光电，提高了区内太阳能利用比例。截至 2021 年年底，华晨宝马汽车有限公司、美国工业村等已建设了太阳能的光伏项目，其中华晨宝马汽车有限公司分布式光伏发电项目装机容量 17MW，美国工业村分布式光伏发电项目装机容量 5.98MW。

2. 优化产业结构，推动产业转型

（1）关闭高耗能企业。沈阳炼焦煤气有限公司使用湿息焦工艺，且是废气国控源企业，是沈阳经济技术开发区的高能耗水耗、重污染企业。为了彻底消除环境污染隐患，并落实淘汰落后产能要求，企业于 2017 年 8 月关停，年减少煤炭消耗 40 万 t。

（2）发展绿色制造。如表 3.19 所示，近年来，沈阳经济技术开发区全面推进绿色制造体系建设，以绿色工厂、绿色产品、绿色供应链为重点培育方向，重点培育示范试点龙头企业，打造沈阳经济技术开发区低碳节能领域品牌标杆，鼓励企业开展厂房集约化、生产清洁化、废物资源化、能源高效化和生产智能化建设，如表 3.19，9 家企业获批国家级绿色工厂；赛轮（沈阳）轮胎有限公司的汽车轮胎被工信部认证为绿色设计产品；沈阳精新再制造被认定为绿色供应链，中德（沈阳）高端装备制造产业园被认定为绿色园区。

表 3.19

“十三五”期间沈阳经济技术开发区绿色制造示范名单（工信部）

荣誉称号	年份	企业名称
工信部绿色工厂	2017	华晨宝马铁西工厂
	2017	沈阳鼓风机集团股份有限公司
	2019	赛莱默水处理系统（沈阳）有限公司
	2019	沈阳工业泵制造有限公司
	2020	沈阳三生制药股份有限公司
	2020	三一重型装备有限公司
	2020	特变电工沈阳变压器集团有限公司

续表

荣誉称号	年份	企业名称
工信部绿色工厂	2020	沈阳宏远电磁线股份有限公司
	2020	康师傅（沈阳）饮品有限公司
工信部绿色设计产品	2020	赛轮（沈阳）轮胎有限公司（S913低滚阻系列卡车轮胎）
		赛轮（沈阳）轮胎有限公司（S815低滚阻低噪音系列卡车轮胎）
		赛轮（沈阳）轮胎有限公司（S861低滚阻系列卡车轮胎）
工信部绿色供应链	2019	沈阳精新再制造有限公司
工信部绿色园区	2020	中德（沈阳）高端装备制造产业园

3. 制定低碳规划，引领低碳发展

沈阳经济技术开发区编制了《国家低碳工业园区试点实施方案》并通过了工信部、发改委的审查，列入了第一批国家低碳工业园区试点名单，2021年又组织编制了《沈阳经济技术开发区产业转型绿色低碳发展行动方案》，为沈阳经济技术开发区的绿色低碳发展提供了依据。

4. 加强企业低碳管理

2018年以来，沈阳经济技术开发区每年组织区内重点企业编制碳排放核查报告，2020年，沈阳经济技术开发区内的69家重点企业进行了碳排放核查，为下一步的碳达峰和碳中和工作打下了良好的基础。

通过以上措施，沈阳经济技术开发区较好地完成了碳减排工作，有效控制了二氧化碳排放量。如表3.20，2018—2020年沈阳经济技术开发区单位工业增加值二氧化碳排放量年均削减率均满足标准要求。

表 3.20 单位工业增加值二氧化碳排放量年均削减率

项目	2018 年	2019 年	2020 年	标准
工业增加值（亿元）	379.32	316.56	348.78	—
二氧化碳排放量（t）	1 510 529	1 523 105	1 495 082	—
单位工业增加值二氧化碳排放量年均削减率（%）	40.20	15.00	13.66	≥ 3

3.2.19 单位工业增加值固体废物产生量

考核标准：≤ 0.1t / 万元。

计算公式：

单位工业增加值固体废物产生量（t/ 万元）

$$= \frac{\text{园区工业工业固体废物产生量（t）}}{\text{园区工业增加值总量（万元）}}$$

数据来源：沈阳市生态环境局、沈阳市铁西区统计局。

3.2.19.1 完成情况

沈阳经济技术开发区采取多种措施，积极推动区内企业的工业固体废物减量化工作。

一是从源头把关，对入园项目进行严格审批，严格控制固体废物产生量大、附加值低的企业入园。积极推行园区的产业升级，先后实施了炼焦煤气关停、普利司通搬迁、沈阳石蜡化工有限公司部分生产线关闭等产业升级措施，以上措施可年减少固体废物产生 1 万 t。

二是积极引导和推动企业通过清洁生产、生态设计、绿色采购、生产技术革新等方式，提高资源转化效率，减少生产过程的固体废物产生，如贝卡尔特（沈阳）钢丝制品有限公司针对湿拉工艺产生的废乳化液新建了一套废乳化液分离浓缩及后续回用设备，浓缩倍数达 3 倍，废乳化液处理装置的总处理能力为 10t/d，处理后的蒸发釜残底委托有相关资质厂家处置，废乳化液处置量减少了 2290t / 年。东北制药集团股份有限公司开展左旋肉碱酒石酸盐母液回收左旋肉碱工艺研究，完成了工业化试验，实现了废物再利用，年可再利用母液 30t。同时还开展了催化剂回收工艺探索，实现了多批次套用催化的再加工，降低了催化剂消耗，年再利用催化剂母液 78t。普利司通（沈阳）钢丝帘线有限公司新增废盐酸再生建设项目处理酸洗工序产生的废盐酸溶液，年可再生废盐酸 1 200t。

三是综合利用、吃干榨尽，对生产过程中的下脚料进行资源化利用，沈阳经济技术开发区内绝大部分企业对一般工业固体废物都实现了综合利用，如沈阳经济技术开发区热电产生的粉煤灰和炉渣用于沈阳市程禄粉煤灰空心砌块厂生产空心砖；沈阳沈西热电有限公司产生的炉渣以及粉煤灰提供给沈阳市倾天建材厂作为建材原料；沈阳石蜡化工有限公司产生的炉渣由沈阳市兴盛建筑材料有限公司进行综合利用生产建材；沈阳中航机电三洋制冷设备有限公司的废下脚料出售给沈阳铁香铸造有限公司用于铸件的生产等。2018 年，沈阳经济技术开发区建设了沈阳唐阳物资回收有限公司建设项目和辽宁光林废旧物资回收有限公司废钢回收建设项目，年可回收加工年 3 万 t 废钢铁。

由表 3.21 可知，2018—2020 年沈阳经济技术开发区单位工业增加值固体废物均能够满足标准要求，2020 年沈阳经济技术开发区单位工业增加值固体废物为 0.081t/ 万元，比 2019 年降低了 3.57%。

表 3.21　单位工业增加值固体废物产生量统计表

指标	2018 年	2019 年	2020 年	标准
一般工业固体废物产生量（t）	256398.3	248 707.9	265 773.7	—
危险废物产生量（t）	16915.1	16040.4	15 276.48	—
固体废物总产生量（t）	273 313	264 748	281 050	—
工业增加值（亿元）	379.32	316.56	348.78	—
单位工业增加值固体废物产生量（t / 万元）	0.072	0.084	0.081	≤0.1

3.2.20 绿化覆盖率

考核标准：≥ 15%

计算公式：

$$\text{绿化覆盖率（\%）} = \frac{\text{园区工业工业固体废物产生量（t）}}{\text{园区工业增加值总量（万元）}} \times 100\%$$

数据来源：沈阳经济技术开发区管理委员会、沈阳市自然资源局经济技术开发区分局

3.2.20.1 完成情况

沈阳经济技术开发区以美化园区环境为重点，修建细河生态景观，加强公园、道路绿化建设，鼓励区内企业实施厂区绿化，提高了沈阳经济技术开发区生活环境质量，沈阳经济技术开发区绿化覆盖率逐年提高。

2018 年—2020 年，沈阳经济技术开发区绿地组成情况见表 3.22—表 3.24。

表 3.22 2018 年沈阳经济技术开发区绿地面积统计表

序号	名称	绿化覆盖面积（m^2）
一	附属绿地	5 074 959
1	居住绿地	1 237 098
2	公共设施绿地	1 615 661
3	工业绿地	2 222 200
二	公园绿地	4 657 944
三	街路绿地	5 002 756
四	防护绿地	1 219 612
合计		15 955 271

表 3.23 2019 年沈阳经济技术开发区绿地面积统计表

序号	名称	绿化覆盖面积（m^2）
一	附属绿地	5 158 130
1	居住绿地	1 2875 32
2	公共设施绿地	1 615 661
3	工业绿地	2 254 937
二	公园绿地	4 657 944
三	街路绿地	5 098 656
四	防护绿地	1 250 846
合计		16 165 576

表 3.24 2020 年沈阳经济技术开发区绿地面积统计表

序号	名称	绿化覆盖面积（m^2）
一	附属绿地	5 241 605
1	居住绿地	1 295 381
2	公共设施绿地	1 615 661
3	工业绿地	2 330 563
二	公园绿地	4 657 944
三	街路绿地	5 149 656
四	防护绿地	1 311 811
合计		1 6361 016

根据沈阳经济技术开发区(生态工业示范园区)土地利用现状数据库地类统计表，沈阳经济技术开发区总用地面积为84.87 km^2，由表3.25可知，2018—2020年沈阳经济技术开发区绿化覆盖率均满足标准要求，2020年，沈阳经济技术开发区绿化覆盖率达到了19.28%，比2018年提高了0.48个百分点。

表3.25 沈阳经济技术开发区绿化覆盖率统计表

指标	2018年	2019年	2020年	标准
绿地面积(km^2)	15.96	16.17	16.36	—
园区用地面积(km^2)	84.87	84.87	84.87	—
绿化覆盖率(%)	18.80	19.05	19.28	≥15

3.2.21 重点企业环境信息公开率

考核标准：100%。

计算公式：

$$\text{重点企业环境信息公开率}(\%) = \frac{\text{按要求公开环境信息的企业数量(个)}}{\text{园区内纳入重点排污名单名录的企业数量(个)}} \times 100\%$$

3.2.21.1 完成情况

2018—2020年，开发区按照《企业事业单位环境信息办法》要求，对区内重点排污单位在沈阳市环境保护局网站上进行了环境信息公开(http://218.61.71.247/enterpriseopen/)。2018—2020年，沈阳经济技术开发区列入沈阳市重点排污单位名录的企业家数分别为42家、33家、34家，全部进行了信息公开，重点企业环境信息公开率为100%。

3.2.22 生态工业信息平台完善度

考核标准：100%。

3.2.22.1 完成情况

为推动生态工业园区建设，沈阳经济技术开发区借助互联网技术，建设了生态工业信息平台（http://119.23.35.57/tiexiSite/），定期在网站上发布生态工业园区持续建设和管理的各项工作信息，包括定期发布国家生态工业示范园区管理动态、沈阳经济技术开发区生态工业示范园区数据指标达标情况、沈阳经济技术开发区企业在清洁生产方面的先进技术、经验总结和沈阳经济技术开发区重点行业企业清洁生产标准、技术等；定期发布沈阳经济技术开发区企业供求信息等。同时，按照《生态工业示范园区标准要求》（HJ274—2015）的要求，结合《企业事业单位环境信息公开办法》（环境保护部令第31号）的具体公开事项，在生态工业信息平台上集中对沈阳经济技术开发区重点排污单位进行了企业环境信息公开。

沈阳经济技术开发区生态工业信息专栏由生态工业示范园区建设领导小组办公室负责日常化的更新、信息发布等工作。2018—2020年沈阳经济技术开发区信息平台建设情况满足标准要求。

3.2.23 生态工业主题宣传活动

考核标准：≥2次。

3.2.23.1 完成情况

沈阳经济技术开发区以“6·5”环境日、节能宣传周等节日为载体，通过专题培训讲座、展会参观、发放宣传册、宣传单，展板海报等多种形式，开展了生态工业、节能减排、循环经济、低碳环保多项活动，广泛宣传生态工业园区建设的重要意义。

2018年，沈阳经济技术开发区组织了2次生态工业主题宣传活动，分别是主题为“提升企业能效管理，建设绿色制造体系”的低碳节能活动月宣传活动和“美丽中国，我是行动者”为主题的“6·5”世界环境日宣传活动。

2019年，沈阳经济技术开发区组织了2次生态工业主题宣传活动，环保方面进行了“6·5”世界环境日宣传活动；绿色低碳发展方面组织了以“绿色发展 节能先行”“低碳行动 保卫蓝天”为主题的节能宣传周和低碳日宣传活动。

2020 年，沈阳经济技术开发区组织了 2 次生态工业主题宣传活动，分别是主题为“美丽中国，我是行动者”的“6 · 5”世界环境日宣传活动以及主题为“绿水青山，节能增效”“绿色低碳，全面小康”的节能宣传周和低碳日系列宣传活动。

综上，沈阳经济技术开发区生态工业主题宣传活动满足标准要求。

4 国家生态工业示范园区特色总结

4.1 一条主线、两点提升、三项优化，打造东北老工业基地低碳发展的先行区

沈阳经济技术开发区以创建国家低碳工业园区试点为抓手，以“力争成为东北老工业基地低碳发展的先行区、试验区”为总体目标，以低碳发展“一条主线、两点提升、三项优化”为总体思路，以重大项目先导示范带动、典型项目引改并举为重要抓手，积极探索传统重化工型工业园区的绿色低碳发展路径，低碳发展效果逐渐彰显。

2020 年，沈阳经济技术开发区二氧化碳排放量 149.51 万 t，与 2018 年相比降低了 1.02%。2020 年沈阳经济技术开发区单位工业增加值二氧化碳排放量年均削减率达到了 13.66%。

4.1.1 “一条主线”——围绕能源结构调整主线

面对全球碳达峰碳中和新形势，沈阳经济技术开发区根植于东北传统重化工型工业园区、能源消费基数较大等背景，提出了以能源结构调整为主线，采用“扶新、增气、减煤”策略，优化沈阳经济技术开发区的能源消费结构。沈阳经济技术开发区通过“两步走”的方式，一方面加快推广太阳能分布

式光电、光热项目，引入天然气分布式供能系统，提高了天然气、太阳能等清洁能源和可再生能源的使用量；另一方面加快推进区域内燃煤锅炉“拆小并大”“煤改电”“煤改气”等工程，不断削减区域内化石能源消耗总量，具体措施见章节 1.8.1。

2019 年、2020 年煤炭使用量分别占沈阳经济技术开发区能源消费投入量的 57.69%、55.51%，2020 年煤炭使用量占比同比降低了 2.18 个百分点。2019 年、2020 年沈阳经济技术开发区天然气用量占沈阳经济技术开发区能源消费投入量的 3.82%、4.00%，2020 年天然气使用量占比有所提高。

通过实施太阳能分布式光电、光热项目，拆改小锅炉、煤改电、煤改气，共节约标煤 29 087t，减排 CO_2 10.7 万 t，减排 SO_2 297t，减排氮氧化物 146t。

4.1.2 “两点提升”——突出企业级、政府级两个端点

（1）企业层面，一是沈阳经济技术开发区部分企业通过深入推进传统产业节能精细化管理手段，积极开展能源管理体系建设、碳核查、能源审计、能源三级计量等工作，不断挖掘企业节能低碳潜力；二是沈阳经济技术开发区通过政策资金扶持和政府表彰，鼓励企业建立企业级的节能信息化管理平台，20 家企业建立了企业能源管理监测平台。三是近年来，沈阳经济技术开发区着力推进企业节能技术改造，累计促成工业企业节能技术改造项目 206 项；四是沈阳经济技术开发区积极组织相关科研院所、学术机构和企业争取国家重点课题研究，“十三五”期间，沈阳经济技术开发区内的的企业及科研机构共申报国家级课题 40 余项，获得了国家科技部拨款近 1.5 亿元。四是区内 71 家重点企业进行了碳排放核查，为下一步的碳达峰和碳中和工作打下了良好的基础。

（2）政府层面，提升政府低碳服务能力，一是沈阳经济技术开发区通过开展全国首创的“低碳节能活动宣传月”活动，开展“低碳专家行”、低碳培训、低碳经验分享推广等工作，一方面促进了节能低碳新技术的交流推广，另一方面加强了企业、政府和社会公众的节能低碳发展意识，充分调动了全社会节能低碳的自觉性和积极性；二是沈阳经济技术开发区引入第三方咨询公司进行咨询服务，确保了低碳节能相关管理工作的科学性和系统性，同时大力开展低碳节能培训、低碳专家行、节能义诊等工作。

强化政府低碳管理能力，一是沈阳经济技术开发区率先实行了“中德高端装备制造产业园环境准入负面清单制度”，探索制定园区低碳准入标准。二是沈阳经济技术开发区积极强化低碳节能资金的落实，设立了工业发展专项资金支持绿色节能项目。对获得市级工业节能资金的示范项目，按上年度项目实际完成固定资产投资额的5%给予补助，单项补助资金最高不超过100万元；对市工信局认定的，获得国家、省绿色制造示范体系的企业分别按国家级、省级给予30万元、10万元的一次性奖励。同时，加强对企业节能引导，积极组织企业申报省工业节能、电力需求侧等专项资金，不断增强沈阳经济技术开发区的低碳发展新动力；加强企业低碳管理。三是为全面推进低碳工业园区建设，沈阳经济技术开发区大力开展“蓝天保卫战”“百日攻坚”行动，全面加强了对区内污染的管控，减缓了污染程度，保障了公众健康，改善了生态环境。

4.1.3 “三项优化”——即突出产业转型优化、功能布局优化和基础设施优化

沈阳经济技术开发区围绕产业转型优化，一是稳步推进传统产业转型升级，全面推进绿色制造体系建设。近年来，沈阳经济技术开发区全面实施创新驱动，坚持扶优扶强，强化政策支撑，进一步优化产业结构，大力培育壮大高端装备制造、生物医药、节能环保、新能源汽车产业、新一代信息技术等五大战略性新兴产业，保证了工业经济的相对稳定增长，催生了发展新动能。研发和推广了沈阳机床的i5、BMW新能源汽车、沈鼓云服务平台等一大批典型战略性新兴产品及配套服务，对沈阳经济技术开发区新兴产业发展起到极大的支撑和带动作用。

沈阳经济技术开发区于2015年获批创建国家低碳工业园区试点，2020年中德园被工信部评为“绿色工业园区”。50余家企业获评国家和省级绿色制造体系示范单位。同时大力推进智能制造，以中德（沈阳）高端装备制造产业园为基础，打造中国制造2025与德国工业4.0合作试验区，推动装备制造业向高端化、智能化、绿色化发展。积极培育再制造产业，深入推进再制造产品规模的扩大和品种的增加，沈阳精新机床、泰豪电机、金研激光探索建立

“机电产品—修复再生—再利用”产业链，沈阳颐康环境生物科技开发有限公司维生素C发酵残液回收古龙酸并制备有机肥、沈阳唐阳物资回收有限公司废旧钢铁资源回收及加工、辽宁光林废旧物资回收有限公司废钢回收项目实现了“变废为宝”。

二是积极培育战略性新兴产业，沈阳经济技术开发区紧紧把握全球新一轮科技革命和产业变革等重大机遇，坚持优化投资营商环境和探索国际化合作机制，突出供给侧结构性改革，引进和培育了i5机床、“之诺”新能源汽车、三生生物医药、“沈鼓云”等一大批有代表性的战略性新兴产业，在发展新动能上取得了重要突破。

三是提升生产性服务业的发展总量和质量，加快推进工业企业分立生产性服务业、总部经济等工作，着力发展和培育为装备制造、医药化工、汽车及零部件等主导产业集群提供研发设计、物流、检验检测、科技服务等服务支撑的生产性服务业，2021年沈阳经济技术开发区拥有工程技术研究中心、重点实验室等研发机构197家，6个国家级检测中心，11家检验检测服务机构，为沈阳经济技术开发区产业结构调整和转型升级提供了有力的技术支撑。

围绕功能布局优化，沈阳经济技术开发区规划了“一区多园”的产业发展格局，通过突出和明确各功能区的产业特色，积极引导同类优势产业聚集，推动企业上下游配套协作，进一步拓展产业转型升级空间。“一区”即沈阳经济技术开发区，“多园”即位于沈阳经济技术开发区的各产业园，分别为先进装备制造产业园、中德（沈阳）高端装备制造产业园、沈阳中关村科技园、生物医药产业园。

围绕基础设施优化，沈阳经济技术开发区积极推进工业领域绿色出行，填补了四环外交通的空白，提高了区内绿色出行的比例，同时加快了新能源汽车的配套充电设施建设，不断完善新能源公交车，地铁1号线、3号线等公共出行工具，不断完善道路、桥梁、天然气管网门站和重点环保设施等基础配套，稳步推进蒸汽热力管网老旧改造，加快建设中德公园、西峡谷公园以及细河U谷提标改造等一系列重大工程和重点工作，2021年沈阳经济技术开发区配套设施低碳效果逐渐彰显、碳汇能力明显提高，并初步构建了以低碳为特征的交通运输体系，既保证了低碳工业园区创建工作的顺利开展，同时又有力地促进了区域经济的高质量发展。

4.2 先行先试，破解机制体制短板，为园区绿色发展筑牢根基

沈阳经济技术开发区不断落实党中央关于东北振兴的一系列决策部署，破解制约东北发展的体制机制短板，大力推动绿色发展模式的转变，从区域和企业两个层面创新体制与机制改革，完善园区的资金扶持政策，积蓄应对风险挑战、实现高质量发展的新动能，为园区绿色发展筑牢根基。

4.2.1 孵化了区域层面可复制推广的制度创新成果

沈阳经济技术开发区敢于先行先试，以改革创新为驱动，以"利企便民"为主线，以优化营商环境为目标，积极推进行政审批制度改革，持续提升审批效率和服务水平。沈阳经济技术开发区进一步深化了环评审批"放管服"改革，沈阳经济技术开发区全域施行承诺制审批，开展小微企业打捆环评改革试点，推进生态环境执法分类监管。为持续优化营商环境，沈阳经济技术开发区推出了政务新举措："一业一证"试点、"云评审""云勘验"、一对一"首席服务官"服务、政务服务"跨省通办"，为企业松绑、为群众解绊、为市场腾位。以承诺制审批、一窗受理、一网通办为代表的审批制度改革"铁西经验"入选全国审批百佳案例；行政零收费，"无费区"政策作为沈阳市唯一的创新改革经验在全国推广，每年减免企业制度性成本、要素成本近 1 亿元。

沈阳中关村部分改革创新做法已被复制推广。园区市场化托管模式在辽宁省内复制，大连中关村创新中心已揭牌成立；"投资人 + 工程总承包（EPC）"开发模式为东北三省科技园区开发建设开辟了新路径；"一中心、一基地、一园区"产业闭环发展模式被中关村发展集团吸收，在国内其他地区强力推进。

（1）政府机构改革平稳推进。2002 年，沈阳市铁西区由铁西主城区、沈阳经济技术开发区合署办公。2019 年 5 月，沈阳经济技术开发区、中德园合

署办公，实施去行政化，剥离社会管理、公共服务职能，组建了13个内设机构，五湖四海广纳英才，聘用132名区内优秀干部和62名国内优秀人才，“档案封存、员额总控、全员聘任、以岗定薪、绩效考核”的人员动态管理模式正式实施。实现了铁西区、沈阳经济技术开发区、中德园的优势叠加，“1+1+1 > 3”的效应日益凸显。

（2）环评审批“放管服”改革：沈阳经济技术开发区落实了《沈阳市进一步深化工程建设项目审批制度改革实施“清单制 + 告知承诺制”工作方案》《沈阳市建设项目环评审批服务准则（试行）》等文件要求，进一步深化环评审批“放管服”改革，沈阳经济技术开发区全域施行承诺制审批，开展小微企业打捆环评改革试点，推进生态环境执法分类监管。

（3）“告知承诺制”审批：沈阳经济技术开发区生态环境分局在收到建设单位签署的告知承诺书以及建设项目环境影响报告表等符合要求的要件后，可不经评估、审查，直接做出审批决定。审批范围为环境影响总体可控、受疫情影响较大、就业密集型等与民生相关的部分行业，主要包括农副食品加工业、食品制造业、纺织服装、服饰业、文教、工美、体育和娱乐用品制造业、社会事业与服务业等《沈阳市环评“告知承诺制”审批即来即办项目分类清单》中的20大类26小项建设项目。

（4）中德园率先试点打捆环评：打捆环评改革试点分为同一建设单位的多个同类建设项目、不同建设单位的同类建设项目、工业地产引进多个同类建设项目三种形式，是多个项目编制一个环评报告、统一审批的一种模式。

中德园中的汽车零部件生产制造、智能机器与机械装备制造以及轨道交通、数控装备、新能源与节能装备产业项目，汽车城的汽车零部件生产制造项目等将按照自愿原则，率先试点打捆环评。在报送的建设项目要件齐全的前提下，在1个工作日内就能进入受理前委托技术评估或自行审查评审程序，对自行审查需要现场踏勘的项目，2个工作日内就将完成踏勘，进一步提升了沈阳经济技术开发区环评审批的服务效率和服务水平。

（5）降低包容审慎范围内的企业检查频次：沈阳经济技术开发区贯彻执行了沈阳市《对中小微企业实施包容审慎监管的规定（试行）》，进一步规范生态环境执法行为。在开展生态环境执法工作时，将符合规定的中小微企业纳入包容审慎监管范围，执法过程中以鼓励引导为主、以惩处为辅。沈阳经济技术开发区将降低包容审慎范围内的企业检查频次，现场检查和调查不强制要求企业法人代表到场，需要企业法人代表制作文书或笔录的，允许企业委托工作人员开展。

（6）深入推进“正面清单”和“免罚清单”制度，对纳入包容审慎监管范围的企业，当年未发现环境问题、未出现群众投诉或举报的，在下一年度申请纳入正面清单，免予现场检查。

（7）“一业一证”改革：为提升市场主体准入准营便利度，沈阳经济技术开发区首批选取宾馆、药店、超市、医疗机构、浴室5个行业，试点推行“一业一证”改革，在不取消许可事项、不降低审查标准、不改变监管关系的前提下，以行业综合许可证取代企业原本需要办理的多个部门许可证件。下一步沈阳沈阳经济技术开发区将在总结经验的基础上逐步扩大试点行业范围，动态调整“一业一证”适用行业清单，对市场主体增长较快、与民生关系密切的行业将及时纳入试点，使改革惠及更多行业的市场主体。

（8）“云评审”服务：服务企业在“云”上，“云评审”不受客观条件限制，运作方式灵活度高，减少了人员、车辆往返所造成的不必要消耗，在保证评审工作客观、严谨的前提下，提高了评审工作效率，为企业节省了大量时间。“云评审”可实现“多时空联动”，只要网络条件允许，无论被抽取的专家身处营商部以外的任何地点，就可以参与评审工作，以最快的时间服务企业。

（9）“云勘验”服务：目前“云勘验”实施范围为国家战略项目、世界五百强等管理规范、诚信度高，且现场条件清晰、急需春季开工的全市重点大项目。“云勘验”全过程严格按照相关法律法规要求，由熟悉现场情况的企业工作人员对所需勘验的场地、重点设施、主要环节进行远程勘验。“云勘验”全程，都将进行视频保存，并与申请人提供的书面材料图片比对核实。通过“云勘验”方式，不仅免去了“排队”环节，还节省了人员、车辆往返及滞留厂区的消耗，减少了进厂检查、企业接待等烦琐事项，将勘验工作减少至1个工作日内完成。华晨宝马铁西工厂产品升级项目现场通过手机视频接收“指令”，不到5分钟时间，就完成了“云勘验”。

（10）政务服务“跨省通办”：沈阳经济技术开发区与全国16省46县区行政审批局实现了政务服务“跨省通办”。沈阳经济技术开发区营商部可在线上线下多渠道为辽宁省外的其他企业提供一系列进驻沈阳经济技术开发区的审批服务，而从沈阳经济技术开发区走出去的投资者也可以享受到国内其他行政审批局同样便捷、周到的审批服务。

“跨省通办”是“放管服”改革的重要举措之一，改变了政务服务按照属地管辖权进行申请受理的传统模式，按照“让数据、快递多跑路，让群众少跑腿”的要求，建立了“异地受理、属地审批、就近取证”的全新服务模式，将为公司（企业）登记、食品经营许可、医师执业注册等首批 81 项行政审批事项提供服务，以满足全国各地企业和群众异地办事的需求。据不完全统计，“跨省通办”的受益群众将达到 3 200 万人，将为各类市场主体年节省成本 5 000 万元以上。

沈阳经济技术开发区营商部充分发挥了帮办代办力量，设立了“区域通办”窗口，配备专业帮代办团队，根据申请人的需求和行政审批要求，为企业、群众提供咨询解答、线上线下申报指导、远程视频会商收件、异地帮办代办等服务，有效解决了企业群众异地办事“多地跑”“折返跑”等难题，打通了服务企业群众“最后一 km”。

（11）“沈阳中关村科技园市场化托管：率先实行全方位托管运营，由北京中关村信息谷公司与中德（沈阳）国际产业投资发展集团有限公司合作成立沈阳 · 中关村合资运营公司，围绕区域主导产业，在空间运营服务、产业投资服务、科技金融服务、专业科技服务等方面加速推进项目引进落地。

（12）“投资人 +EPC”开发模式：沈阳中关村在东北地区率先探索“授权 + 建设 + 运营”的片区综合开发模式，采取“投资人 +EPC”方式引进中铁建设集团、中冶集团等社会资本 110 亿元推动区域开发建设；引入世界一流的规划设计公司和实力雄厚的央企，对标建设国家中心城市定位，参与沈阳·中关村建设，推动项目融资、建设、运营等各个环节的高效实施。

4.2.2 深化国企改革，着力破除国资企业发展的体制性障碍

国资国企的运行发展是沈阳经济技术开发区区域发展的重要财政支撑，国资国企改革对铁西区发展意义重大。“十三五”期间，沈阳经济技术开发区深化国资国企改革，加快推进国有经济布局优化和结构调整，引进资本，引进优秀的管理团队，因地制宜、一企一策，根据企业情况，做好国企整合，提高了国企混合所有制改革的效能。沈阳机床股份有限公司（以下简称

“沈阳机床”)、东北制药集团股份有限公司（以下简称“东北制药”)、北方重工集团有限公司、沈阳鼓风机集团股份有限公司等国有企业主动作为、先行先试，引入先进的体制机制，实行市场化的制度改革，用信息化提升管理，实现了产品持续推新、机制走出僵化、管理走向精准、市场强劲反弹、品牌美誉度上扬。

（1）沈阳机床重组。沈阳机床最早成立于1935年，主营产品为金属切削机床，聚集了曾经是我国机床行业“十八罗汉”的4家企业，是我国机床行业的排头兵。其产品、技术、生产和制造条件等代表了我国机床行业的整体发展水平，在国内外机床制造行业具有很大影响力。但受历史原因及内外部因素影响，沈阳机床长期处于亏损状态，已经陷入破产危机。

中国通用技术集团作为中央企业中唯一将机床作为主责主业的国有重要骨干企业，对沈阳机床进行了战略重组。自2019年7月进入重整，沈阳机床仅用时4个月就完成了成功引入战略投资、纾解沉重债务、剥离低效无效资产、除清历史遗留问题等艰巨任务，精简了企业结构，优化了体制机制。2019年11月16日，沈阳市中级人民法院裁定批准沈阳机床重整计划。沈阳机床实现了真正意义上的轻装上阵、涅槃重生。

为积极稳妥推进沈阳机床战略重组，确保企业平稳顺利过渡，中国通用技术集团与沈阳市政府及相关部门成立了沈阳机床过渡期管理联合领导小组和管理委员会。下一步，管理委员会将扎实推进《重整计划》的执行和《重整投资协议》等各项条款的顺利落地，并结合项目重整方案、市场情况和沈阳机床自身实际，制定《过渡期管理总体工作方案》等细化方案，促使沈阳机床治理结构快速调整到位，为未来高质量发展奠定坚实基础。

（2）东北制药引入战略投资者辽宁方大集团实施“混合所有制改革”，并快速导入方大集团市场化的经营理念、灵活高效的管理模式和创效模式，实现了国有企业、民营企业的优势互补。2018年混改后东北制药的营收、净利润、上缴税收，同比分别增长31.54%、64.04%、49.06%。2020年公司从原材料采购到产品生产，再到原料药、制剂销售，已经形成了协同联动机制，实现了后方生产与前方市场的有效对接和快速响应。东北制药以研发创新支撑，企业竞争力显著增强。抗艾滋病病毒新产品依非韦伦片正式获批生产；国内首仿药盐酸羟考酮注射液两个品规获得注册批件；左乙拉西坦片等5个原料药仿制药注册申报获得受理；11 个在研仿制药完成中试放大。

（3）北方重工的重整。战略投资者方大集团针对装备制造业产业及企业特点，重点聚焦机制体制改革，130 余项规章制度密集出台，完善了依法依规、公平公正、公开透明的制度体系，持续提升精细化管理水平，实施工作督办制，推出了以创造价值为核心的激励机制，短时间内，企业停止“下滑”并逐渐走向正轨。自改革后，北方重工研制的新产品广受好评 —— 国内领先的螺旋立式塔磨、智能堆取料机、T12 主动式多功能履带铲运机、HLS-415 新型烧结环冷机、1 000t/h 砂石骨料生产线，国内首台巷道掘进机。

（4）沈阳鼓风机集团积极稳妥推进混合所有制改革，建立市场化机制，坚持创新驱动，持续激发改革红利。以“差异化”为关键词和着力点，沈阳鼓风机集团为各子公司“一企一策”制定了有针对性的改革方案。建立了市场化薪酬体系，建立了“以岗定薪、因能差异、按绩取酬”的体系。改革创新的扎实推进，使沈阳鼓风机集团的核心竞争力显著增强，运营效率和经营效益显著改善。沈阳鼓风机集团立足能源与化工动力设备领域，不断探索更好满足市场与客户需求的高质量发展之路，制定了高端装备、服务型制造、工程成套、国际化和新市场五项核心业务，加快推进金融服务和智能制造两项支撑能力建设的集团“5+2”转型战略。经过 2016—2020 年来的持之以恒地大力推进，取得了丰硕成果，2020 年沈阳鼓风机集团的高端装备业务占比达到 80%；服务型制造占比达到 23%；国际业务占比超过 10%。

4.2.3 加大政策、资金扶持力度，促进园区高质量发展

为加大重点发展产业、重大项目建设等领域紧缺人才的引进力度，沈阳经济技术开发区于 2018 年，印发了《高层次人才认定细则》《紧缺人才引进实施细则》。沈阳经济技术开发区针对高层次、紧缺人才给予累计最高不超过 100 万元的补贴金额。

2019 年 12 月，沈阳经济技术开发区先后印发了《促进工业高质量发展若干政策》（沈西政办发〔2019〕26 号）、《加快服务业高质量发展若干政策》（沈西政办发〔2019〕29 号）、《促进金融业高质量发展若干政策》（沈西政办发〔2019〕32 号）文件，进一步优化了园区产业发展环境，全力支持园区工业、金融业、服务业高质量发展。

沈阳经济技术开发区印发的《加快服务业高质量发展若干政策》，支持发展总部经济、商贸流通业、虚拟网络、电商、现代物流业及现代服务业、汽车贸易及关联产业、文创、文旅产业、楼宇经济，给予最高不超过1 000万元的资金补贴。

沈阳经济技术开发区印发的《促进工业高质量发展若干政策》，对入园的重点项目、智能制造、绿色制造、创业创新、重点企业等给予最高不超过2 000万元的资金补贴。以《促进工业高质量发展若干政策》为例，具体支持政策如下。

（1）重点项目资金支持政策。对固定资产投资核定范围内的重点项目及战略新兴产业类投资项目、"一带一路"建设项目给予最高不超过2 000万元的资金补助。对科技研发重大装备项目、技改及新建重点项目给予最高不超过1 000万元的资金补助。

（2）智能制造资金支持政策。对智能升级项目、工业互联网、大数据、云平台项目给予最高不超过1 000万元的资金补助。对两化融合贯标项目给予50万资金支持，对企业云和精益管理咨询项目，在确认市级补贴50%的前提下给予配套补贴，区级给予1∶1比例补贴。

（3）绿色制造资金支持政策。对绿色节能项目给予最高不超过100万元的资金补助。对"专、精、特、新"产品，给予最高不超过30万元的资金补助。对产、学、研项目，给予最高不超过10万元的资金补助。对制定标准和获得质量奖的企业，给予最高不超过30万元的资金补助。

（4）创业创新资金支持政策。对经市级以上认定的创业创新基地、加速器、孵化器、众创空间，给予最高不超过50万元的补助。凡在本区注册的新型研究院等研发机构，给予最高不超过1 000万元的资金补助。对创新载体企业，给予最高不超过10万元的补助。获得国家级和省级示范工程，分别给予最高不超过200万元和100万元补助。对于新认定的国家级、省级重点实验室、工程技术研究中心、工程实验室、工程研究中心、企业技术中心和工业设计中心及新型研发机构，分别给予不超过100万元、50万元的补助。对新认定为高新技术企业的给予一次性补助20万元。

（5）重点企业奖励资金支持政策。对重点企业给予最高不超过300万元的奖励。对独角兽、隐形冠军、瞪羚、规升巨（科技小巨人）、小升规企业，奖励最高不超过500万元。支持民营和创新型企业家。对评为国家、省、市民营500强企业，给予最高不超过50万元的补助。

4.3 加快产业绿色化发展，为区域绿色循环发展提供典型示范

4.3.1 提高项目入园门槛，构建园区绿色低碳发展底线

4.3.1.1 制定园区产业结构调整指导目录

沈阳经济技术开发区结合产业规划方向，牵头制定了《开发区、中德园产业项目准入管理办法（试行）》《开发区产业结构调整指导目录》（2020年本）、《中德园产业结构调整指导目录》（2020年本）、《循环经济产业园产业结构调整指导目录》（2020年本），将园区产业分为鼓励类、一般类、限制类和淘汰类四种产业类别。

鼓励类产业为区域产业发展方向，涵盖装备制造、汽车及零部件、新一代信息技术、生物医药、新材料、生产及生活服务业、环境保护、资源节约综合利用与公共安全应急产品等各领域产品、技术和服务；一般类产业包括除鼓励类、限制类、淘汰类产业之外，主导产业链上下游的相关产业，符合区域产业发展方向；限制类产业和淘汰类产业不符合区域产业发展方向，其中淘汰类产业严格禁止准入。

4.3.1.2 提高项目准入控制指标

沈阳经济技术开发区将投资强度、土地产出强度作为项目准入控制指标。产业项目准入需满足《沈阳市工业项目建设用地投资强度控制指标》（沈政办发〔2017〕107号）规定的投资强度，其中进驻沈阳经济技术开发区、中德园的产业项目投资强度控制指标至少上浮20%；进驻循环产业园的生物医药类指标至少上浮30%，满足产业链上下游建设的配套产业项目可参照沈阳经济技术开发区、中德园标准执行。同时，产业项目的亩均产值和亩均税收指标还应满足《沈阳市工业领域优先发展产业项目用地出让最低价标准管理

办法》(沈发改发〔2020〕16号),进驻沈阳经济技术开发区、中德园项目至少上浮20%;其中进驻循环产业园的产业项目相关指标至少上浮100%,满足产业链上下游建设的配套产业项目可参照沈阳经济技术开发区、中德园标准执行。所有闲置土地(厂房)租赁类和扩建项目,投资强度、亩均产值、亩均税收三项指标可在上述基础上适当下浮不超过20%。

4.3.2 培育壮大绿色产业集群,形成新的绿色经济增长点

沈阳经济技术开发区加快产业绿色化发展,发展节能环保产业(能源装备制造)、清洁能源产业(新能源汽车)及发展绿色服务业,引导绿色产业发展成为新的经济增长点。

4.3.2.1 发展节能环保设备,为全球能源事业提供绿色清洁解决方案

(1)特变电工是中国变压器行业历史最长、规模最大、技术实力最强的研发、制造基地,是中国变压器行业技术发展的引领者、标准制定者,是为全球能源事业提供绿色清洁解决方案的服务商,公司致力于"绿色发展、低碳发展",是国家级高新技术企业集团和中国大型能源装备制造企业集团,在全球24个国家有2万余名员工组成,培育了"输变电高端制造、新能源、新材料"一高两新国家三大战略性新兴产业,成功构建了特变电工(股票代码600089)、新疆众和(股票代码600888)、新特能源(股票代码HK1799)三家上市公司,现已发展成为我国输变电行业的核心骨干企业,多晶硅新材料研制及大型铝电子出口基地,大型太阳能光伏、风电系统集成商,在国内拥有18个制造业工业园,在海外建有3个基地。变压器年产量达2.6亿kVA,光伏EPC装机总量近18GW,均位居全球前列。特变电工集团的综合实力位居世界机械500强第228位、中国企业500强第336位、中国机械100强第6位、国际总承包商全球100强第93位。

特变电工紧紧围绕输变电高端装备制造、新能源、新材料"一高两新"三大战略性新兴产业,专注于"输变电、新能源、新材料"领域的开拓,推动公司高质量协同发展。在输变电领域,特变电工传承了我国变压器行业80余年、电线电缆70余年的制造底蕴,先后承担了世界首条商业运行的1 000kV"晋东南—南阳—荆门"特高压交流工程,电压等级最高的昌吉—古泉 ±1 100kV特高压直流工程等一系列代表世界节能输电技术领域先进水

平的产品研制和工程建设任务。特变电工坚持创新驱动，业务涵盖变压器、电线电缆、高压开关、配套组件、电力二次及电力工程总承包等多个领域，抢占了世界创新制高点。在新能源领域，特变电工拥有煤电化多晶硅联合新能源循环经济产业链，致力于打造全球智慧绿色能源服务商，建有年产能 8 万 t 高纯晶体硅制造基地，提供从项目开发、投（融）资、设计、建设到运营维护的全生命周期的解决方案及全系列并网逆变器等新能源智能设备，在全球建设的风、光装机容量超过 18GW，光伏 EPC 并网装机容量曾连续三年全球第一。在新材料领域，特变电工掌握铝的深加工自主知识产权的核心技术，形成了“能源—高纯铝—电子铝箔—电极箔”一体化的循环经济产业链，是铝电解电容器上游在全球领域内唯一一家拥有全产业链的企业，产业链上各类产品已替代进口，远销到日本、美国、欧洲等发达国家和地区，致力于成为中国高纯金属材料、铝深加工新材料产业和产品升级换代的材料供应者。在能源产业，公司南露天煤矿项目被列为中国西部大开发新开工建设 23 个重点项目之一。2020 年已建成拥有 5 000 万 t 级生产能力的绿色矿山、数字矿山、智慧矿山露天煤矿生产系统，煤炭产量位居新疆前列。特变电工促进优势资源转换，全面参与国家“疆电外送”重大能源战略项目建设，投资建设了准东 2×660MW 煤电一体化项目，为实现“煤从空中走、电送全中国”的宏伟目标做出贡献。

沈阳恒久安泰环保与节能科技有限公司是一家融入环境保护、节能减排为一体的高科技企业，于 2016 年 7 月 1 日注册于沈阳经济技术开发区，注册资金 5 115 万。公司的核心团队由原三一集团副总裁、三一国际董事长吴佳梁先生的原三一核心技术团队及中天建设集团核心高管楼国忠先生领衔的专业化工程施工团队组成，2020 年拥有员工 102 人，其中研发人员 48 人，现已被认定为高新技术企业。沈阳恒久安泰环保与节能科技有限公司以提供分布式、多能互补、储能调峰、冷热电三联供、区域（城市）级智慧能源站与系统解决方案为核心业务。核心产品固体储能式冷热联供装备就是将低谷电、风电、光伏等清洁能源转换成热能并储存在蓄能体内，根据用户需求逐步进行自控释放。沈阳恒久安泰环保与节能科技有限公司成功通过了 ISO9001:2015 质量体系认证、OHSAS18001:2007 职业健康安全管理体系认证、ISO14001:2015 年环境管理体系认证，并申请了 20 多项专利；参与编制完成辽宁省地方标准《电热储能炉工程应用技术规程》DB21/T2018—2018、J12187—2018，参与编制了中国工程协会标准《电热储能锅炉应用技术规程》T/CECS550—2018；并成了辽宁省工程机械协会节能分会副理事长单位，并被评为沈阳市小巨人企业培育工程，获得了2017年铁西区节能单位。沈阳恒久安泰环保与节能科技有限公司产品于2017年9月正式投产，现已成功地应用到辽宁、黑龙江、吉林、天津、山西、新疆等地区的清洁能源供暖工程，应用效果良好，对当地的节能减排、雾霾治理具有重要意义。

4.3.2.2 培育新能源汽车，缓解能源和环境压力

加快培育和发展新能源汽车，既是有效缓解能源和环境压力，推动汽车产业可持续发展的紧迫任务，也是加快汽车产业转型升级、培育新的经济增长点的战略举措。沈阳经济技术开发区围绕国家、省、市相关政策，充分依托现有产业基础，以技术创新、产业化、示范应用和环境建设为重点，大力发展新能源汽车。

华晨宝马实现了在生产制造端的积极转型，其通过高度灵活的生产线能够实现新能源车型与传统燃油车型的共线生产。沈阳经济技术开发区以华晨宝马新工厂、汽车研发中心建设为契机，加快推进新能源汽车发展，以此促进产业结构优化和升级。重点发展油电混合动力汽车和高性能纯电动汽车，主攻采用一体式启动发电机 / 皮带式启动发电机中混技术路线、充电式强混技术路线的油电混合动力汽车，以及运用磷酸铁锂等动力电池驱动的纯电动汽车等，支持新能源汽车整车生产企业和项目获得国家核准和行业准入。目前华晨宝马已开发出“之诺 1E”纯电动车、全新宝马5系和全新BMW X1插电式混合动力车，扩建年产4.86万套的G08高能电池组为X3系列纯电动车配套。2023年年底宝马将推出BMW X3纯电动车等25款新能源汽车。另外，以来金、慕贝尔、延峰彼欧等为代表的汽车上游配套企业积极寻求全产业链发展，研究开发新能源汽车内饰、外饰等配套部件，为新能源汽车的发展提供了有力的支撑。

4.3.2.3 发展绿色服务业

开展了环境污染第三方治理。沈阳经济技术开发区推进生态环境治理体系和治理能力现代化，创新环境治理模式，积极推行环境污染第三方治理。目前大气污染防治、河流水质改善、环保督察等工作均引入了第三方参与，

污染治理效率和专业化水平明显提高，切实促进了环境质量改善。例如，聘请第三方倍蒂公司，围绕环保督察整改，实施高标准、专业化、全流程过程管控。聘请国家沈阳经济技术绿色发展联盟和沈阳环境科学研究院承担沈阳经济技术开发区抗霾第三方服务工作。沈阳经济技术开发区监督性监督、污染源自动监控设施均委托给了第三方监测公司。沈阳经济技术开发区的集中污水处理厂由第三方运营，安装在线监控设备，实现 24 小时不间断监控。沈阳高压开关厂、华晨宝马等 5 家企业实现了第三方运营。

沈阳经济技术开发区与“科创中国”辽宁生态环保区域科技服务团建立了全面战略合作关系，将进一步增强在园区建设、企业服务、柔性人才、产业创新等方面创新资源的应用，吸引各类创新要素加速集聚，并将生态环保意识融入全区高质量发展的各个环节，为“科创中国”试点园区建设注入新的强劲动力。

4.3.3 再生利用，再制造产业推动园区循环低碳发展

自创建国家生态工业示范园区以来，沈阳经济技术开发区围绕装备制造、生物医药、汽车制造、热电等行业，不断发掘行业之间废物交换的潜力，积极寻找企业再生产品在行业内部及外部的资源化利用途径，促成有意向的企业相互交换利用废物，横向拓展产业链，建立区内产业、企业之间的共生关系。

在企业之间，依托沈阳精新机床、泰豪电机、金研激光等再制造企业，沈阳颐康环境生物科技开发有限公司 VC 发酵残液回收古龙酸并制备有机肥项目，洛斐尔建材（沈阳）有限公司、沈阳振利节能环保科技股份有限公司以粉煤灰等为原料生产建材项目，沈阳振兴污泥处置有限公司污泥处理工程项目，沈阳唐阳物资回收有限公司、辽宁光林废旧物资回收有限公司废旧钢铁资源回收、加工项目，建立起了“装备制造企业—废机床、废电机、废燃机等—再生产品—装备制造企业”“医药企业—VC 发酵残液—有机肥”“粉煤灰 / 炉渣—建材”“污泥—园林绿化用泥”等废物资源化链条。

在企业内部，通过建设一批资源循环、梯级利用的项目，提高了资源能源循环利用率。

（1）废物资源循环项目

东北制药集团213分公司建设的乙醇回收技改项目，年生产乙醇1 575t；东北制药集团细河厂区对左旋肉碱酒石酸盐母液回收利用，年可再利用30t；对催化剂母液回收利用，年可再利用78t。

贝卡尔特沈阳精密钢制品有限公司实施了废乳化液处理项目，经蒸发浓缩处理后，减少危险废物产生量2 290t。

普利司通（沈阳）钢丝帘线有限公司建设废盐酸再生建设项目，年可再生废盐酸1 200t。

（2）能源梯级利用项目

普利司通（沈阳）轮胎有限公司锅炉烟气余热回收、空压机余热进行回收，用于供暖。

慕贝尔汽车部件（沈阳）有限公司回收压缩空气系统余热，年回收余热量6.81×108 kJ。

（3）废水再利用项目

华晨宝马、沈阳鼓风机集团、赛莱默水处理系统均建设了中水回用工程，处理后的中水用于生产和厂区绿化等。

沈阳中光电子有限公司将纯水R/O废水再利用到DF高压水设备、电镀室清扫用水等。

康师傅（沈阳）饮品有限公司对冷凝水回收利用。

4.3.4 强化科技创新，提升绿色产业发展核心竞争力

沈阳经济技术开发区全面实施创新驱动发展战略，突出“智造＋创新”特色，一批爆发力大、带动力强的创新型增长点不断涌现，为区域绿色经济发展注入了强大新动能。

（1）强化企业自主创新能力。组建了辽宁省首批17个实质性产学研联盟，围绕产业链“卡脖子”技术难题，由“盟主”企业牵头实施“揭榜挂帅”项目12项。全区企业拥有有效专利3 344件，推进了专利技术产业化发展。以特变沈变、透平机械、沈阳铸造研究所3家企业获得中国专利优秀奖，占全市30%。北方重工、微控新能源等14家重点企业，利用高精尖专利，生产了121项世界级科技创新产品。沈阳工业泵等7家企业被国家认定为专精特新“小

巨人"企业，不断抢抓全球市场制高点。

（2）深化产学研创新合作。中科沈阳产业技术创新研究院完成了首批3.5万m^2标准化厂房改造，入驻新字号产业项目达到10家。深化与大连理工大学建设沈阳大连理工大学产业技术研究院，推进建设军民融合产业园。与沈阳化工大学、东北大学组成中国科协"科创中国"科技服务团，对接转化区内创新需求。

（3）加快构建创新转化体系。沈阳经济技术开发区入围第二批"科创中国"试点城市（园区），以"科创中国"试点建设为契机，将沈阳经济技术开发区全力打造为辐射东北的科技创新策源地。2021年6月，沈阳经济技术开发区入围"科创中国"东北唯一试点园区，接入了中国科协和全国学会的创新资源库，加入了"引进一位人才、创新一项技术、形成一个产业、开拓一片市场、构筑一方优势"的创新链条。通过"科创中国"先导技术榜单，与科技企业精准对接，推动科技成果在区内转化落地，打造科技经济融合的样板间。

积极吸引中国计算机学会、中国先进材料学会等国家级学会人才组织下沉，加快"3+1+8"国家级创新平台、大学科技园、龙头企业、产业集聚区、高水平学会等创新转化体系的建设。

（4）加大研发投入。2020年，沈阳经济技术开发区科技研发投入达到31.4亿元，占地区生产总值的比重达3.2%，位居辽宁省前列。

4.3.5 依托中德园高水平对外开放，构筑开放合作新高地

作为国家级开发区，沈阳经济技术开发区在最新综合排名中上升至第19位，对外开放"桥头堡"作用实力彰显。中德园作为中国制造2025与德国工业4.0合作试验区，沈阳经济技术开发区把中德园作为对外开放的重要抓手，全力以赴抓招商、推项目、稳外贸、强园区、优服务，"引进来"和"走出去"的步伐不断加快，开放型经济格局基本形成。

以沈阳经济技术开发区＋中德园"双国家级"开放合作平台为主阵地，依托中德副部长级磋商机制，拥有中德双方工业4.0等专家成员单位56家，立足对德全方位的合作优势，围绕汽车及零部件、智能制造等领域，跟踪对接欧洲企业合作项目。为发挥平台公司在招商引资和项目建设中的市场化配置作用，中德园先后建成运行德国、瑞典、日本等四个离岸创新中心，其中，

海德堡离岸创新中心成为东北首家“国家海外人才离岸创新创业基地”，构建了优势互补、多点支撑、协同共进的对外开放新格局和招商引智新模式。

沈阳经济技术开发区充分发挥了中德（沈阳）高端装备制造创新委员会的作用，实现了人才、项目、基金、产业的有效融合；沈阳经济技术开发区积极对接沈阳海关申请更广泛自贸区权限，以建设宝马新能源车全球生产和出口基地为契机，助力重点企业进一步拓展海外市场，构建更高水平的开放型经济格局。

放大平台优势，坚持“项目为王”。沈阳经济技术开发区重点围绕先进装备制造、汽车及零部件、生物医药等主导产业，在建链、延链、强链、补链上下功夫，把接引资金、技术、项目、人才的触角不断向国内外延伸，呈项目链式集聚、企业集群发展之势。以中德园为例，中德高端装备制造产业合作为主题的战略性平台，自成立五年来，围绕汽车制造、智能制造、高端装备、工业服务、战略性新兴等五大主导产业，引进了华晨宝马第三工厂、宝马研发中心和动力电池中心、北方生物医药谷、微控飞轮储能等高质量项目 362 个，总投资约 1 200 亿元；引进了采埃孚、本特勒、慕贝尔等外资项目 127 个，占比 35%。中德园已成为沈阳外资最为活跃的区域和展现辽宁对外开放成果的前沿阵地。

4.3.6 区域示范，带动沈阳汽车城创建省级生态工业园

2014 年 1 月，环境保护部、商务部和科学技术部对沈阳经济技术开发区下发了《关于批准沈阳经济技术开发区为国家生态工业示范园区的通知》（环发〔2014〕8 号），命名沈阳经济技术开发区成为国家生态工业示范园区，是东北地区首个国家级生态工业示范园区。

辽宁省、沈阳市高度重视生态工业园区建设工作，将沈阳经济技术开发区的创建经验在全省推广。沈阳汽车城生态工业园区借鉴了沈阳经济技术开发区在汽车产业、节能环保等方面的创建经验，于 2014 年 9 月，启动了沈阳汽车城省级生态工业示范区建设工作，经过近 4 年的开发建设，园区落地了宝马大东工厂项目，整车制造形成了以上通北盛、华晨中华、华晨金杯、华晨宝马四大整车厂为龙头的产业体系，凸显出了以汽车整车生产为主导的产业集群的发展态势。园区工业生产总体上提高了整个生产过程的资源和能源利

用效率，基本形成了降低废物和污染物产生量的生态工业生产组织方式和发展模式。2019 年沈阳汽车城达到了辽宁省级行业类生态工业园区建设的考核要求，由辽宁省生态工业园建设领导小组命名为省级生态工业园区。

4.4 加强配套保障，为园区绿色发展护航

4.4.1 加强组织领导，构建长效运行机制

成立领导小组。沈阳经济技术开发区自开展生态工业示范园区建设以来，先后成立了国家生态工业示范园区建设领导小组、低碳工业园区建设领导小组、绿色园区创建工作领导小组，推动了园区建设生态、绿色、低碳转型发展机制。

沈阳经济技术开发区国家生态工业示范园区领导小组由管委会主任担任组长，管委会办公室、生态环境分局、发展和改革局、经济发展局、自然资源分局等沈阳经济技术开发区相关委办局领导为成员，全面负责国家生态工业示范园区的持续建设工作。领导小组下设办公室，设在沈阳经济技术开发区生态环境分局，负责持续推进生态工业园建设的各项具体工作。

加强监督考核。沈阳市政府高度重视环保工作，每年与沈阳经济技术开发区签订环保目标考核责任状，根据每年发展需要对指标任务进行量化分解，对各部门及其工作人员履行环境保护职责、完成年度环境目标的指标情况进行考核。

4.4.2 加强精细化管理，不断提升绿色化管理能力

(1)“沈阳经济技术开发区营商服务平台”走进“全渠道”新时代

“沈阳经济技术开发区营商服务平台”于 2020 年 11 月上线后，只受理区级一个渠道的企业投诉，为贯彻落实省、市、区关于开展企业诉求“接诉即办”工作的部署要求，该平台进行了扩容。

2021 年 4 月 1 日，扩容后的“沈阳经济技术开发区营商服务平台”正式

试运行，以往该平台只受理区级营商类投诉，目前，来自省、市、区所有渠道的企业投诉也被一并纳入其中，实现了“企业有诉、我必有应、接诉即办”。为确保扩容后的投诉办理质量，营商部对所有渠道的投诉事项实行限时办结、催办、督办、逐一回访、定期通报考评；在办理时限上明确“1、3、15、30”四个节点，即承办单位接收营商部督办单后，在1个工作日内启动核实程序，3个工作日内答复，15个工作日内解决或服务确认，对难度较大或涉及多层次、多部门的制度性复杂问题的投诉事项，最多不超过30个工作日。

（2）以督察促整改，精准治污，提升生态工业建设水平

沈阳经济技术开发区对照中央环保督察、省督察的反馈意见，坚持问题导向，以督察促整改，压实主体责任，下大力气解决好涉及生态环境保护的群众“急难愁盼”问题，推动区域大气、水、土壤环境质量持续改善。树立全区“一盘棋”思想，服从大局、步调一致，严格按照“管发展必须管环保、管行业必须管环保、管生产必须管环保”原则，层层压紧压实整改责任，确保各项工作高质量、高标准按时完成。

沈阳经济技术开发区贯彻执行《中共中央国务院 关于全面加强生态环境保护坚决打好污染防治攻坚战的意见》《沈阳市贯彻落实中央生态环境保护督察“回头看”反馈意见整改方案》等各级文件的要求，出台了水、气、农业农村污染治理等各类方案30个，形成了规范有序的环境污染治理体系。沈阳经济技术开发区利用先进激光雷达、无人机、远红外设备、微子站等，对废气重点污染源进行精准锁定。采取“技防＋人防”手段，实施排水管网关键节点在线监控，对企业排污口、每2km管线节点、污水处理厂入水口和出水口进行实时监控。区内危险废物产生单位网上申报，网上填写转移联单，实现了对危险废物的转移过程的全过程在线管理。完善环境监管网络化体系建设，扩大了污染源在线监控覆盖面，设置了道路扬尘、餐饮油烟、黑烟车违章抓拍、非道路移动机械在线监控，建设企业环保设施用电监控系统，强化了信息预警能力。此外，通过邀请环保专家开展“工业园区生态文明建设、环保督察整改”等主题培训，提高了园区生态文明建设和绿色发展水平，提升了园区管理人员的绿色管理能力。

4.4.3 出台优惠政策，吸引企业、人才、创新要素加速集聚

沈阳经济技术开发区为将项目引进来、人才留下来，在工业用地价格、贷款、人才培训、工程项目审批等多方面制定了一系列优惠政策，将重大项目、优秀人才引进来、留下来。目前，沈阳经济技术开发区拥有宝马、采埃孚、普利司通等世界500强企业61家，本特勒、慕贝尔、瑞士GF等外资企业620家，特变电工、三生制药等工业企业3 000余家。还有沈阳工业大学、沈阳化工大学、沈阳铸造研究所等大学、科研机构资源，以及中关村智能制造创新中心、中国工业互联网研究院辽宁分院、国家大数据中心辽宁分中心等资源，将吸引近10万年轻人到这里创新创业。优惠政策如下。

①对符合条件的投资项目，工业用地最低可按七折价格出让；

②可根据企业的实际要求为企业代建厂房，然后可以通过以租代买的方式分期回购；

③租赁园区内标准厂房，并实现产出的，给予10元/m^2/月的租金补助，连续补贴两年；

④对购地建厂的企业，可给予固定资产投资金额5%的补贴；

⑤对重点企业获得流动资金贷款的予以贷款贴息支持，贴息金额为所获贷款额度的2%，连续补贴两年；

⑥实施“双元制”职业教育，中德学院等为企业培养各类所需人才；

⑦实施“零收费”政策，除资源类、补偿类收费外，免收各类行政事业性收费；

⑧实行承诺制审批政策，缩短审批时限3个月以上；

⑨作为中国（辽宁）自由贸易试验区沈阳片区的重要组成部分，园区享受自贸区全部优惠政策。

4.4.4 加大宣传力度，引导公众参与

沈阳经济技术开发区以每年的“6·5”世界环境日、国际生物多样性日为载体，通过发放宣传册、挂条幅以及通过沈阳经济技术开发区网站发布信息等形式，开展低碳环保宣传活动；对社会开放华晨宝马、沈阳机床、可口可乐3处工业旅游景区，细河U谷1处生态旅游景区，引导社会各界积极参与

生态环境保护实践，为打赢污染防治攻坚战、建设美丽中国贡献力量。

华晨宝马铁西工厂。其是国家4A级旅游景区，是国内汽车行业首家及唯一获此殊荣的汽车生产制造厂，是工业旅游项目的典范。景区建筑主体由主办公楼、汽车生产的四大工艺车间（冲压车间、焊装车间、涂装车间、总装车间）以及物流车间、研发中心和质量审计中心组成。宝马公司使用了当今最先进的生产技术、最全面的汽车生产工艺、最环保的生产理念。工厂于2015年正式对社会开放，接待参观，使访客在全面直观地了解现代化的汽车生产工艺和流程的同时，对宝马品牌有更深刻的了解和认可。

沈阳机床（集团）有限责任公司。其是国家3A级旅游景区，是由沈阳原三大机床厂（沈阳第一机床厂、中捷友谊厂、沈阳第三机床厂）组建而成的，通过并购欧洲和云南机床企业，形成了以沈阳、欧洲和昆明等三大产业集群为主，全球布局的机床龙头企业。景区以当今国际最现代化的生产技术工艺、最人文贴心的服务形成了一条极具游览参观价值的工业长廊，以参观智能数字化车间及智能产品装配车间为主题活动，为游客提供了极为珍贵的与最先进的智能制造工艺零距离接触的机会。

沈阳可口可乐世界。该景区延续了可口可乐首创的公众开放的全球传统，地处中粮可口可乐辽宁（北）饮料有限公司腹地的沈阳可口可乐世界于1997年向沈阳可口可乐第一希望小学的孩子们首次开放，至今已有20余年的历史，是国家3A级旅游景区，是著名的全国工业旅游示范点、辽宁省科普教育基地、沈阳市环境教育基地。

细河U谷生态廊道项目。细河U谷定位为铁西产业新城细河生态廊道“U谷”水岸湿地公园，是沈阳区域性生态示范工程。全长4km，占地面积$0.8km^2$。有双鱼湾、U兔等11处主要景点。流经细河U谷的水是污水处理厂处理后的中水。细河U谷栽种的水生植物大概有7万m^2，有荷花、芦苇、黄菖蒲，其中荷花1.2万m^2，约有12万株。这些水生植物对水体有净化的作用，既环保又美化了环境。细河U谷每年接待游客15万人。

4.4.5 开展交流与合作，提升国内国际影响力

沈阳经济技术开发区搭建了创新资源聚集、交流、合作的载体和平台，进一步加强了高校、科研院所、国家级学会与开发企业、机构深度的合作，推

动了大赛创新成果的产业化，凝聚创新合力，助力东北老工业基地的振兴发展，以设计为引领，推动了高质量制造、智能制造、服务型制造转型升级。

国内交流方面，沈阳经济技术开发区发挥中德科技投资有限公司效能，发挥 1 亿元人才专项基金的作用，每周举办 2 次常态化路演活动，营造创业氛围，迸发创新活力。2020 年，沈阳中关村承办中国创新设计大会、省青年创新创业大赛等活动及路演 50 余场。

国际交流方面，沈阳经济技术开发区与 300 多家德国及欧洲机构、协会、企业建立了良好联系，累计开展“德国铁西日”“德国企业沈阳行”等经贸交流活动 128 场，邀请接待包括德国前总理默克尔在内的 400 多位国外政要、嘉宾走进中德园。

4.5 典型示范案例

4.5.1 区域典型示范案例

4.5.1.1 沈阳·中关村科技园 —— 东北亚国际化中心城市创新中枢、中国北方“青和力”新引擎、东北老工业基地振兴创新先导区

2019 年 6 月，沈阳 · 中关村科技园项目正式落户沈阳铁西区，园区规划建设“一中心、一基地、一园区”，旨在充分发挥沈阳东北老工业基地产业资源优势，叠加北京中关村科技资源优势，聚焦“工业互联网 + 先进装备制造”，推动创新驱动战略的实施，促进东北老工业基地产业转型。

1. 加速跑：深度契合高效推进标杆项目

作为“共和国工业长子”，铁西区产业基础雄厚、人才资源丰富，拥有宝马等外资企业 500 余家、世界 500 强企业 57 家，但对照高质量发展要求，创新动能与北京等先进地区相比还显不足。实施创新驱动战略、加快新旧动能转换，是铁西振兴发展的必由之路。而作为国家第一个自主创新示范区和国内科技资源最为密集、科技产出最为活跃的区域，中关村聚集了 2.5 万家高新技术企业，其中独角兽企业占据全国总数的一半、全球总数的近 1/4。为更

好地发挥示范引领作用，近年来中关村积极向外输出其创新发展模式，目前已在全国35个城市和地区开展合作，入驻企业3 240多家。

供需两端的接触、了解以至合作，在学习贯彻习近平总书记在辽宁考察时和在深入推进东北振兴座谈会上的重要讲话精神，落实京沈对口合作等一系列党中央重大决策部署的过程中，扎实有力、稳步高效地推进。2020年1月，沈阳中关村智能制造创新中心揭牌运行，首批企业项目集中签约入驻。2020年7月31日，沈阳中关村科技创新基地城市规划重磅推出了供需两端的接触、了解以至合作。加上当日签约入驻的企业项目，目前，创新中心入驻15家企业，签约项目28个，储备项目50余个；光控特斯联等独角兽企业带来了优质项目落户创新基地，亿达·智慧科技城等项目选址科技园区，创新基地、科技园区已落户企业项目14个；12家金融机构携手铁西，为引进的企业和项目提供专业服务。

与此同时，北京沈阳两市将沈阳中关村项目纳入京沈对口合作框架，市、区两级分别建立了沟通协调机制。北京市派驻干部已经赴任沈阳经济技术开发区、中德装备园管委会，专职推动沈阳中关村项目建设。

2. 破浪行：向新而生张满创新发展风帆

紧跟前沿产业方向、促进区域产业升级、依托现有科研资源、加深协同创新合作、助力城市功能提升的要求，沈阳·中关村科技园以数字经济为特色和统领，发展“人工智能、信息技术、生物医药”三大硬科技，铸就沈阳中关村科技创新基地的筋骨；塑造“文化创意休闲、创新科技服务、科技人居服务”三种软实力，填充沈阳中关村科技创新基地的血肉，构筑刚柔并济的“3+3产业生态体系”，为沈阳中关村科技创新基地当前和长远发展奠定了健康的产业和空间架构，促进了产城融合发展，实现了精明增长。

沈阳·中关村科技园拟采用生态湿地技术打造生态公园，改善生态品质，新项目达到绿色建筑星级标准，成为前沿生态技术的创新先锋地。以生态宜居的发展理念，强调蓝绿空间的渗透，让公园覆盖城市、生活、办公、生态、创新的各个环节，为入园企业和居民提供可持续发展的生态环境与高品质的生活空间。

3. 结硕果：赋能增效完成新旧动能转换

作为东北老工业基地的典型代表，沈阳经济技术开发区“老字号”众多，工业基础雄厚，集聚了3000多家工厂，通过推动创新链与产业链深度融合、协同发展，让“新字号”为“老字号”赋能增效，“老字号”为“新字号”提供应用场景，在双向赋能中完成新旧动能转换。

沈阳中关村是沈阳经济技术开发区创新路径中的一个重要示范样本和实践载体。沈阳中关村是抢抓京沈合作战略机遇，将中关村“创新旗帜”与“大国重器”资源叠加，在改造升级“老字号”和培育壮大“新字号”之间，架起了“工业互联网+先进装备制造”的数字化转型平台。其依托北京中关村在人工智能、大数据、物联网等新一代信息技术上的丰富资源，聚焦“工业互联网+先进装备制造”引进和孵化项目，促进了本土制造业向智能绿色高端服务方向升级。

（1）“老字号”与“新字号”共谋转型

沈阳中关村项目助力沈阳经济技术开发区新上云企业超过50家，40个首台套重大技术装备项目展开研发。国家工业互联网中心辽宁分中心、辽宁省工业互联网安全态势感知平台等一批具有影响力的工业互联网创新平台相继落地。

沈阳中关村引入的一家工业互联网企业——紫光中德技术有限公司，作为清华大学所属紫光集团布局东北的总部型公司，紫光中德有100多个工业场景的服务经验和服务能力，为辽宁省200多家工业企业提供技术服务。同时，还整合了50多家供应商，共同为辽沈工业企业服务。紫光中德技术有限公司为鼓风机集团提供了技术支持，转子车间的技术工人通过可视化系统，全程掌控加工任务、图纸、工艺等各类生产数据，整个车间生产作业流程透明化，提升了工作效率和工作质量。

借助沈阳中关村平台的接引能力，欧洲最大的软件服务公司法国源讯在2020年进驻沈阳中关村智能制造创新中心。法国源讯通过与宝马开展深度合作，延伸了服务链条，参与了沈阳经济技术开发区汽车全产业生态链的构建。

（2）新技术新服务互动生长

在培育壮大“新字号”上，沈阳经济技术开发区通过“带土移植”类中关村创新生态系统，发挥其在培育新动能上的成熟模式，推进战略性新兴产业、高技术制造业和高技术服务业发展。

“新字号”企业通过项目路演、企业成长训练营、京沈汇创新中国行等一系列创新资源平台的搭建，借助沈阳中关村“全周期一站式管家式”的创新服务快速生发，成为推动沈阳经济技术开发区转型升级的一支新生力量。

辽宁英瑞科技研发的物联网智能炒菜机项目，参与了沈阳中关村每两周举办一次的京沈汇项目路演，与中关村30多个节点城市的市场资源和资本渠道进行了对接。最终将项目从最初的一个想法，变成了产品，成功生产上市，完成了全周期的成长。2021年，在沈阳中关村服务团队的帮助下，英瑞科技在辽宁股权交易中心标准板成功挂牌，成为辽宁省2021年第一家在辽宁股权交易中心标准板创新层挂牌的企业。

4. 得美誉：真抓实干成效明显的产业转型升级示范项目

基于沈阳中关村在打造创新生态、赋能结构调整等领域取得的一系列突破性成果，2021年6月9日，国家发展和改革委员会、科技部、工业和信息化部、自然资源部联合下发了《关于产业转型升级示范区建设2020年度评估结果及下一步重点工作的通知》（发改振兴〔2021〕866号），通报表扬“沈阳中关村科技园区项目”等6个项目为真抓实干成效明显通报表扬的产业转型升级示范项目。

4.5.1.2　中德（沈阳）高端装备制造产业园——拉动沈阳市转型发展的新引擎

2015年12月17日，中德（沈阳）高端装备制造产业园建设获国务院正式批复，成为全国第一个、也是迄今唯一一个以中德高端装备制造产业合作为主题的战略性平台。先后获得了多个国家级奖项，包括商务部与德国联邦经济和技术部联合授予的“中德企业合作基地”，工信部授予的“中德智能制造合作试点示范园区”“绿色工业园区”，科技部授予的“国家国际科技合作基地”，国家发展改革委授予的“产业转型升级示范园区”，中国科协授予的“国家海外人才离岸创新创业基地”，人社部等国家三部委授予的“全国模范劳动关系和谐工业园区”等荣誉称号。

1. 敢先试、破难题，创新闯出高质量发展新路径

推动高质量发展，根本在于创新体制机制，构建与高质量发展要求相适应的体制环境。中德园不断突破体制机制瓶颈，加强改革系统集成，园区发展活力全面迸发。

（1）发展核心在人。中德园深化沈阳经济技术开发区机构改革，坚持市

场化选人用人机制，面向五湖四海公开选聘人才。截至目前，985、211等重点院校全日制硕士研究生、博士生占比44%，干部知识结构、专业结构、年龄结构充分优化。随着人才政策的不断创新、落实、细化，机构、人才、资金、项目等要素充分活跃。

（2）创新开发模式。为了最大限度地发挥市场化主体作用，中德园构建了“管委会＋平台公司”的管理和开发建设模式，组建了中德园开发建设集团有限公司（简称“中德开”）和中德（沈阳）国际产业投资发展集团有限公司（简称“中德发”）。“中德开”引入社会资本，完成了总投资76.8亿元的“PPP（政府和社会资本合作）”项目合作协议，中德园的基础设施及公共设施工程建设全面驶入快车道；110亿元的“沈阳中关村科技创新基地”采用全新片区综合开发模式，工业互联网创新大厦、国际公馆、中德应用技术学院等12个重点项目如期竣工。“中德发”设立了总量达70亿元的6支产业发展基金，为项目搭建全生命周期的金融服务体系，累计引进签约项目108个，总投资突破200亿元。

（3）坚持制度创新。中德园在东北地区率先实行承诺制审批改革，缩短审批时限3个月以上，89个项目完成承诺制审批，入选全国审批改革百佳案例；“无费区”政策作为沈阳市唯一的创新改革经验在全国推广，每年减免企业制度性成本、要素成本近1亿元；承接市级土地出让权限，实现沈阳首例网上土地挂牌出让，35天即可完成土地交易。

（4）创新是引领发展的第一动力。中德园加速集聚创新要素、构建创新平台、营造创新环境，为沈阳加速迈向全面振兴注入了新动力。园区研发投入强度从2.06%增长到5.2%，聚集高新技术企业81家、省级“专精特新”企业12家、瞪羚企业3家，运营国际科技合作基地、德中研发创新联盟、宝马研发中心等创新平台载体30余个。鼓励创新，更保护创新，作为国家九部委授予的知识产权环境建设先导区，园区设立知识产权局、维权援助站、知识产权学院、知识产权仲裁院，用日益“密织”的知识产权保护“网络”，为企业创新保驾护航。

2. 展战略、拓合作，搭建开放型经济新平台

坚持扩大开放，促进合作共赢，这是中德园必须肩负的国家使命，在构建新发展格局的当下，其意义更为重大。中德园自成立以来，不断拓展国际

合作渠道，搭建对外开放平台，中德园在全球的知名度和影响力不断提高。

作为辽宁自由贸易试验区沈阳片区协同区，中德园推进中欧班列直达中德园，实现贸易通关便利化，为“一带一路”沿线国家投资生产经营的第三方新市场注入了全新动力，组建了由中德两国政府高层推动的中德（沈阳）高端装备制造创新委员，搭建了智库咨询、对外合作、学习分享、解决实施、产业发展平台，现有中德双方工业 4.0 专家、高校科研院所及企业等成员单位 56 家，被纳入中德两国副部长磋商机制。建设德国海德堡、瑞典斯德哥尔摩、日本、深圳离岸创新中心，柔性引进人才、项目和资本，打造国际合作综合服务平台，与 300 多家德国及欧洲机构、协会、企业建立了良好联系，累计开展“德国铁西日”“德国企业沈阳行”等经贸交流活动 128 场，邀请接待包括德国前总理默克尔在内的 400 多位国外政要、嘉宾走进中德园。

如今，中德园开放之门越开越大，合作交流互畅互通，在把海外项目“引进来”的同时，助力本土企业“走出去”。

3. 网赋能，聚智造，打造国际先进装备智能制造示范区

中德园作为辽宁自贸区沈阳片区协同区，不仅要搞负面清单化，更要追求项目高端化，走高质量发展之路；作为产业园区，不仅关注产业发展，更要关注人的发展和环境的打造，走绿色集约生态发展之路；作为国家级开发区，不仅要追求经济增长率，更要肩负国家使命，走改革之路、创新之路、开放之路，打造具有全球影响力的高端装备制造业基地。

中德园致力于补齐短板做强产业链、以市场导向提升价值链、以核心技术发展创新链，持续推动数字经济和实体经济深度融合，向国际先进智能制造转型升级。

作为辽宁省 5G 标杆示范园区，中德园高标准建设工业互联网体系，成为全国首批覆盖 5G 信号的工业园区，为智能制造修通了数字高速路。

中国工业互联网研究院辽宁分院、国家工业互联网大数据分中心、辽宁工业互联网安全态势感知平台、清华紫光云、SAP 创新赋能中心等一批具有影响力的工业互联网平台加速汇聚，打造智能工厂、智能车间、智能生产线 52 家，企业上云 84 家。

坚持把发展经济着力点放在实体经济上，立足现有产业基础，中德园持续建链、补链、强链、延链，加速构建集产业链、创新链、人才链、资金链、公

共配套链于一体的全产业链生态圈。汽车产业首当其冲，随着宝马新工厂、恒大新能源电池及轮毂电机等重大项目的推进，一个集整车、电池、电机、研发、配套服务等于一体的汽车全产业链日趋完善，加速向 3 000 亿元的世界级汽车生产基地迈进。

4. 高质量、快发展，迈上跨越式增长新赛道

中德园实现了经济总量跨越式增长，2020 年规上工业总产值达到 830 亿元，年均增长 19%。全口径税收增加到 101 亿元，年均增长 16%；固定资产投资增加到 110 亿元，年均增长 29%，累计投资达 360 亿元；进出口总额增加到 160 亿元，年均增长 23%。

快速增长的经济数据，来自主导产业和重大项目的强劲支撑。中德园围绕汽车制造、智能制造、高端装备、工业服务、战略性新兴等五大主导产业，引进华晨宝马第三工厂、宝马研发中心和动力电池中心、北方生物医药谷、微控飞轮储能等高质量项目 362 个，总投资约 1 200 亿元；引进采埃孚、本特勒、慕贝尔等外资项目 127 个，占比 35%。中德园已成为沈阳外资最为活跃的区域和展现辽宁对外开放成果的前沿阵地。

作为检测投资质量的一项重要指标，截至目前，中德园工业项目亩均投资强度达到 6 045 万元 /hm^2，税收强度达到 690 万元 / 亩，分别高于沈阳市控制指标均值 35% 和 85%。

4.5.2 企业示范案例

4.5.2.1 华晨宝马汽车有限公司动力总成工厂 —— 可持续智能化工厂典范

华晨宝马动力总成工厂是宝马集团最新的一家动力总成工厂。该厂位于辽宁省沈阳市经济技术开发区，占地面积 0.9km^2。2013 年 8 月开工建设，2016 年 1 月正式开业。根据世界级的工厂规划，动力总成工厂拥有发动机制造的完整工艺，即铸造、机器加工和总装以及完整的动力电池制造工艺。工厂还配有动力总成质量及性能测试中心和大型物流中心等设施。是全球最具可持续发展能力的动力总成工厂之一。动力总成工厂毗邻铁西整车工厂，由此实现更为高效的生产流程。

1. 可持续，全厂实现高效节能环保

为了实现可持续发展，新发动机工厂的布局设计科学、合理，采用诸多节能、减排措施。能源管廊在工厂建设初期最先完成，电力、供水、供热和通风的管道都集中在这条隧道里，并预留了足够空间。楼宇自动化系统集能耗监控、分析和实时调整于一身。逾万个探测器遍布厂房，对能源消耗情况进行24小时监控。照明采用屋顶自然采光和可智能调节照明强度的灯光设备。与宝马工厂传统供热系统相比，华晨宝马新发动机工厂所采用的废热回收技术使其供热能耗降低了高达80%。

2. 新铸造，全球绿色铸造引领者

铸造车间是新发动机工厂生产过程的起点。在生产曲轴箱的过程中，铸造车间采用了新型熔炉以降低能耗。该车间主要亮点包括以下几点。

（1）液态金属通过地下传输系统进行输送，可有效降低热量损失，实现更高效率和安全性。创新的中央供料系统，可节约供料。

（2）双模铸造技术，提升生产效率和能源使用效率。

（3）低压铸造技术，具有产量高、工艺参数控制精确等特点，同时能够达到很高的冶金技术质量标准。

（4）每个铸造件均有内置二维码，用来记录生产过程中的所有相关参数。

（5）工业4.0技术：有自学功能的X射线质量监测系统对工艺流程进行全程监测，确保产品无缺陷。

（6）完全使用无机粘结剂是目前十分先进的工艺，无机粘结剂是由具有水溶性的碱式硅酸盐材料制成，使生产过程中的有害物质排放接近于零，高效环保，无有害气味，有益于保护员工身体健康。

（7）大部分工艺沙可以实现循环利用，以达到节省新沙的效果。独特的电弧喷涂技术，是宝马集团的专利技术。该项技术取代了传统的内部镶嵌铸铁衬套技术，被应用于曲轴箱铝制压铸件的制造。涂层是由一种超薄液态金属颗粒层构成。经过电弧喷涂的气缸内壁能够有效降低摩擦系数，提升发动机燃油效率。同时，该项技术也令发动机重量更轻、导热性更好、使用寿命更长。

（8）具备热量回收功能的高效熔炉，所回收的热量被用于铝坯预热或室内供暖。

（8）铸造车间成品直送机加车间，可降低能耗、提升效率。

（9）华晨宝马新发动机工厂的铸造车间是宝马集团在全球的第二个铸造车间，借鉴了兰茨胡特铸造车间的所有先进技术和经验。

3. 高精度，机器加工技艺极精湛

机器加工车间生产发动机两大核心部件，产品包括缸体及缸盖。缸体毛坯铸件由内部铸造车间提供，缸盖毛坯铸件由外部供应商提供。在机器加工车间经过切削、钻孔、珩磨和机器人装配等工艺过程完成从毛坯到成品的制造。整个生产流程高度自动化，众多的在线检测设备确保了机器加工产品达到宝马技术规格要求。富有经验且技艺精湛的操作人员是高效生产和高品质产品的有力保证。

机器加工车间的主要亮点包括以下几点。

（1）采用与宝马欧洲发动机工厂相同的领先机械加工工艺，能够保证同样先进的质量和精度。

（2）每个机器加工工工位均采用先进的测量仪器和检具完成对产品特性的检测，确保符合宝马的技术要求。

（3）先进的清洗设备不仅保证了机器加工产品的清洁度要求，而且还在高压清洗过程当中对孔内毛刺进行去除。

（4）严苛的精度要求：以缸盖生产线为例，气门阀座与气门导管间的技术要求精度高达 6μm，相当于人类一根头发直径的 1/4。

4. 零缺陷，总装生产堪称艺术

总装车间充分体现了宝马发动机生产线的高度灵活性，能够同时生产 3 缸和 4 缸的各种型号发动机，不论功率输出和横、纵置，均可共线生产。确保所装配每一台发动机的质量是总装车间的首要宗旨，这里严格奉行“零缺陷”，即每一个工位都会全力保证不让有缺陷的机器进入下一个装配环节。所有关键工位均配有在线质检设备。每一台成品发动机均需经过机械和电子测试，对质量要求几近苛刻。

5. 新能源，六大服务构建完整的新能源生态体系

2017 年 10 月 24 日，华晨宝马沈阳动力电池中心正式揭幕。该中心位于沈阳铁西动力总成工厂厂区内，以本土化研发为主导力量，致力于打造符合

豪华汽车品牌要求的更具本土优势的高压动力电池技术。由此，华晨宝马将成为中国首家建立动力电池中心的豪华汽车制造商。

华晨宝马动力电池中心是宝马集团在全球的第三家以及在德国之外第一家完整的动力电池中心，集电池研发、生产及测试于一体，采用创新及内部定制的生产流程，进一步提升了华晨宝马在新能源汽车领域的实力。目前，华晨宝马正在研发、电池解决方案、技术创新、品牌与产品、充电与基础设施以及电动出行服务等六大方面积极构建完整的新能源生态体系。

6. 新标准，尖端科技确保高品质制造

除电池生产外，这座动力电池中心还整合了研发、质量、实验室、采购与供应链管理等功能。强大的生产能力，为实现动力电池的安全性、耐久性与性能的最佳组合打下了坚实基础，同时产品能够更快地推向市场。

宝马集团目前采用的高压动力电池生产过程分为两个阶段。首先，在高度自动化的过程中，标准规格的锂离子电芯经自动检验后，组合成为更大的电池模组。在第二阶段，电池模组与连接件、控制单元以及冷却单元一起整合在铝制外壳中，组装为完整的高压动力电池。这种生产模式有两大决定性优势：一是标准化模块确保了生产中统一的质量标准，并为广泛适应宝马新能源车型打下基础，模块化概念也可以快速响应客户的需求；二是铝制外壳的尺寸、形状及所用的模组数量可以按需适配于各款宝马车型。

在华晨宝马新的动力电池中心，基于新的双模组电池技术，创新的生产工艺得到了进一步升级。该中心是宝马集团在德国以外的首家拥有完整电池装备能力的电池中心，从而获得了更高的生产效率。由锂离子电芯到双模组的高度自动化生产流程中，先进的机器人技术被用来确保精度的最大化。

“工业 4.0”设计理念同样贯彻于这座中心，为中国的高压动力电池生产设立了新标准。在大数据方面，IPM 整合流程管理系统可以追溯从电池元件诞生到动力电池投入使用的全过程，甚至包括紧固扭矩信息，从而进行质量管理。自动激光焊接提供高精度且稳定的焊接质量，增加了模组框架的强度及电极连接的可靠性，以确保电池的性能和安全性。由 3D 相机进行的光学检查，负责检验焊接异常趋势，验证和优化焊接质量，来防止质量缺陷的产生。

整个生产过程的工作环境都有严格的清洁度及温湿度控制。等离子清洁技术的应用，保证元件的表面清洁度并提升表面张力，使元件之间的绝缘箔片及胶可以更好地附着在金属表面上。在双模组生产的最后阶段，全封闭的工作站更严格控制相对湿度低于 31%，以确保涂胶质量。机械臂上的吸盘结构也是自动生产线的一大亮点，通过吸盘来抓取并传送电芯元件，既不会携带杂质，又避免了手动操作可能的风险。

4.5.2.2. 新东北电气集团高压开关有限公司 —— 电镀环保技术革命

新东北电气集团高压开关有限公司及其子公司是专业设计、开发、制造及销售用于电力传输及配送系统的高压、超高压、特高压开关电气制造企业，是中国三大高压开关制造商之一。新东北电气集团高压开关有限公司生产基地位于沈阳经济技术开发区和营口经济技术开发区，两大生产基地占地 55 万 m^2，年生产能力规模达 100 亿元人民币。

沈阳经济技术开发区特高压开关生产制造基地及研发基地的表面分厂拥有 12 条电镀生产线，可进行镀银、镀锌、镀铬、电抛光等自动化、半自动化生产作业，其自动化程度、操纵方式、环保措施等方面均已达到国内先进水平。新东北电气集团高压开关有限公司依托先进设备开发出了成熟稳定的电镀工艺，可以满足各种高压开关产品导体等关键零部件电镀质量及产能需要，拥有五条大型涂装生产线，可以满足产品的涂装要求。

1. 无氰镀银，新型环保技术革命

2020 年 10 月，新东北电气集团高压开关有限公司表面分厂“无氰镀银在高压电气产品零部件的研发及应用”通过了中国表面工程协会鉴定，作为一种新型无氰电镀银技术，电镀液采用双络合体系，工艺范围宽、镀液分散能力好、深镀能力强，电流效率高达 98% 以上；镀层结合力好、抗变色能力强，无氰镀银层各项性能达到了氰化镀银指标；避免了氰化物的危害；电镀废水易回收处理，消除了二次污染；属于绿色生产工艺，在铜及铜合金、高硅铸铝、锻铝等高压开关产品零部件的规模化生产，该技术水平经专家委员会鉴定为国际先进水平。

2. 循环改造，实现 PFOS、六价铬闭路循环

为削减中国六价铬及 PFOS（铬雾抑制剂）对环境的污染，国家生态环境部与世界银行合作开展了“中国六价铬及 PFOS 优先行业削减与淘汰项目”之“电镀行业镀铬生产线闭路循环系统改造示范活动”。

新东北电气集团高压开关有限公司作为中国表面工程协会的副理事长单位，自主实施原镀铬生产线闭路循环改造，实现在整个电镀过程包括前处理、电镀、后处理都不向环境排放 PFOS、六价铬。

改造后的闭路循环镀铬生产线，可实现铬、水、PFOS 循环使用。铬的回用率达到 95%，铬漂洗水无排放，95% 以上的水可实现循环使用；PFOS 回用率达 95%，约 5% 的 PFOS，经废水处理后排放，排放水中的 PFOS 可达到 0.1μg/L、污泥中的 PFOS 达到 0.002mg/L。

4.5.2.3 特变电工沈阳变压器集团有限公司 —— 新能源重大装备全替代

特变电工沈阳变压器集团有限公司（简称“特变电工沈变公司”，原沈阳变压器厂），始建于 1938 年，2004 年企业改制，被特变电工股份有限公司收购，成立为特变电工沈阳变压器集团有限公司，是特变电工股份有限公司（证券代码：600089）的全资子公司，其是变压器产业集团的核心企业、中国重大装备制造业核心骨干企业。公司拥有中国变压器行业唯一的国家工程实验室，是行业历史最长、规模最大、技术实力最强的骨干龙头企业，中国特高压、大容量、直流输电产品的重要研发基地，全面掌握火电、水电、核电产品核心技术。公司先后荣获“全国五一劳动奖状”“中国名牌”“国家高新技术企业”等至高荣誉，被誉为国企改革的一面旗帜。

1. 重研发，重大装备走向世界

公司占地面积约 72 万 m^2，拥有高精尖生产、试验设备 560 余台（套），变压器单厂产能超过 1 亿 kVA，居世界首位。公司拥有中国变压器行业唯一国家工程实验室，通过了多项质量、环境、卫生、安全国际管理体系认证。公司积极推动生产自动化发展、产品智能化、管理和服务信息化，全面承接了国家重大装备制造业振兴国产首台（套）产品的研制任务，成功实现了世界高电压等级特高压交流 ±1 100kV、直流 ±800kV 产品投运。十余年来，公司累计开发新产品 99 种，研发的各类专利技术超过 200 件，参与国内外 53 项行业标准制定，荣获国家、省、市科技进步奖 60 余项，其中国家科技进步一等奖、特等奖 4 项，中国机械工业科技进步特等奖及一等奖 10 余项。公司积极利用国际、国内两个市场、两种资源，在服务中国电力建设的同时，积极走出去，实施国际化发展，截至 2021 年年底已在世界八大区域设立了 27 个海外办事处，产品销往 30 余个国家和地区，成功启动了在印度建厂，实现了高端产品向美国、加拿大、俄罗斯等国的批量出口，并先后承接了印度、巴基斯坦、菲律宾等国的项目，成功建成了具有强大输变电集成总包能力的印度装备制造基地，实现了从“装备中国”到“装备世界”的飞跃。

2. 全产业，实现上下游全国产

公司积极解决重大装备“空心化”问题，全面替代进口，保障国家产业安全，完成了高压开关、地理信息系统 GIS、互感器、高压套管、二次控制设备及集成技术的产业整合，大力推进了现代物流、变压器修试等制造服务业务，形成了较为完善的输变电产品上下游产业链，具有强有力的输变电国际成套工程承接能力。公司的发展得到了党以及社会各界的关注和肯定，并对公司给予了高度评价。公司荣获了“中国工业大奖”“中国产品”“全国五一劳动奖状”“全国企业文化建设单位”等诸多荣誉称号。

3. 拓领域，打造全球信赖的服务商

在“十三五”时期，特变电工沈阳变压器公司将在做强、做优主业的同时，积极向上下游产业延伸，实现了从国内向国际、从单机向成套、从制造业向制造服务业的三大延伸，大力实施国际化发展和人才兴企战略，实现了销售收入超过 100 亿、国际化占比 50% 以上的发展目标，以绿色科技、智能环保、可靠高效的高技术、高附加值产品和服务，努力保持行业地位，打造全球信赖的服务商。

4.5.2.4 沈阳紫光中德技术有限公司 —— 云服务提供商

1. 紫光集团“一二三”战略，成为世界级“从芯到云”的高科技产业集团

紫光集团是中国大型综合性集成电路领军企业、全球第三大手机芯片设计企业和领先的全产业链云网设备和服务企业，致力于成为世界级“从芯到云”的高科技产业集团。

（1）一个定位：世界级“从芯到云”的高科技产业集团。

（2）两条路径：自主创新，国际合作。

（3）三个结合：企业战略与国家战略相结合，科技产业与商业现实相结合，本土雄心与跨国经营相结合。

2. 紫光中德，助力辽沈地区制造业数字化转型

沈阳紫光中德技术有限公司于 2018 年由紫光集团投资落地沈阳经济技术开发区，是清华大学所属紫光集团布局东北的总部型公司。以紫光云沈阳

城市节点为依托，着力打造“一中心、二领域、多平台”，聚集工业互联网领域服务工业企业、助力产业升级，聚焦城市数字孪生领域服务新型智慧城市，助力城市转型。

2019 年紫光中德开始深入到行业级工业互联网的研发和推广中，基于汽车零部件行业的、输配电行业的供应链和协同制造平台，通过工业互联网云服务，来提升企业与供应商之间协同制造能力，以及对于供应商制造情况追溯管理的能力。

2020 年紫光中德推出以宝马供应链精髓为内核的智慧供应链平台，开启了与华晨汽车、北方重工、远大智能等龙头企业的全面合作；以紫光中德为主体的联合体中标 2020 年工业互联网创新发展工程。紫光中德技术有限公司申报的辽宁省输配电工业互联网平台上榜工业和信息化部于 2020 年 12 月 24 日公布的 2020 年制造业与互联网融合发展试点示范名单（面向区域的特色工业互联网平台名单）。

2021 年，紫光中德技术有限公司开发了基础机械关键零部件国家公共服务平台，该平台由闻邦椿院士团队设计建设，通过云计算、人工智能等新技术创新赋能，打造国家高端装备精密制造研究领域的集创新型、流量型、突破型、引领型、平台型为一体的机械设计云平台。

3. 紫光云创新推广中心，赋能区域产业升级

依托紫光云的技术与产业优势，打造数字中德·紫光云创新中心，云集“研发 + 云产品 + 孵化器 + 生态赋能”等核心要素，着重于以创新技术产品为生态企业赋能，推广和展示工业互联网先进应用与发展。

该中心按照“一云两平台三中心”的总体设计框架，形成了一批用于技术开发验证、测试评估、推广应用的工具，制定了一批应用标准，创建了一批系统解决方案落地模式。对外提供供需对接、培训推广、实景体验等服务，推动了工业互联网平台的应用普及。

4. 紫光云城市数字孪生服务，助力城市转型

建设中德 5G 数字孪生产业园，通过以 5G 数字孪生技术先进性为引领的产业数字底座，为园区企业全生命周期发展打造高标准、高效率、数字化、智能化的公共服务获得感。

4.5.3 城市生态服务提升示范案例 —— 中德公园

中德公园位于开发22号路与浑河24街东南侧，东西宽521m，南北735m，公园定位为城市级生态公园。

1. 功能全，市民休闲新场所

中德公园由五大功能区组成：公园中部以中央湖区为核心，通过景观飘桥、水上瞭望塔等打造湖区水上乐园，并连通既有细河水系；公园北部定位为林荫休憩区，设置林下休憩空间及植物科普园，为市民提供舒适、简约的活动休闲场所；公园东侧为生态观景区，内设银杏园、观景平台等；公园西侧为滨水湿地区，通过河、边沟、绿岛等元素形成雨水花园；公园南部为文化展示区，也是公园正门所在，主要以汽车文化为主题，以廊架、构筑、雕塑、装置艺术等塑造主题公园，形成沈阳西部一处全新网红打卡取景地。

公园以主环路作为景观轴线，湖区设环湖立体交通作为中央湖区游憩路，联通主环路，形成“两环、多点、内静外动”的公园形象。

2. 国际化，中德元素巧妙契合

“国际化”是这座公园的最大特色，公园环湖塑胶跑道采用了象征德国工业元素的蓝、白两种颜色；树种选择上，则以象征中国元素的红、黄花系为主，实现了中国与德国元素的巧妙契合。

3. 生态化，绿色发展贯穿始终

目前，中德公园在一期绿化、水系等生态建设基础上已经启动二期建设，重点是增加园区内互动游乐设施：增补滨水廊架、滑板广场、室外网球场、五人制足球场等运动休闲设施。公园二期建设也将增加大量下沉式绿地海绵系统，采用智能化碳纤雨水收集模块对雨水进行最大程度的收集与利用，大力贯彻“绿色发展和精细管理”理念。

4. 景观化，城市服务新地标

中德公园绿化总面积23.8万m^2，全园绿植以常绿树和落叶树4∶6的比例配置，营造“四季常绿、三季有花”的景观效果。公园内乔木以银中杨、美国红枫、云杉、金丝垂柳、栾树等为主，亚乔及灌木以京桃、暴马丁香、紫叶稠李等为主，地被主要采用八宝景天、兰花鼠尾草、草坪等覆盖。

5 绿色低碳发展水平评估

5.1 园区绿色低碳发展现状水平

5.1.1 经济发展现状

5.1.1.1 工业总产值

由于本次核算边界为国家生态工业示范园区，园区以工业生产为主，第一、三产业产值为2016—2021年生态工业园区分行业工业总产值见表5.1，2016—2021工业总产值变化情况见图5.1。

表5.1 2016—2021分行业工业总产值（单位:亿元）

行业代码	行业名称	2016	2017	2018	2019	2020	2021
08	黑色金属矿采选业	0.0	0.0	0.0	0.0	0.2	0.0
13	农副食品加工业	2.0	1.7	0.8	1.0	2.8	2.4
14	食品制造业	23.5	24.6	25.8	28.0	29.8	29.2
15	酒、饮料和精制茶制造业	22.6	22.9	23.4	26.3	26.3	31.6
17	纺织业	0.7	0.0	0.0	0.0	0.0	2.3

续表

行业代码	行业名称	2016	2017	2018	2019	2020	2021
18	纺织服装、服饰业	0.4	0.3	0.3	0.6	0.4	0.3
20	木材加工和木、竹、藤、棕、草制品业	0.4	0.0	0.5	0.3	0.2	0.1
21	家具制造业	0.0	0.0	1.4	1.6	1.3	1.6
22	造纸和纸制品业	3.8	3.8	4.5	4.3	4.4	5.2
23	印刷和记录媒介复制业	2.6	2.4	3.9	4.0	4.6	4.6
25	石油、煤炭及其他燃料加工业	84.4	65.3	66.1	68.7	27.6	40.0
26	化学原料和化学制品制造业	2.1	2.6	2.9	4.4	34.2	8.1
27	医药制造业	80.8	96.1	118.8	132.2	120.7	112.2
29	橡胶和塑料制品业	22.8	25.7	71.8	71.6	72.8	10.3
30	非金属矿物制品业	5.1	5.9	7.3	10.1	9.2	7.8
31	黑色金属冶炼和压延加工业	0.8	0.7	4.7	6.1	8.9	12.1
32	有色金属冶炼和压延加工业	7.8	5.6	3.4	3.5	4.3	4.4
33	金属制品业	96.8	89.4	94.7	25.9	28.1	33.4
34	通用设备制造业	285.5	296.1	303.7	188.2	163.8	193.8
35	专用设备制造业	122.0	125.9	100.1	62.5	73.3	88.6
36	汽车制造业	124.6	681.8	749.4	662.4	835.5	910.7
37	铁路、船舶、航空航天和其他运输设备制造业	24.8	32.2	27.3	25.6	19.6	21.7
38	电气机械和器材制造业	147.6	149.5	80.9	77.9	72.5	74.8

续表

行业代码	行业名称	2016	2017	2018	2019	2020	2021
39	计算机、通信和其他电子设备制造业	6.7	6.9	7.0	6.5	8.5	10.6
40	仪器仪表制造业	1.4	1.8	2.5	3.0	9.4	11.0
41	其他制造业	1.8	1.9	2.5	2.0	2.8	2.0
43	金属制品、机械和设备修理业	0.4	0.0	0.2	0.2	2.0	2.5
44	电力、热力生产和供应业	6.3	5.9	14.2	16.5	16.5	10.0
45	燃气生产和供应业	3.3	3.6	4.2	4.0	4.5	5.0
46	水的生产和供应业	0.0	0.0	1.7	1.5	1.4	1.6
合计		1 081	1 652	1 724	1 438.9	1 585.6	1 637.9

图 5.1　2016—2021 年生态工业园区产值变化图

从图 5.1 可以看出，生态工业园区工业总产值呈现增长趋势，2019 年有所回落，2019 年至 2021 年逐步增加，平均增长率为 10.83%。

5.1.1.2 产业结构

图 5.2 给出了生态工业园区 2021 年各行业的产业结构占比，可以看出，生态工业园区产业结构以汽车制造业为主，占比为 55%，其次为高端装备制造业、化工制药、食品饮料和金属制品业，占比分别为 24%、10%、4% 和 2%，剩余其他行业总计占比 5%。

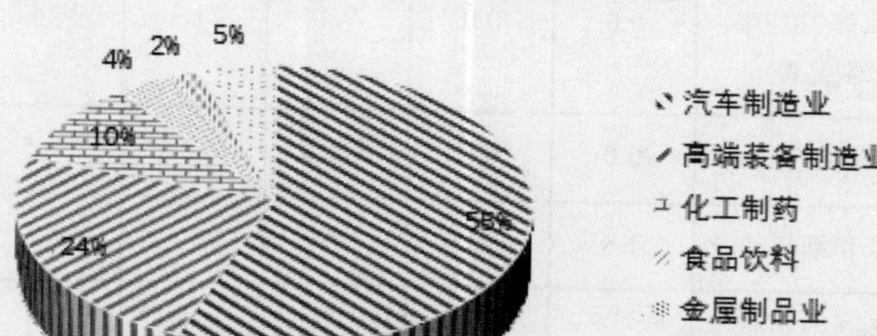

图 5.2 2021 年生态工业园区产业结构图

5.1.2 碳排放现状核算

5.1.2.1 能源消费统计

生态工业园区 2016—2021 各领域分行业能源消费见表 5.2，调入电力统计情况见表 5.3。2016—2021 年能源消费变化情况见图 5.3。

表 5.2 2016—2021 年各领域分行业能源消费量（单位:t 标准煤）

领域	行业代码	行业名称	2016	2017	2018	2019	2020	2021
工业领域	13	农副食品加工业	281.3	877.6	345.2	299.5	637.7	399.2
	14	食品制造业	4 313.0	4 754.9	4 232.1	4 521.8	8 278.5	4 765.4
	15	酒、饮料和精制茶制造业	12 361.7	2 078.6	3 337.2	3 617.7	1 413.4	3 297.1
	17	纺织业	0.0	0.0	0.0	0.0	0.0	4 634.0

续表

领域	行业代码	行业名称	2016	2017	2018	2019	2020	2021
工业领域	18	纺织服装、服饰业	0.0	44.1	41.1	27.4	7.7	0.0
	20	木材加工和木、竹、藤、棕、草制品业	0.0	0.0	9.4	21.3	29.4	10.3
	21	家具制造业	0.0	0.0	676.8	372.6	336.5	331.1
	22	造纸和纸制品业	1.8	490.9	10.4	29.8	30.9	34.0
	23	印刷和记录媒介复制业	447.6	579.0	569.1	614.6	701.9	884.9
	26	化学原料和化学制品制造业	1 246.0	382.9	1 367.3	1 511.5	2 949.5	3 345.3
	27	医药制造业	48 473.7	328.8	45 896.7	38 712.4	39 879.0	41 803.1
	29	橡胶和塑料制品业	4 072.7	3 080.6	2 765.2	2 583.0	5 477.8	311.6
	30	非金属矿物制品业	1 234.3	571.9	459.1	1 349.2	1 417.4	2 125.3
	31	黑色金属冶炼和压延加工业	0.0	24.9	40.6	76.3	46.2	144.1
	32	有色金属冶炼和压延加工业	49.8	0.0	99.3	335.8	259.9	360.1
	33	金属制品业	15 199.3	13 702.8	15 370.2	21 114.5	13 201.8	13 872.9
	34	通用设备制造业	7 938.6	8 654.6	6 938.1	5 562.7	3 937.1	4 285.4
	35	专用设备制造业	2 536.8	2 394.8	2 578.4	2 581.7	3 893.7	48 73.0

续表

领域	行业代码	行业名称	2016	2017	2018	2019	2020	2021
工业领域	36	汽车制造业	1 093.4	2 940.8	4 452.2	1 954.4	1 964.1	3 011.0
	37	铁路、船舶、航空航天和其他运输设备制造业	2 519.4	80.4	2 563.0	2 808.0	2 828.6	2 949.3
	38	电气机械和器材制造业	5 339.8	4 881.0	4 675.2	3 864.9	4 272.3	641.5
	39	计算机、通信和其他电子设备制造业	0.0	352.5	0.0	0.0	32.5	32.5
	40	仪器仪表制造业	127.8	153.5	130.7	164.1	412.2	798.0
	41	其他制造业	61.5	0.0	109.3	51.5	49.8	110.0
	43	金属制品、机械和设备修理业	0.0	0.0	48.9	42.8	14.2	39.4
能源加工转换	25	石油、煤炭及其他燃料加工业	2 014 093.1	1 602 825.6	1 095 567.1	1 322 940.1	748 859.5	773 105.1
	44	电力、热力生产和供应业	324 434.9	294 446.8	380 200.9	401 541.9	387 167.7	230 938.7
	45	燃气生产和供应业	0.0	0.0	0.0	0.0	0.0	12.9
调入电力			266 789.5	296 785.8	329 514.9	314 414.8	310 502.9	368 417.3
合计			2 712 616	2 240 432.8	1 901 998.4	2 131 114.1	1 538 602.2	1 465 532.5

表 5.3 2016-2021 年生态工业园区调入电力

指标	2016	2017	2018	2019	2020	2021
工业调入电量 / 万 KW·h	209 326	233 245	259 378	246 438	242 260	174 111
居民生活用电量/万KW·h	7 752	8 240	8 738	9 392	10 387	11 177
服务业用电量 / 万 KW·h						114 482
总调入电量	217 078	241 486	268 116	255 830	252 647	299 770
折标煤 / 标煤	266 789.5	296 785.8	329 514.9	314 414.8	310 502.9	368 417.3

注：由于生态工业园区服务业用电量无统计数据，2021 年数据根据商业和公共设施用地面积和用电负荷估算，2016—2020 年数据缺失。

图 5.3 2016-2021 年生态工业园区能源消费量

从图 5.3 可以看出，2016—2021 年生态工业园区能源消费量呈明显下降趋势，2021 年能源消费相对 2016 年下降 46%。

5.1.2.2 能源消费结构

对生态工业园区 2016—2021 年煤炭、石油及石油制品、天然气和调入电力分品种能源消费情况进行统计，见表 5.4、图 5.4。

表 5.4 分品种能源消费量（单位：万 t 标煤）

能源品种	2016	2017	2018	2019	2020	2021
煤炭	135.55	78.07	48.17	51.72	47.78	32.81
石油及石油制品	104.81	112.72	105.08	125.53	70.78	72.80
天然气	4.22	3.58	4.00	4.42	4.25	4.11
调入电力	26.68	29.68	32.95	31.44	31.05	36.84
合计	271.26	224.05	190.20	213.11	153.86	146.56

	2016	2017	2018	2019	2020	2021
调入电力	9.8%	13.2%	17.3%	14.8%	20.2%	25.1%
天然气	1.6%	1.6%	2.1%	2.1%	2.8%	2.8%
石油及石油制品	38.6%	50.3%	55.2%	58.9%	46.0%	49.7%
煤炭	50.0%	34.8%	25.3%	24.3%	31.1%	22.4%

图 5.4 2016—2021 年生态工业园区分品种能源消费比例

从能源消费比例看，生态工业园区能源结构以煤炭和石油为主，随着能源结构的不断调整，煤炭在能源消费中的占比从 2016 年的 50% 下降至 2021 年的 22.4%，电力占比从 2016 年 9.8% 上升至 2021 年的 25.1%。

5.1.2.3 碳排放趋势及现状特征

1. 能源活动碳排放

根据 2016—2021 年生态工业园区各领域分行业能源消费数据和排放因子，计算得到能源活动碳排放见表 5.5。

表 5.5 2016—2021 各领域分行业能源活动碳排放量（单位：tCO_2）

领域	行业代码	行业名称	2016	2017	2018	2019	2020	2021
工业领域	13	农副食品加工业	739.4	1 513.0	607.0	529.7	1 168.9	705.3
	14	食品制造业	6 797.9	7 433.1	6 620.7	7 069.5	12 929.3	7 462.6
	15	酒、饮料和精制茶制造业	19 509.2	3 363.4	5 309.7	5 708.8	2 268.5	5 204.9
	17	纺织业	0.0	0.0	0.0	0.0	0.0	7 236.8
	18	纺织服装、服饰业	0.0	76.4	71.0	47.3	13.2	0.0
	20	木材加工和木、竹、藤、棕、草制品业	0.0	0.0	16.3	36.9	50.9	17.8
	21	家具制造业	0.0	0.0	1 056.4	587.4	530.3	520.6
	22	造纸和纸制品业	3.2	780.9	18.0	51.5	53.4	58.8
	23	印刷和记录媒介复制业	707.8	1 001.7	919.1	1 021.5	1126.3	1 410.0
	26	化学原料和化学制品制造业	2 037.9	662.5	2 365.4	2 614.9	5 089.2	5 787.3
	27	医药制造业	128 938.0	568.8	121 500.6	102 456.0	13.2	0.0

续表

领域	行业代码	行业名称	2016	2017	2018	2019	2020	2021
工业领域	29	橡胶和塑料制品业	7 898.5	4 832.0	4428.9	4 167.2	50.9	17.8
	30	非金属矿物制品业	3 206.8	899.6	721.1	2 170.9	530.3	520.6
	31	黑色金属冶炼和压延加工业	0.0	43.1	69.2	130.8	53.4	58.8
	32	有色金属冶炼和压延加工业	86.2	0.0	171.8	573.0	1 126.3	1 410.0
	33	金属制品业	23 865.8	21 412.2	24 003.5	32 963.3	5 089.2	5 787.3
	34	通用设备制造业	15 083.2	15 756.3	12 886.9	9 143.5	105 110.8	110 592.0
	35	专用设备制造业	4 063.2	4 026.6	4 189.6	4 159.8	8 664.8	523.7
	36	汽车制造业	1 776.3	4 732.3	7 089.7	3 122.5	2 245.6	3 339.3
	37	铁路、船舶、航空航天和其他运输设备制造业	4 070.4	139.2	4 133.7	4 504.9	78.8	240.9
	38	电气机械和器材制造业	11 765.1	7 770.2	7374.4	6 099.7	449.6	623.0
	39	计算机、通信和其他电子设备制造业	0.0	609.7	0.0	0.0	20 611.8	21 681.4
	40	仪器仪表制造业	221.1	265.5	226.2	281.7	6 383.2	6 952.1
	35	专用设备制造业	4 063.2	4 026.6	4 189.6	4 159.8	6 204.9	7 712.4

续表

领域	行业代码	行业名称	2016	2017	2018	2019	2020	2021
工业领域	36	汽车制造业	1 776.3	4 732.3	7 089.7	3 122.5	3 126.6	4 814.1
	37	铁路、船舶、航空航天和其他运输设备制造业	4 070.4	139.2	4 133.7	4 504.9	4 551.6	4 746.7
	38	电气机械和器材制造业	1 1765.1	7 770.2	7 374.4	6 099.7	6 752.6	1 078.8
	39	计算机、通信和其他电子设备制造业	0.0	609.7	0.0	0.0	56.2	56.2
	40	仪器仪表制造业	221.1	265.5	226.2	281.7	690.4	1289.8
	41	其他制造业	106.5	0.0	189.1	88.8	86.2	190.3
	43	金属制品、机械和设备修理业	0.0	0.0	84.6	74.0	24.6	68.2
能源加工转换	25	石油、煤炭及其他燃料加工业	4 391 032.4	3 223 338.8	1 946 803.6	2 361 694.1	1 344 265.0	1 392 166.0
	44	电力、热力生产和供应业	862 834.0	783 228.6	1 010 753.0	1 067 151.5	1 029 198.3	614 069.3
	45	燃气生产和供应业	0.0	0.0	0.0	0.0	0.0	22.2
合计			5 484 742.9	4 082 453.9	3 161 609.5	3 616 449.2	2 561 731.3	2 198 570.6

2. 调入电力碳排放

根据 2016—2021 年生态工业园区调入电力和排放因子，排放因子采用煤电因子 0.853 t CO_2/MW·h，计算得到能源活动碳排放见表 5.6。

表 5.6 2016—2021 年生态工业园区调入电力碳排放

指标	2016	2017	2018	2019	2020	2021
调入电量 /（万 KW·h）	217 078	241 486	268 116	255 830	252 647	299 770
折标煤 /（万 t 标煤）	26.68	29.68	32.95	31.44	31.05	36.84
二氧化碳排放量 /（万 t CO_2）	168.65	187.61	208.30	198.75	196.28	232.89

3. 碳排放量汇总

2016—2021 年生态工业园区碳排放量见表 5.7 和图 5.5。

表 5.7 2016—2021 年生态工业园区碳排放量（单位:万 t CO_2）

序号	领域	2016	2017	2018	2019	2020	2021
1	工业领域	23.09	7.59	20.41	18.76	18.83	19.23
2	能源加工转换领域	525.39	400.66	295.76	342.88	237.35	200.63
3	调入电力	168.6	187.6	208.3	198.8	196.3	232.9
合计		717.1	595.9	524.5	560.4	452.5	452.7

图 5.5　2016—2021 年生态工业园区碳排放总量

从图 5.5，可以看出 2016—2021 年生态工业园区碳排放量明显下降趋势，2021 年相对 2016 年下降 36.9%。

4. 碳排放与污染物减排协同效应分析

2016—2021 年，生态工业园主要大气污染物 SO_2 和 NO_x 排放量见表 5.8。

表 5.8　2016—2021 年生态工业园区污染物排放总量（单位:t）

年份	SO_2	NO_x
2016	2 082.47	1 621.51
2017	1 752.76	1 326.47
2018	1 664.34	1 079.14
2019	1 516.76	574.02

续表

年份	SO_2	NO_x
2020	787.76	573.50
2021	750.18	665.89
污染物排放与 CO_2 排放相关系数	0.916 3	0.849 3

从表 5.8 可以看出，2016—2021 年 SO_2、NO_x 排放逐渐下降，与碳排放趋势相同，二者均实现了大量的减排。通过相关性计算，SO_2 排放与碳排放之间的相关系数为 0.916 3，NO_x 排放与碳排放之间的相关系数为 0.849 3。

5.1.2.4 各领域排放增幅及占比

1. 各领域碳排放占比

根据编制指南，计算生态工业园区 2017—2021 年各领域碳排放量占碳排放总量比重，第 y 年第 j 个领域碳排放占比 $= \frac{CO_{2,y,j}}{\text{本省（区、市）碳排放总量 } y}$，计算结果见表 5.9 和图 5.6。

表 5.9 各领域碳排放量占比（单位:%）

序号	领域	2016	2017	2018	2019	2020	2021
1	工业领域	3.22	1.27	3.89	3.35	4.16	4.25
2	能源加工转换领域	73.26	67.24	56.39	61.19	52.46	44.31
其中	石油、煤炭及其他燃料加工业	61.23	54.10	37.12	42.14	29.71	30.75
	电力和燃气供应	12.03	13.14	19.27	19.04	22.75	13.56
3	调入电力	23.52	31.49	39.72	35.47	43.38	51.44

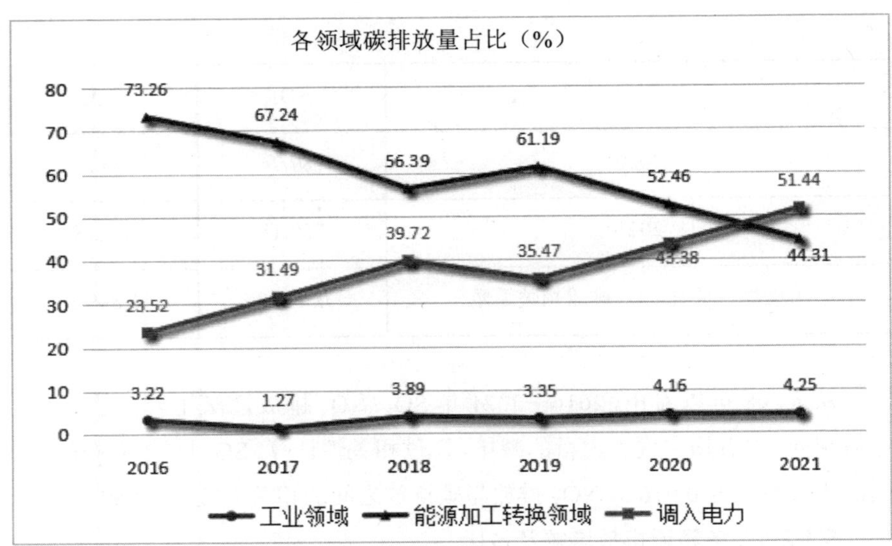

图 5.6　2016—2021 年生态工业园区碳排放总量

从表 5.9 和图 5.6 可以看出，园区碳排放主要领域为能源加工转换领域，其次为调入电力，工业领域排放量较小；能源加工转换领域中石油化工行业占比较大，2016 年占比达到 61.23%，生态工业园区内仅有一家企业属于石油化工行业，为沈阳石蜡化工有限公司，因此针对该企业的减排措施将大幅度削减生态工业园区的碳排放量。

从 2016—2021 年的变化趋势来看，能源加工转换领域占比逐步降低，从 2016 年的 73.26% 下降至 2021 年的 44.31%，随着调入电力量的增加，调入电力碳排放比例不断增加，从 2016 年的 23.52% 增加至 2021 年的 51.44%。

2. 各领域碳排放增幅

根据编制指南，计算生态工业园区 2017—2021 年碳排放量相对 2016 年碳排放量增幅，分析碳排放总量历史变化趋势与规律，第 y 年第 j 个行业碳排放相对 2016 年第 j 个领域的增幅。

根据以上，计算各领域 2017—2021 年碳排放量增幅见表 5.10。

表 5.10　各领域碳排放增幅（单位:%）

序号	领域	2017	2018	2019	2020	2021
1	工业领域	-67.13	-11.62	-18.74	-18.46	-16.70
2	能源加工转换领域	-23.74	-43.71	-34.74	-54.82	-61.81
其中	石油、煤炭及其他燃料加工业	-26.59	-55.66	-46.22	-69.39	-68.30
	电力和燃气供应	-9.23	17.14	23.68	19.28	-28.83
3	调入电力	11.24	23.51	17.85	16.38	38.09

从表 5.10 可以看出，2017—2021 年随着产业结构不断升级和能源结构调整，工业领域碳排放量呈持续下降趋势，增幅在 -67.13% ～ -11.62% 之间，能源加工转换领域碳排放量呈持续下降趋势，增幅在 -61.81% ～ -23.74% 之间，调入电力碳排放量呈明显增加趋势，增幅在 11.24% ～ 38.09% 之间。

5.1.2.5　分品种化石能源、调入电力碳排放增幅及占比

1. 分品种能源、调入电力碳排放量和占比

根据分品种能源消费情况和调入电力量计算碳排放量和占比情况，第 y 年第 i 种能源的碳排放占比 $=\dfrac{CO_{2,y,j}}{\text{本省（区、市）碳排放总量}\ y}$，计算结果见表 5.11 和表 5.12。

表 5.11　分品种化石能源、调入电力碳排放量（单位:万 t CO_2）

能源品种	2016	2017	2018	2019	2020	2021
煤炭	360.57	207.66	128.14	137.58	127.09	87.26
石油及石油制品	181.32	195.01	181.78	217.17	122.45	125.94

续表

能源品种	2016	2017	2018	2019	2020	2021
天然气	6.59	5.58	6.24	6.89	6.63	6.41
调入电力	168.65	187.61	208.30	198.75	196.28	232.89
合计	717.13	595.86	524.46	560.39	452.45	452.50

表 5.12　分品种化石能源、调入电力碳排放占比（单位:%）

能源品种	2016	2017	2018	2019	2020	2021
煤炭	50.28	34.85	24.43	24.55	28.09	19.28
石油及石油制品	25.28	32.73	34.66	38.75	27.06	27.83
天然气	0.92	0.94	1.19	1.23	1.47	1.42
调入电力	23.52	31.49	39.72	35.47	43.38	51.47

从分品种能耗和调入电力占比情况分析，生态工业园区 2016—2021 年产业结构逐步优化，天然气和调入电力占比明显增加，煤炭消耗量持续下降，从 50.28% 下降至 19.28%，石油及石油制品在 2019 年之前呈增加趋势，2019—2021 年有下降趋势。

2. 分品种能源、调入电力碳排放量增幅

计算生态工业园 2017—2021 年的煤炭、石油、天然气、调入电力碳排放相对 2016 年碳排放增幅，第 y 年第 i 种能源碳排放相对 2016 年第 i 种能源碳排放的增幅，计算结果见表 5.13。

表 5.13　分品种能源、电力调入碳排放量增幅（单位:%）

能源品种	2017	2018	2019	2020	2021
煤炭	−42.4	−64.5	−61.8	−64.8	−75.8
石油及石油制品	7.5	0.3	19.8	−32.5	−30.5
天然气	−15.3	−5.3	4.6	0.7	−2.7
调入电力	11.2	23.5	17.9	16.4	38.1

从表 5.13 可以看出，煤炭碳排放量呈持续下降趋势，增幅在 −75.8% 到 −42.4% 之间，石油制品碳排放量 2017—2019 年呈上升趋势，2020—2021 年明显下降，2021 年增幅为 −30.5%，天然气碳排放变化不大，调入电力碳排放量呈明显上升趋势，总体增幅在 11.2%～38.1% 之间。

5.1.2.6　碳排放指标

根据前述碳排放总量和经济指标，核算生态工业园区碳排放指标计算结果见表 5.14，生态工业园区单位产值碳排放量见图 5.7。

表 5.14　生态工业园区碳排放指标

序号	指标	2016	2017	2018	2019	2020	2021
1	工业总产值（亿元）	1 080.9	1 652.5	1 724.2	1 438.9	1 585.4	1 637.8
2	碳排放总量（万 t CO_2）	717.1	595.9	524.5	560.4	452.5	452.7
3	单位产值碳排放量（t CO_2/万元）	0.663	0.361	0.304	0.389	0.285	0.276

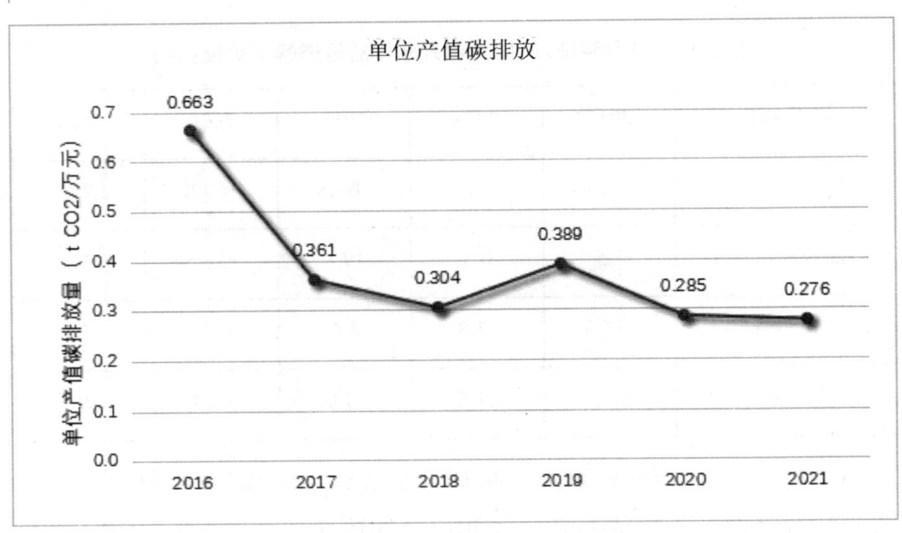

图 5.7　2016—2021 年生态工业园区单位产值碳排放量（t CO_2 / 万元）

5.1.3　园区碳汇现状核算

5.1.3.1　核算方法

参照《省级温室气体清单编制指南（试行）》（发改办气候〔2011〕1041号），森林和其他木质生物质生物量碳贮量的变化，包括乔木林（林分）生长生物量碳吸收、散生木、四旁树、疏林生长生物量碳吸收；竹林、经济林、灌木林生物量碳贮量变化；以及活立木消耗碳排放。具体计算方法如下。

$$\Delta C_{生物量}=\Delta C_{乔}+\Delta C_{散四疏}+\Delta C_{竹经灌}-\Delta C_{消耗}$$

式中：$\Delta C_{生物量}$：森林和其它木质生物质生物量碳贮量变化（t 碳）；

$\Delta C_{乔}$：乔木林（林分）生物量生长碳吸收（t 碳）；

$\Delta C_{散四疏}$：散生木、四旁树、疏林生物量生长碳吸收（t 碳）；

$\Delta C_{竹经灌}$：竹林（或经济林、灌木林）生物量碳贮量变化（t 碳）；

$\Delta C_{消耗}$：活立木消耗生物量碳排放（t 碳）。

根据自然资源局提供的林斑数据，园区涉及生物贮碳的林种包括柳树和杨树，均为乔木林，因此按照乔木林碳吸收公示计算，具体如下：

$$\Delta C_{生物量}=V_{乔}\times GR\times\overline{SVD}\times\overline{BEF}\times 0.5$$

式中：$V_{乔}$为乔木林总蓄积量（m^3）；

GR：本省区市活立木蓄积量年生长率（%）；

$\overline{BEF}$：生物量转换系数［全林生物量与树干生物量的比值（无量纲）］加权平均值；

$\overline{SVD}$：乔木林基本木材密度（t/m^3）加权平均值；

0.5：生物量含碳率，取0.5。

5.1.3.2 核算数据和结果

根据上述核算方法计算生态工业园区碳汇量，相关计算参数参照《省级温室气体清单编制指南》中的推荐值。数据统计见表5.15，核算结果见表5.16。

表5.15 生态工业园区碳汇计算数据表

序号	项目	数据	来源
1	乔木林蓄积量（m^3）	1697	自然资源局统计数据
2	活立木年均蓄积量生长率（%）	5.58	《省级温室气体清单编制指南》参考值
3	活立木年均蓄积量消耗率（%）	3.23	
4	基本木材密度加权平均值（t/m^3）	0.504	
5	生物量转换系数加权平均值	1.803	

表5.16 生态工业园区碳汇核算结果

序号	项目	结果值
1	生物生长碳吸收量（t碳）	4 302.4
2	生物量消耗碳排放量（t碳）	2 490.5
3	生物贮碳量（t碳）	1 811.9
4	生物贮碳量（以CO_2计）（t CO_2）	6 643.8

从生态工业园区碳汇计算结果可看出，生态工业园总碳汇量为6643.8 tCO_2，生态工业园区为开发区主要的城市建成区和工业聚集区，农林用地比例仅为16.8%，林业资源和生物贮碳量有限。因此需要进一步减排降碳，促进区域碳达峰碳中和目标实现。

5.1.4 园区碳达峰现状评估

5.1.4.1 历史数据趋势分析

1. 能源消费情况及能源结构

生态工业园区能源消费量总体呈明显下降趋势，从2016—2021年总体下降率为46%。其中能源加工转换领域能源消耗占比最大，占比在68.5%～86.2%。而能源加工转换领域中石油化工行业占比约为70%～80%。因此，生态工业园区优化能源结构应重点针对能源加工转换领域，减少石油化工行业能源消耗。

2. 碳排放源及构成

从分领域碳排放情况看，区域碳排放重点领域为能源加工转换领域中的石油化工行业；同时电力调入产生的碳排放量也明显增加，因此降低能源加工转换能耗、积极引入绿电和气电、降低调入电力碳排放是区域实现碳达峰的必要手段。

从分品种能源碳排放情况看，煤炭和石油碳排放占比仍然比较大，同时调入电力碳排放占比为25.24%～53.8%，呈明显上升趋势，随着国家相关政策的实施和绿电比例的增加，区域电力调入碳排放有较大的减排空间。

从碳排放的历史趋势来看，区域碳排放总体呈明显下降趋势，在工业产值不断增长的趋势下，工业领域碳排放量仍然保持下降趋势，说明区域产业结构调整和优化取得了明显成效，能源加工转换领域碳排放量明显削减，尽管调入电力碳排放量有所增加，整体区域仍然保持明显的下降趋势。

3. 重点领域和重点企业识别

生态工业园区碳排放的重点领域为能源加工转换领域和调入电力，区域重点领域识别见表5.17，重点企业识别见表5.18。

表 5.17 区域碳排放重点领域识别及碳排放占比

序号	重点领域	2016	2017	2018	2019	2020	2021
1	能源加工与转换领域（%）	73.26	67.24	56.39	61.19	52.46	44.31
2	调入电力（%）	23.52	31.49	39.72	35.47	43.38	51.44

表 5.18 区域碳排放重点企业识别

序号	企业名单	行业类别	2021 年碳排放量（万 tCO_2）	占比（%）
1	沈阳石蜡化工有限公司	石油、煤炭及其他燃料加工业	139.2	29.27
2	沈阳经济技术开发区热电有限公司	电力、热力生产和供应业	45.7	9.60
3	沈阳经济技术开发区中宇热电有限公司		11.1	2.33
4	沈阳三江热力有限公司		0.6	0.13
5	沈阳沈西热电有限公司		4.1	0.85

5.1.4.2 碳达峰评估

根据生态工业园区碳排放现状分析和历史趋势分析，区域碳排放量呈总体下降趋势，2021 年相比 2016 年下降 36.9%，区域 2016 年已实现碳达峰。其中工业领域碳排放下降 16.7%，能源加工转换领域碳排放下降 61.8%，不考虑电力排放因子优化的情况下，调入电力碳排放增幅为 38%。

随着《沈阳市铁西区空间发展战略规划》和“十四五”发展规划的实施，区域工业用地面积将继续缩减，居民生活和服务业用地面积增加，经济和人口的增加将进一步增加能源需求，因此生态工业园区应在达峰的基础上积极开展减污降碳工作，按照国家、省、市提出的相关要求和方案落实区域碳达峰实施路径方案和措施，确保二氧化碳达峰后稳中有降的趋势。

5.1.5 园区碳达峰实现的基础、优势和问题分析

5.1.5.1 碳达峰实现的基础

1. 政策基础良好

从国家层面看。我国已郑重承诺2030年实现“碳达峰”和2060年实现“碳中和”，提出建立健全绿色低碳循环发展经济体系，促进经济社会发展全面绿色转型。国家发布了《国务院关于印发2030年前碳达峰行动方案的通知》（国发〔2021〕23号）、《关于统筹和加强应对气候变化与生态环境保护相关工作的指导意见》（环综合〔2021〕4号）、《中共中央 国务院关于完整准确全面贯彻新发展理念做好碳达峰碳中和工作的意见》（2021年9月22日）等一系列文件，提出了“双碳”工作的具体要求和指标，明确了低碳发展方向，为地方低碳经济发展提供了良好的政策基础。

从省市层面看。辽宁省积极应对经济下行压力，“十三五”期间经济社会发展取得了一系列成就，从营商环境持续改善、深化供给侧结构性改革、加快经济建设和生态环境质量提升方面取得了明显成效。辽宁省和沈阳市即将陆续发布了《辽宁省碳达峰实施方案》和《沈阳市推进碳达峰实施方案》，确保在2030年经济高质量发展的前提下高水平实现碳达峰。生态工业园区作为国家级示范园区和低碳园区试点，努力实现碳达峰，成为沈阳市乃至辽宁省“碳达峰先行示范园区”，将为区域工业领域更大力度、更深层次地地系统破解资源环境约束，为探索生态优先、绿色发展的新道路提供新的契机。

2.“双碳”建设工作得到高度重视

沈阳经济技术开发区为国家低碳工业园区试点，专门成立了低碳工业园区建设领导小组，高度重视“双碳”建设工作。形成了政府一把手亲自抓、分管领导具体抓、相关部门共同参与的领导体系，为区域“双碳”建设工作提供了有力的组织保障。2021年沈阳经济技术开发区管理委员会编制了《沈阳经济技术开发区产业转型绿色低碳发展行动方案》，紧抓“绿色经济”时代新课题，深入贯彻落实习近平总书记提出的“前瞻性思考、全局性谋划、战略性布局、整体性推进”的规划编制要求，立足经开区产业本底基础，研究提出了绿色发展提档升级的具体方式，提出了2023年的发展目标，为实现区域产业转

型和绿色低碳发展奠定了基础。

5.1.5.2 碳达峰实现的优势

1. 能源结构持续优化

生态工业园区扎实推进区域燃煤小锅炉淘汰工作，推进民用燃煤锅炉淘汰取得了明显成效，同时持续推进供暖“煤改电”，从优化能源结构入手实现碳减排目标。同时积极引入太阳能分布式光电，提高区内太阳能利用比例，推进太阳能分布式光热项目和分布式能源项目，有效缓解了区域能源供给压力，为开发区能源供给侧改革做出了重要引领和示范。

2. 产业结构趋于低能耗高产值

生态工业园区产业基础雄厚、工业门类齐全，发展质量居全省前列。2021 年工业总产值达到 1637.8 亿元，装备制造业稳步迈向智能高端。经过多年发展，园区形成了以汽车制造业为龙头、高端装备制造业为基础的低能耗高产值的产业结构。汽车制造业以 3.2% 的能源消费总量，贡献了约 55% 的工业产值，高端装备制造业以 11.3% 的能源消费总量贡献了约 24% 的工业总产值。

3. 绿色制造体系初步形成

开发区加快工业领域绿色发展，创建了一批绿色制造示范企业，实施了一批绿色制造重点工程，推广了一批绿色制造系统解决方案，初步构建了绿色制造体系。“十三五”期间，累计建设国家级绿色工厂 10 家、绿色园区 1 家、供应链企业 1 家、绿色产品 3 种；省级绿色工厂 46 家，绿色供应链企业 2 家、绿色产品 3 种；15 个项目获评国家级绿色制造体系示范，位列全省前列。

4. 资源能源利用水平稳步提高

生态工业园区以减量化、资源化、循环化为原则，着力削减工业固体废物、废水产生量，加强了对工业资源高效循环利用。2016—2021 年生态工业园区单位产值能耗逐步下降，年下降速率为 12.19%。区域企业通过购置先进设备、淘汰高耗能设备、工艺改进等方式，实现了节能增效。

5. 创新驱动成果不断丰厚

开发区将科技创新作为推动企业发展的重要手段，通过促进企业与高校产学研合作，加强创新平台建设，提高了企业的自主创新能力，提升了企业产品的科技含量，推动传统工业向新兴科技产业转变，为区域经济创新发展、产业转型升级、新旧动能转换提供了强有力的支撑。

6. 生态导向城市空间战略布局

沈阳经济技术开发区是沈阳市建设国家中心城市“一枢纽四中心”中建设国家先进制造中心的重要布局，开发区和生态工业园区积极探索生态环境导向的开发模式（EOD）理念在构建生态导向的城市空间布局中的应用，以生态环境治理提升产业、区位开发价值，通过改善生态环境质量，提升发展品质，推动生态优势转化为产业优势及区位优势，为区域生态发展和减污降碳提供强力保障。

5.1.5.3 绿色低碳发展存在的问题分析

1. 绿色低碳能源利用体系尚未建立

2016—2021 年，生态工业园区的能源结构仍以煤炭、煤电为主，可再生能源使用比例仅为 2%，明显低于国家生态工业园 9% 的指标要求；2021 年园区煤炭消费量约 48 万 t 标煤，占主要能源消费总量的 33.64%，受炼化产品影响，原油消耗量大，2021 年原油消费量约 72 万 t 标煤，占主要能源消费总量的 50.57%。以煤炭、煤电为主的能源消费结构成为低碳经济绿色发展的主要瓶颈，不仅加大了节能降碳压力，也不利于“碳达峰”目标的实现。同时由于北方和开发区区位条件因素，氢能、甲醇等新能源产业开发有待进一步探索。

2. 产业绿色低碳发展有待提升

生态工业园区的产业以装备制造业、汽车制造业、石油化工、医药化工、现代建筑等传统产业为主，新兴产业和高新技术等新一代信息技术产业发展较慢，科技创新水平不高，产业结构有待进一步优化和升级。传统产业中以沈阳蜡化为代表的石油化工行业能效水平较低，碳排放量占比较大，2021 年沈阳蜡化综合能源消耗占生态工业园区的 30.2%，而产值仅占园区的 2.44%，2019 年原油消费量达到 87 万 t，亟须升级改造。园区机械加工、机械制造等产业能效水平不高，产业链处于中低端水平，绿色低碳水平不高，绿色低碳产业发展水平有待提升。

3. 绿色低碳城市仍未建成

园区绿色建筑比例不高，海绵城市仍未建成，尚未形成以低碳理念为主导的经济发展模式，绿色低碳城市仍未建成。

4. 交通体系距离绿色低碳仍有差距

园区交通体系仍以传统交通运输模式为主，智慧交通体系尚未建立，新能源汽车比例不高，公共交通运输能力有待提升，以公共交通为导向的开发（TOD）综合体系尚未建立，距离绿色低碳交通体系模式仍有差距。

5. 企业能源效率仍需进一步提升

园区企业能源消费方式仍偏向于传统消耗型，仍偏向于以经济发展定能耗的传统思路，尚未形成低碳能源消费和管理理念，未能形成智能化数字化能源管理平台，能源资源利用效率与先进水平存在一定差距，能源消费带来的碳排放量较大。

6. 循环经济建设水平有待进一步加强

园区产业链构建仍不完善，上下游产业链尚未完全形成，绿色制造高端装备、关键零部件、基础材料、核心工艺等对外依赖程度较高，供应链自给率不足。未能形成区域内的废物再利用循环产业链条。供水、热、固体废物、资源等能源梯级利用和循环仍需加强，可循环、可降解材料及产品开发应用不足，尚未形成绿色低碳循环发展的经济模式。

7. 低碳科技体系未构建

园区低碳科技发展尚处于起步阶段，碳统计、碳管理平台仍未构建，对区域整体能源消费和碳排放情况尚未形成协同管理体系。科技创新体制机制尚未完全建立，绿色技术创新公共服务体系不完善，低碳技术研发动力不足，尚未形成规模和有效的成果转化，低碳科技人才不足，低碳科技体系仍未完全构建。

8. 碳汇能力建设仍需提升

生态工业园区总体绿化率偏低，仅为19%，碳汇能力有限。碳汇能力尚未系统构建，浑河和细河沿岸用地尚未有效利用，生态风貌单一，沿河生态廊道建设有待进一步规划和加强。

9. 绿色低碳理念仍需普及教育

区域对于绿色低碳发展的理念宣传力度不够，绿色低碳理念尚未深入人心，低碳发展理念教育仍需普及，民众对于碳达峰碳中和的认知度、参与度不高，绿色低碳消费意识尚未有效普及，与全民自觉践行绿色低碳的生活方式尚有差距。

5.2 绿色低碳发展预测评估

5.2.1 碳达峰碳中和目标分析

5.2.1.1 碳排放主要驱动因素识别

沈阳经济技术开发区国家生态工业示范园区位于沈阳经济技术开发区四环路以东区域，沈阳市西南部，产业方向以汽车制造业、高端装备制造业、生物医药产业等传统工业为主，同时大力发展新兴战略产业和新一代信息技术产业，区域资源能源条件有限，主要依赖于外部能源供给。

根据历史数据趋势分析，2016—2021 年工业产值明显增加，碳排放量却逐渐降低，这是由于生态工业园区本身开发强度高，区域用地规模基本接近上限，因此区域经济发展与碳排放没有明显的耦合关系，经济增长对碳排放的贡献十分有限。

从能源消耗水平来看，2016—2021 年能源消耗逐渐下降，与碳排放趋势相同，通过相关性计算，能源消耗与碳排放之间的相关系数为 0.991 3，因此区域碳排放的主要因素为能源消耗。能源消耗主要由能源活动消费和调入电力两方面作用引起，从生态工业园区的实际情况分析，能源活动消费中工业领域的消费占比很小，重点领域为能源加工和转换领域能源消费以及区域电力调入。

5.2.1.2 减排潜力分析

远期随着区域发展和能源结构不断优化，以沈阳为主的石油化工行业将逐步退出或进行升级改造，能源加工转换领域碳排放量会有明显下降，随着国家和省、市电网绿电比例的提升，以及区域光伏发电能力的提升，非化石能源的比例将逐步增加，以电力调入为主的碳排放量会有明显下降。

5.2.1.3 碳排放情景预测

根据现状数据历史趋势分析，结合生态工业园区规划和发展需求以及产业发展特征，对经济发展、人口、能源消耗和碳排放进行预测。按照目前经济发展趋势和人口增长规划，综合考虑生态工业园区远期规划和发展目标，以及拟采取的路径措施进行预测，预测情景指标设定见表 5.19，预测结果见表 5.20 和图 5.8。

表 5.19 碳达峰目标预测情景设定

大类	指标	现状（2021）	2025 年	2030 年	指标设定依据
经济发展	工业总产值（亿元）	1 637.8	2 178.2	2 984.4	2022—2025 年的产值增速按照经开区 2016—2021 年平均增速考虑，设定为 7.39%；2025—2030 年增速放缓，按照 6.5% 考虑
人口规模	人口（人）	127 262	136 675	149 427	按照铁西区 2010—2020 年的平均增速考虑，为 1.8%
能源消耗（万 t 标煤）	工业领域能源消耗	9.30	7.99	6.19	按照 2021 年单位用地面积能耗指标推算，工业用地面积来自《沈阳市铁西区空间发展战略规划》，2025 年按照现状等比例增加考虑
	石油化工领域能源消耗	77.31	41.71	19.29	石油化工领域的能源消耗主要来自沈阳石蜡化工有限公司，沈阳经济技术开发区拟对该公司实施搬迁或技术改造，按照 2028 年改造完成考虑，2022—2028 年能源消耗按照现状削减趋势计算
	电力生产领域能源消耗	23.10	19.87	23.52	2025 年前按照现状趋势预测，2025—2030 年按照供热规划新增 300t/h 锅炉，年增长燃煤量 0.73 万 t 标煤
调入电力（万 KW·h）		299 770	431 261	596 467	居民生活用电量按照沈阳市用地水平，依据人口估算；工业领域调入电力按照现状趋势预测；服务业用电量按照单位面积用电负荷估算，用地面积按照《沈阳市铁西区空间发展战略规划》中商业和公共用地面积估算

续表

大类	指标	现状（2021）	2025 年	2030 年	指标设定依据
能源活动碳排放（万 t CO_2）	工业领域碳排放	19.23	16.52	12.78	按照 2021 年单位工业用地面积碳排放指标推算，工业用地面积来自《沈阳市铁西区空间发展战略规划》，2025 年按照现状等比例增加考虑
	石油化工领域能源消耗	139.22	80.66	26.89	石油化工领域的碳排放来源主要为沈阳石蜡化工有限公司，沈阳经济技术开发区拟对该公司实施搬迁或技术改造，按照 2028 年改造完成考虑，2022—2028 年的能源消耗按照现状削减趋势计算
	电力生产领域能源消耗	61.41	76.0	99.1	2025—2030 年按照供热规划新增 300t/h 锅炉，碳排放量年增长 1.94t
调入电力碳排放（万 t CO_2）		232.89	303.4	346.5	调入电量预测思路同上，电力排放因子至 2030 年下降至国家平均水平，为 0.581t/MWh
非化石能源替代碳减排量		1637.8	2178.2	2984.4	按照经开区 2016—2021 年平均增速考虑

表 5.20　生态工业园低碳发展情景预测结果

指标	2016	2017	2018	2019	2020	2021	2022	2023	2024	2025	2026	2027	2028	2029	2030
产值（亿元）	1080.9	1652.5	1724.2	1438.9	1585.4	1637.8	1758.8	1888.8	2028.3	2178.2	2319.8	2470.6	2631.2	2802.2	2984.4
人口（人）	116402	118497	120630	122801	125012	127262	129553	131885	134259	136675	139136	141640	144189	146785	149427
能源消费（万 t 标煤）	271.3	224.0	190.2	213.1	153.9	146.6	138.3	131.8	126.6	122.6	121.1	120.5	120.6	98.9	103.0

续表

指标		2016	2017	2018	2019	2020	2021	2022	2023	2024	2025	2026	2027	2028	2029	2030
其中	工业领域	10.73	4.64	9.67	9.22	9.21	9.31	8.96	8.63	8.30	7.99	7.70	7.41	7.13	6.87	6.19
	石油化工领域	201.41	160.28	109.56	132.29	74.89	77.31	66.26	56.79	48.67	41.71	35.75	30.64	26.26	0.00	0.00
	电力供应	32.44	29.44	38.02	40.15	38.72	23.10	22.24	21.42	20.63	19.87	20.60	21.33	22.06	22.79	23.52
调入电力（万t标煤）)		26.68	29.68	32.95	31.44	31.05	36.84	40.88	44.91	48.96	53.00	57.05	61.11	65.17	69.24	73.31
工业领域碳排放（万 tCO_2）		23.09	7.59	20.41	18.76	18.83	19.23	18.51	17.83	17.16	16.52	15.91	15.31	14.74	14.19	12.78
能源加工转换领域碳排放（万 tCO_2）		525.39	400.66	295.76	342.88	237.35	200.62	189.34	178.23	167.32	156.61	146.57	136.86	127.50	102.37	109.90

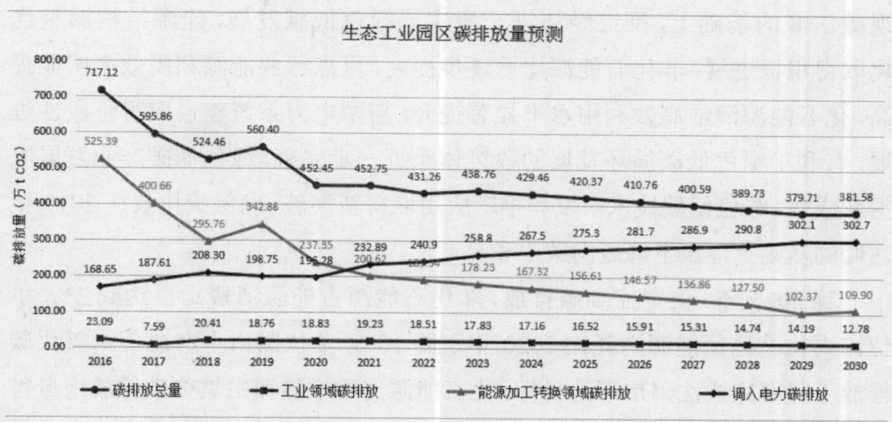

图 5.8 生态工业园碳排放情景预测结果图

从预测结果可以看出，随着区域规划实施以及高能耗企业腾退、燃煤锅炉并网、煤炭清洁效率提高和非化石能源比例提升等能源优化措施的实施，区域能源消费和碳排放总量总体呈现稳中有降的趋势。

能源消费总量从2016年的271.3万t标煤下降至2030年的103万t标煤，调入电力从2016年的26.68万t标煤增加至2030年的73.31万t标煤。

工业领域CO_2排放量持续下降，从2016年的23.09万tCO_2下降至2030年的12.78万tCO_2，下降约44.63%；能源加工转换领域碳排放量明显下降，从2016年的525.39万tCO_2下降至2030年的109.9万tCO_2，下降约79%；随着居住用地、公共服务设施用地和商业用地增加，电力调入碳排放量明显增加，从2016年的168.65万tCO_2增加至2030年的302.7万tCO_2，增加了79.5%。

5.2.2 主要目标及指标

根据《国务院关于印发2030年前碳达峰行动方案的通知》（国发〔2021〕23号）、《中华人民共和国国民经济和社会发展第十四个五年规划和2035年远景目标纲要》等文件要求，碳达峰年限目标为2030年以前，碳中和年限为2060年以前。

5.2.2.1 主要目标

“碳达峰先行示范园区”引领园区走向碳中和。在生态工业园区已经实现碳达峰的基础上，推进经济进一步实现绿色低碳发展，能源结构调整优化取得积极进展，非化石能源比重逐步提高，重点行业能源利用效率明显提高，化石能源清洁高效利用水平显著提升，新型电力系统建设取得阶段性进展，有利于绿色低碳循环发展的政策体系进一步完善，绿色低碳产业发展取得新成效，绿色低碳技术研发和推广应用取得新突破，确保碳排放在2019年达峰的基础上逐步下降迈向碳中和。

到2025年，稳定控制碳排放，非化石能源占能源消费比重达到2%，单位国内生产总值能源消耗比2020年下降15%，单位国内生产总值二氧化碳排放下降率完成沈阳市下达目标，化石能源消费增量和二氧化碳排放增量得到有效控制，实现碳排放稳步下降。

到2030年，提前走向碳中和，非化石能源占能源消费比重达到9%，单位国内生产总值能源消耗比 2020 年下降 30%，化石能源消费总量和二氧化碳排放量明显降低。

5.2.2.2 指标设定

结合生态工业园区情景预测结果和区域发展需求，对比辽宁省和沈阳市碳达峰实施方案指标要求，同时充分发挥生态工业园园区碳达峰先行区示范作用，制定了区域碳达峰相关指标见表 5.21。

表 5.21 生态工业园碳达峰指标

序号	指标名称	现状值（2021 年）	目标值	备注
1	碳达峰年限（年）	已达峰	2030	2016 年已实现碳达峰
2	碳中和年限（年）	/	2060	实现整体区域碳中和
3	碳排放总量（万 t CO_2）	717.12	≤ 381.58	2030 年达到
4	单位国内生产总值能源消耗下降率（%）	/	15	2025 年比 2020 年下降率
			30	2030 年比 2020 年下降率
5	单位国内生产总值二氧化碳排放量下降率（%）	/	完成沈阳市规定目标	/
6	非化石能源消费占比（%）	2	9	2030 年达到

6 绿色低碳实施路径

6.1 碳达峰总体实施路径

按照《沈阳市推进碳达峰实施方案》要求，结合沈阳经济技术开发区国家生态工业示范园区发展情况，以碳达峰碳中和为目标导向，在“碳达峰先行示范园区”的基础上，以推进能源、产业绿色低碳转型为手段，推动城乡绿色低碳建设，实施绿色低碳交通、节能提效减污降碳、循环经济降碳、绿色低碳科技支撑、生态碳汇等工程，开展全民行动，稳步推进沈阳经济技术开发区生态工业园迈向碳中和。

6.1.1 推进能源绿色低碳转型

6.1.1.1 推进煤炭消费替代和优化升级

1. 制定耗煤项目煤炭替代方案

参照《重点地区煤炭消费减量替代管理暂行办法》（发改环资〔2014〕2984 号），结合开发区实际，制定《沈阳经济技术开发区耗煤项目煤炭消费替代管理办法》。2025 年，生态工业园范围内单台 40t/h（或 28MW）的燃煤锅炉全部拆除并采取清洁能源替代。

2. 继续推进区域燃煤小锅炉淘汰、清洁能源改造工作

实施清洁取暖行动。通过集中供热全区覆盖、推进清洁能源替代，分期分批关停取缔燃煤小锅炉，充分发挥热电机组和大型热源能力，严格落实《辽宁省深入打好污染防治攻坚战实施方案》以及沈阳市集中供热要求，到

2025 年，生态工业园范围内淘汰 40t/h（或 28MW）及以下燃煤锅炉。

积极推进“煤改气”改造。大型燃煤锅炉和发电机组应积极探索和实施“煤改气”，以天然气代替煤炭消耗，进一步削减碳排放，积极推进居民煤改气，新增天然气优先保障居民生活和清洁取暖需求。

3. 加强煤炭清洁高效利用

按照《煤炭清洁高效利用重点领域标杆水平和基准水平（2022 年版）》（发改运行〔2022〕559 号），园区引导企业分批实施改造升级，在 2030 年之前升级到基准水平以上，力争达到标杆水平。制定沈阳经济技术开发区热电有限公司供热机组更新和替代计划，稳步推进老旧机组改造，积极探索清洁低碳能源利用种类。

生态工业园范围内主要燃煤发电、供热企业现状及改造计划见表 6.1。实施改造计划后，园区内保留的主要燃煤发电、供热企业规模及改造指标要求见表 6.1-2。园区燃煤发电、供热企业实施拆除、挂网、煤炭清洁高效利用措施后 CO_2 减排量见表 6.1。

表 6.1　生态工业园主要燃煤发电、供热企业现状及改造计划一览表

序号	企业名单	锅炉	发电机组	燃料种类	消耗量（t）	发电量（万 KW·h）	改造方案	责任部门	完成时间
1	沈阳经济技术开发区热电有限公司	2×75t/h ＋ 3×130t/h 循环流化床锅炉 2×116MW 高温水循环流化床锅炉	1×12MW 抽凝式汽轮发电机组、3×12MW 背压式汽轮发电机组	褐煤	399 124（其中用于发电 51 992t）	11 708.466	煤炭清洁高效利用	生态环境局	2016 年已实现碳达峰

续表

序号	企业名单	锅炉	发电机组	燃料种类	消耗量（t）	发电量（万KW·h）	改造方案	责任部门	完成时间
2	沈阳石蜡化工有限公司	3×75t/h＋1×130t/h水煤浆锅炉	1×6MW抽凝式汽轮发电机组、1×6MW背压式汽轮发电机组	褐煤	33 559.4	—	拆除或改造	生态环境局	实现整体区域碳中和
3	沈阳经济技术开发区中宇热电有限公司	2×220t/h循环流化床蒸汽锅炉	—	褐煤	94 000	—	煤炭清洁高效利用	生态环境局	2030年达到
4	沈阳三江热力有限公司	1×100 t/h链条炉排热水锅炉、1×45t/h链条炉蒸汽锅炉	—	褐煤	4 956.76	—	挂网沈阳沈西热电有限公司厂	生态环境局	2030年达到
5	沈阳沈西热电有限公司	1×46MW、1×58MW、2×70MW热水锅炉	—	Ⅱ类烟煤	2 8247.64	—	挂网沈阳沈西热电有限公司厂	生态环境局	2030年达到

注：表中数据摘自沈阳市生态环境局企业事业单位环境信息公开系统和

2021 年统计数据。沈阳石蜡化工有限公司锅炉拆除或改造时间按企业退出时间确定。

表 6.2 生态工业园区改造后主要燃煤发电、供热企业规模及改造指标要求

序号	名称	规模			煤炭清洁高效利用重点领域标杆水平和基准水平（2022 年版）			
		2021 年现状	2025 年	2035 年	指标名称	现状水平	基准水平	标杆水平
1	沈阳经济技术开发区热电有限公司	2×75t/h＋3×130t/h 循环流化床锅炉和 2×116MW 高温水循环流化床锅炉；1×12MW 抽凝式汽轮发电机组、3×12MW 背压式汽轮发电机组	保持现状	保持现状	供电煤耗（克标准煤 / 千瓦时）	444	300	285
					热效率（%）	90	86	91
2	沈阳经济技术开发区中宇热电有限公司	2×220t/h 循环流化床蒸汽锅炉	新增 1×300t/h 蒸汽锅炉	保持 2025 年规模	热效率（%）	89	86	91

注：沈阳经济技术开发区中宇热电有限公司规划新增规模摘自《沈阳市“十四五”城市民用供热规划》。

表 6.3 开发区燃煤发电、供热企业实施拆除、挂网、煤炭清洁高效利用措施后 CO_2 减排量一览表 （单位:t）

措施类型	序号	名称	2025 年	2030 年
挂网	1	沈阳三江热力有限公司	11 196	—
	2	沈阳沈西热电有限公司	63 806	—
煤炭清洁高效利用	3	沈阳经济技术开发区热电有限公司	—	46 701
	4	沈阳经济技术开发区中宇热电有限公司	—	4 667
合计			75 002	51 368

6.1.1.2 加快发展可再生能源

1. 积极发展屋顶分布式光伏项目

充分利用太阳能资源，优先支持在用电量大且有大面积建筑屋顶的工商业企业如特变电工、沈阳鼓风机集团、中车集团、可口可乐等建设规模化的分布式光伏发电系统，支持在机关、学校、医院、事业单位、居民社区建筑上推广小型分布式光伏发电系统。因地制宜发展微型光伏系统，鼓励在路灯照明、景观以及通信基站、交通信号灯等领域推广带存储的微型分布式光伏系统，作为这些设施的电源供应。探索光伏项目在智能微电网系统中的应用，优先在集中式地面光伏电站和屋顶分布式光伏发电系统中应用“互联网 +”智能系统，融入智能微网，并逐步向家庭光伏发电系统推广应用。

2. 推动太阳能光热工程

推动太阳能光热利用与建筑一体化发展，在热能消耗大的居住建筑和宾馆酒店建筑上推广安装太阳能热水器，在新建居民区、学校实施建设太阳能集中热水供应工程，推进沈阳工业大学和沈阳化工大学太阳能热水供应工程。支持事业单位、企业、居民小区参与城市建筑太阳能光热系统和太阳能热水系统应用。重点在公益建筑、工业厂房和商业建筑开发建设太阳能供热系统项目、城市建筑太阳能光热系统和太阳能热水系统应用等项目，以沈阳中关村科技创新基地为重点开展太阳能光热利用示范区域。

3. 推进区域能源站建设

未来区域发展应引入能源管控思维，按照“集中式与分散式相结合”的方式推进区域能源站的建设，实现区域能源配置的整合优化，避免资源能源重叠造成的能源浪费。各能源站之间应实现互联互通，整个区域的能源站都应由智慧能源管理平台进行统一管理和调度。

4. 开展新能源利用

因地制宜开展空气源热泵、水源热泵、地源热泵、污水源热泵等新能源利用工程，形成示范并逐步推广，助力碳中和。

6.1.1.3 合理引导油气消费

加强油品质量管控，合理控制石油消费，大力推进先进生物液体燃料等替代传统燃油，提升终端燃油产品能效。有序引导天然气消费，优化能源利用结构，推动天然气与可再生能源融合发展。支持建设既满足电力运行调峰需要、又对天然气消费季节差具有调节作用的天然气“双调峰”电站。

6.1.1.4 推动新型电力系统构建

充分发挥微控新能源储能技术示范效果，推动新能源场站合理配置新型储能，优化电网侧储能布局，鼓励大用户、工业园区布局新型储能，支持家庭储能示范应用。鼓励企事业单位采用电热储技术进行清洁取暖改造，电热储技术主要利用夜间波谷电转换成热能储存在蓄热体内，日间用电高峰时，根据用户热量需求逐步自控释放，实现区域供暖，日间不消耗电能。

6.1.2 推动产业结构绿色低碳转型

6.1.2.1 深度调整优化产业结构

1. 推动高耗能行业转型升级

以石油化工，电力、热力的生产和供应业等高耗能行业为重点，实施碳核查，以碳排放总量定产量，以碳减排为要求逐步提高高耗能行业能源利用水平，提升区域绿色发展能力。加大力度推进以沈阳蜡化有限公司为代表的石油化工等传统能源消费行业搬迁和改造，实现产业转型升级，助力协同降碳。

2. 完善高端装备绿色低碳产业链

更快推动高档数控机床、先进化工成套装备、特高压输变电装备等多个领域实现绿色低碳发展，围绕“工业 4.0”开展装备制造业的新一轮振兴，坚持创新驱动、智能转型，积极发展上下游产业链，形成以重点产业为中心的多元产业形态，加强产业融合，完善生态工业链建设。

3. 大力发展工业互联信息产业

聚焦高端化、智能化、特色化、绿色化发展方向，以新发展理念为引领，将数字经济作为重点培育的战略性新兴产业，突出抓智能制造和企业上云，深化产业数字化“大融合”。以工业互联网、工业技术软件化、数字化车间、智能制造等为工作载体，以示范试点为抓手，大力推进制造业与互联网融合发展，建立行业云服务体系，推进企业上云和工业互联网平台建设，建设生态低碳智慧园区。实施工业互联网创新发展行动计划，一体化推进网络、平台、安全体系建设，打造基于工业互联网的新型应用模式和产业生态。

4. 促进商贸企业绿色低碳发展

培育壮大以普洛斯、鞍钢配送中心为代表的现代商贸流通领军企业；积极优化贸易结构，大力发展高质量、高附加值的绿色产品贸易，提升绿色产业体系和绿色供给体系对国际国内需求的适配度，推动内需与外需、进口与出口、货物贸易与服务贸易协调发展。

6.1.2.2 加快传统产业绿色低碳转型

1. 全面推进绿色制造体系建设

以沈阳鼓风机集团、华晨宝马等企业为重点，以全生命周期管理理念，推行生产方式、过程、装备绿色化，系统提升工厂、产品、园区和供应链等的绿色发展水平。重点支持李尔汽车座椅、远大压缩机等省级绿色工厂晋升为国家级绿色工厂，以三一集团、特变电工等国家级绿色工厂为重点，开展绿色设计，开发绿色产品，建设绿色工厂，发展绿色工业园区，打造绿色供应链，全面推进绿色制造体系建设。

2. 全力推进智能制造

在装备制造业转型升级方面，一方面，应加快中德（沈阳）高端装备制造产业园建设，打造中国制造 2025 与德国工业 4.0 合作试验区，推动装备制造业向高端化、智能化、绿色化发展。另一方面，应大力推进“互联网 +”智能制造，加快传统装备制造业向智能制造转型升级，鼓励汽车及零部件、数控机床、通用石化、重矿机械、输变电、工程机械等产业积极转变，谋求向高端产品转变，由高碳产品向低碳产品转变。

3.全方位构建循环产业链

应依托现有的高端装备制造业、汽车及零部件制造业和中外物流园、特变电工物流园等物流业，促进工业企业之间开展产品、副产品的交换利用，推动工业与服务业之间进行服务共享，建立跨行业的产业共生体。高端装备制造企业可为区内汽车及零部件生产企业提供数控机床等生产设备，以及模具、仪器仪表等产品，现代物流业可以为汽车制造企业提供物流服务，同时发展汽车贸易带动区域整体服务能力，建立起行业之间的共生体，构建区域循环经济产业链。

4.全新规划生态工业园建设

组织编制《沈阳经济技术开发区国家生态工业示范园区建设规划（2021—2030）》，在2009—2020年生态工业园建设的成果上，研究制定未来10年的生态工业园建设规划，实现园区项目间、企业间、产业间横向耦合、纵向延伸、循环链接，进一步推动循环化、绿色化改造，推动企业循环式生产、产业循环式组合，促进公共设施共建共享、能源梯级利用、资源循环利用和污染物集中安全处置。推动园区内不同行业企业以物质流、能量流为媒介进行链接共生，支持建设电、热、冷、气等多种能源协同互济的综合能源项目。全面推行清洁生产，深入推进主要能源消费企业开展清洁生产审核，依法在“双超双有高耗能”行业实施强制性清洁生产审核。

6.1.2.3 发展前沿绿色低碳产业

1.氢能和燃料电池产业

积极探索氢能和燃料电池等前沿绿色低碳产业发展方向，探索可再生能源制氢和低碳清洁类制氢技术，完善低碳清洁氢气政策支持体系，积极引导社会资本进入，加强低碳清洁氢气市场建设，形成多元化市场主体共同参与的格局，引导企业利用现有场地和设施，开展油、气、氢、电综合供给能力建设。

燃料电池汽车是氢能源利用极具成长性的下游行业，开发区可参照《关于开展燃料电池汽车示范应用的通知》（财建〔2020〕394号），以宝马工厂作为龙头企业，组织相关企业打造产业链，加强技术研发，协同推进燃料电池汽车发展的新模式。

2. 新能源汽车产业

应充分利用华晨宝马第三工厂的建设契机，以采埃孚等企业为重点，积极招引国内外技术领先、实力雄厚的企业在经开区投资建设整车制造、研发项目，壮大新能源汽车规模；应依托宝马研发中心，强化整车集成技术创新，重点支持新能源汽车低温适应性、电池系统加热及保温技术的研发应用，加大新能源汽车核心技术供给；应打造集研发、制造、检测、应用、会展等功能于一体的综合性基地，健全新能源汽车产业链条；应优化新能源汽车基础设施地，完善经营性充换电网络布局，在公共机构率先实现充电装置商业化布局，在公共交通、运输领域率先换用新能源汽车。

3. 新一代信息技术产业

应推进北方重工等 15 个高标准智能工厂的建设、华晨宝马等 30 个 5G 试点应用示范场景的建设。应依托中国工业互联网研究院辽宁分院，推进国家工业互联网大数据中心辽宁分中心、新型工业网络（沈阳）实验室、工业大数据交易中心、“产业大脑”等项目建设。应以远大智能高科机器人等产业为依托，深入推进“机器人＋”产业布局，促进机器人产业在汽车及零部件、工程机械等行业领域率先应用。

4. 生物医药产业

应采取“招引＋孵化＋腾笼换鸟”和“市场化”的运作模式，瞄准生物医药产业链关键环节，以三生制药、安斯泰来等医药企业为依托，充分发挥企业在基因工程药物和融合蛋白药物技术方面的先发优势，深挖中关村科技园等产业平台在生物医药领域的资源优势，以生物技术为先导，在生物信息、基因工程、抗体及疫苗技术上寻求突破；以生物技术药物制造为核心，在抗体药物、基因工程药物、生物疫苗、细胞制备等方面持续发力。

5. 节能环保产业

应加大龙头企业培育力度，引导优质资源集聚，有效发挥大企业大集团的引领带动作用，鼓励沈阳鼓风机集团、特变电工沈阳变压器等一批规模大、技术新、实力强的龙头骨干企业、产业链“链主”企业做大做优做强，进一步发挥品牌、人才、市场、资金优势，从设备制造商向综合服务商发展，提高国内外市场的综合竞争力。引导清华锅炉等中小企业向"专精特新"方向转型，培育一批"专精特新""小巨人"和"单项冠军"企业，企业通过一项技术、一种材料、一个零部件和一件产品的关键性突破，带动全产业链水平整体提升。应依托行业协会等社会组织，规范环保企业经营行为，形成龙头企业引领、中小企业配套、产业链协同发展的良好产业生态，促进节能环保产业健康发展。

6.1.2.4 遏制"两高一低"项目发展

对"两高"项目实行清单管理、分类处置、动态监控。应对现有项目积极进行产业转型升级和技术改造，推动能效水平应提尽提，力争全面达到国内乃至国际先进水平。科学评估拟建项目，区域引进项目应严格按照"三线一单"管控要求和相关规划准入要求执行，按照"减量替代"原则压减产能，对标国际先进水平提高准入门槛；对能耗量较大的新兴产业，支持引导企业应用绿色低碳技术，提高能效水平。深入挖潜存量项目，加快淘汰落后产能，通过改造升级挖掘节能减排潜力。强化常态化监管，对于不符合要求的"两高"项目实施取缔关停。

按照《辽宁省人民政府办公厅关于印发辽宁省城镇人口密集区危险化学品生产企业搬迁改造实施方案的通知》(辽政办发〔2018〕28 号)，加快推动沈阳沈阳石蜡化工有限公司等高能耗低产出生产企业搬迁或技术改造。

6.1.3 推动城乡建设碳达峰

6.1.3.1 以绿色低碳指导城市更新改造

高水平规划区域城市更新改造，以"城市软装"3S 理念 —— soft, superior, sustainable 助力城市更新，推动生态工业示范园区在发展空间上由单一功能分区向产城融合转变，实现生产、生活、生态"三生"融合发展。以碳达峰碳中和为目标，推进生态修复、功能完善工程，统筹城市规划、建设、管理，合理确定区域建设规模、人口密度、空间结构，探索出一条经济、社会、生态、人文等效益融合共赢的城市绿色低碳更新之路。

6.1.3.2 推进城乡建设绿色低碳转型

1. 推进建筑产业现代化

严格落实《沈阳市人民政府办公室关于印发沈阳市大力发展装配式建筑

工作方案的通知》(沈政办发〔2021〕26 号),发展适宜的装配式建筑,以新型建筑工业化带动建筑业全面转型升级,推动城乡建设绿色发展和高质量发展。开发区可在新建公租房、返迁安置房、学校和医院等项目上发挥示范引领作用。

2. 推进"海绵城市"建设

制定《沈阳经济技术开发区海绵城市专项规划》,通过城市规划、建设的管控,从"源头减排、过程控制、系统治理"着手,综合采用"渗、滞、蓄、净、用、排"等技术措施,统筹协调水量与水质、生态与安全、分布与集中、绿色与灰色、景观与功能、岸上与岸下、地上与地下等关系,控制城市雨水径流,最大限度地减少由于城市开发建设行为对原有自然水文特征和水生态环境造成的破坏,将城市建设成"自然积存、自然渗透、自然净化"的"海绵体",使城市能够像海绵一样,在适应环境变化、抵御自然灾害等方面具有良好的"弹性",实现"修复城市水生态、涵养城市水资源、改善城市水环境、保障城市水安全、复兴城市水文化"的多重目标。

开发区内的新建建筑与小区、大型商业综合体项目需按照《市城乡建设局关于明确新建建筑与小区项目海绵城市建设标准的通知》(沈建发〔2021〕4 号)中的相关要求进行建设。

6.1.3.3 加快提升建筑能效水平

1. 提升新建建筑能效水平

严格贯彻国家民用建筑节能强制性标准要求,全面执行新建居住建筑 75%、公共建筑 72% 的节能标准。在确保建筑节能强制性标准执行质量和水平的基础上,以沈阳中关村科技创新基地为重点开展超低能耗建筑、近零能耗建筑、零能耗建筑和零碳建筑等高能效建筑项目示范,促进新建建筑能效提升。

2. 推动既有建筑能效水平

充分运用建筑信息模型(BIM)、城市信息模型(CIM)、能源互联网、大数据、物联网、云计算等信息技术开展区域现状评估和生态诊断,以生态工业园范围内的科研机构、政府办公、学校、医院等公用服务设施领域为重点,对建筑绿色化改造规模提出目标要求,引导绿色建筑规模化发展。

6.1.3.4 优化建筑用能结构

积极探索适宜开发区的可再生能源应用新模式，鼓励光伏建筑一体化应用，支持利用太阳能、地热能和生物质能等建设可再生能源建筑功能系统。

优先发展屋顶分布式光伏发电，实现就地生产、就地消纳；推动太阳能光热系统在开发区中低层住宅及酒店、学校等有稳定热水需求的公共建筑中应用；因地制宜推广使用水源热泵、地源热泵、空气源热泵等可再生能源应用技术解决建筑采暖用能需求。

6.1.3.5 实施绿色低碳环境基础设施

推进城镇污水管网全覆盖，污水全收集、全处理，推动开发区管网地理信息系统建设，提升建设运营水平和处理效能。

推进完善匹配的分类运输体系建设，有效衔接前端分类收集及末端分类处理，高标准建设生活垃圾处理设施，做好餐厨垃圾资源化利用和无害化处理。

以再生资源产业园为基础进一步完善危险废物处置设施建设，强化开发区医疗废物收集转运处置体系，提高危险废物医疗废物的集中处置能力和信息化、智能化监管水平，严格执行经营许可管理制度。

6.1.4 交通运输绿色低碳发展工程

6.1.4.1 构建绿色高效的交通运输体系

1. 大力推进公交系统建设

增加公交车辆投放，优化公交路线，构建高效、便捷的交通体系。落实公交优先发展战略，积极发展快速公交，提高公交线网密度，优化常规公交线网布局，实现开发区客运交通一体化。

2. 积极推进智能交通建设

加快联网电子停车、智能交通诱导、道路交通指示标识设施等的建设，完善开发区交通信息采集和发布机制，建立覆盖市域路网的信息管理服务系统，健全开发区智能交通体系，提高路网整体运营和管理效率，营造高效有序的交通环境。

3. 以 TOD 模式推动绿色出行

以地铁一号线、三号线等轨道站点为核心开展一体化慢行体系设计，实现 TOD 项目与绿道体系、公共交通深度耦合和无缝连接，构建形成高效便捷的绿色交通体系，打造“轨道引领、公交优先”的出行格局，有效缓解拥堵、提升城市运行效率。以不断完善的公建配套，为市民提供高品质优居选择，让群众更多地享受到国家生态工业示范园区的建设成果。

6.1.4.2 推动运输工具装备低碳化

推动高能耗、高排放老旧机动车提前注销报废。积极扩大电力、氢能、天然气、先进生物液体燃料等新能源、清洁能源在交通运输领域的应用。推动城市公共服务车辆电动化替代，推广电力、氢燃料、液化天然气动力重型货运车辆。因地制宜推进公路沿线、服务区、停车场等适宜区域合理布局光伏发电设施。

6.1.4.3 加快绿色交通基础设施建设

积极推广使用公路新材料、新工艺、新设备，推进生态公路建设。加快新能源汽车充气、充换电等配套设施建设。在生态工业园推进智能网联汽车自动驾驶技术研发与试点示范。

6.1.5 节能提效减污降碳工程

6.1.5.1 全面提升节能管理水平

以赛莱默、中车集团北车车辆、宝马、沈阳鼓风机集团、普利司通等为示范，推动重点企业能源管理体系建设，定期开展能源计量审查、能源审计、能效诊断和对标，发掘节能潜力，构建能效提升长效机制。依托区内工业互联网平台建设，提高重点企业能源、碳排放等数据的计量、核算精度和可信度，持续推进企业生产流程和工艺的绿色化、数字化节能升级。

6.1.5.2 实施节能降碳重点工程

推动园区能源系统整体优化，规划布局分布式新能源，推进以分布式“新能源 + 储能”为主体微电网的试点示范。推动区内汽车制造、高端装备制造、化工制药等主要产业实施节能降碳改造，包括采用智能化绿色工艺技术，使用高效节能设备，优化工艺参数、提高能量利用效率、对公辅设施进行改造等工程。

对政府机关、事业单位、医院、学校等公共机构既有建筑围护结构、供热、制冷、照明等设施实施节能降碳改造，积极推广公共机构太阳能光伏以及地源、水源、空气源热泵技术的应用，率先采购使用节能和新能源汽车。

6.1.5.3 推进重点用能设备节能提效

建立以能效为导向的激励约束机制，推广先进高效产品设备，加快淘汰落后低效设备。加强沈阳机床、贝卡尔特等企业重点用能设备的节能审查和日常监管，强化生产、经营、销售、使用、报废全链条管理，严厉打击违法违规行为，确保能效标准和节能要求全面落实。

以电机、风机、泵、压缩机、变压器、换热器、工业锅炉等设备为重点，全面提升能效标准。支持清华锅炉厂建设新型高效节能环保锅炉制造基地，与国内高校合作研发最新型循环流化床锅炉，运用生物质等锅炉燃烧技术，实现清洁燃烧和可再生能源的高效利用。

6.1.5.4 加强新型基础设施节能降碳

提升工业互联网基础设施能力，加快推进 5G 基站建设，实现全区 5G 网络全覆盖。重点推进“星火 · 链网”（沈阳）超级节点及骨干节点、省邮电设计院等 5 户企业标识解析二级节点建设。

6.1.5.5 推进减污降碳协同增效

在开发区以清洁生产、“无废城市”建设等为主要抓手，开展环境污染物与二氧化碳排放协同管控。推动构建集污水、垃圾、固体废物、危险废物处理处置设施和监测监管能力于一体的环境基础设施体系。加强大气污染和跨区河流协同治理，深化重污染天气联防联控，发挥区域绿色发展的示范引领作用，促进减污降碳协同增效。

6.1.6 循环经济助力降碳工程

6.1.6.1 推进园区循环化发展

围绕园区产业特点，探索项目间、企业间、产业间的循环链接，以沈阳鼓风机集团、特变电工为核心，发展废物静脉产业链，对装备制造业产生的各种废金属进行处置再生；发展配套服务类产业，为装备制造业提供各种专业表面处理的服务。建设园区废物交换平台、循环经济技术研发中心等公共基础设施，制定入园企业、项目的准入标准，大力推行清洁生产，构建环境管理体系，推广环境质量标准认证。

6.1.6.2 加强对大宗固体的废物综合利用

推进汽车制造、高端装备制造、化工制药等重点行业工业固体废物减量化，加强可循环、可降解材料及产品应用推广，减少工业固体废物产生量。以开发区东泰、恒泰化工等固体废物处置企业为依托，推进园区废物综合利用，探索建立基于区域特点的工业固体废物综合利用产业发展模式。实施工业固体废物资源综合利用评价，推动的园区率先实现新增工业固体废物能用尽用、存量工业固体废物有序减少。

6.1.6.3 建立健全资源循环利用体系

实行产业链招商、补链招商，建立园区资源循环利用体系，实现企业间、产业间物料闭路循环、物尽其用。鼓励北方重工、沈阳鼓风机集团等企业将废旧产品利用技术手段进行修复和改造，创建“无废企业”。推动建筑垃圾资源化利用，推广废弃路面材料原地再生利用。完善废旧物资回收网络，推行“互联网+”回收模式，实现再生资源应收尽收。

6.1.6.4 推进生活垃圾减量化资源化

积极贯彻落实《沈阳市生活垃圾分类管理办法》，以实现生活垃圾减量化、资源化、无害化为目标，建立健全生活垃圾分类投放、分类收集、分类运输、分类处置的全程分类体系，积极推进生活垃圾源头减量和资源循环利用。将开发区内产生的固体废弃物分为可回收物、有害垃圾、厨余垃圾、其他垃圾四类。开发区内不同功能区域的生活垃圾种类不尽相同，故应针对不同区域制定相对适宜的垃圾收集方案。

6.1.7 绿色低碳科技支撑工程

6.1.7.1 完善科技创新体制机制

充分发挥市场调节作用，构建产业转型绿色发展长效机制。完善产业转型绿色发展评价体系，强化结果运用，形成促进绿色产业发展的激励约束机制。建立以市场化为导向、能够反映市场供求关系、资源稀缺程度、环境损害成本的资源价格形成机制。开展能效、水效、环保领跑者引领行动。推进政府绿色采购，优先购买和使用符合国家绿色认证标准的产品和服务，促进企业改善能源利用和环境行为。

建立完善绿色低碳技术评估、交易体系和科技创新服务平台，建设绿色制造技术、专利池，全面加强知识产权保护工作。推进区内沈阳化工大学国家科技成果转化试点、沈阳化工研究院科改示范企业、沈阳工业大学国家大学科技园、中德合作双元制职业教育等创新试点工作。推进中科沈阳产业技术创新研究院、大连理工大学军民融合沈阳铁西研究院等新型研发机构的建设，推动中车、中化等央企建设成果转化基地，提升20余个众创空间、孵化器、大学科技园等科技载体的专业能力。采取政府购买服务等方式，健全绿色技术创新公共服务体系，扶持初创企业和成果转化。

完善绿色技术创新成果转化机制，落实首台（套）重大技术装备保险补偿政策措施，支持首台（套）绿色技术创新装备示范应用。支持企业、高校、科研机构等建立绿色技术创新项目孵化器、创新创业基地。完善科技成果转移转化激励政策，加快对先进成熟技术的推广应用。

6.1.7.2 打造绿色低碳技术研发与应用高地

1. 构建绿色技术创新体系

严格落实绿色产业指导目录、绿色技术推广目录，引导绿色技术创新方向，推动各行业技术装备升级。激活全区现有创新平台，围绕节能减排重大需求的关键领域和“卡脖子”环节，明确补链强链的重点领域和主攻方向，切实强化共性技术供给。大力培育绿色技术创新企业，重点引导宝马、沈阳鼓风机集团、特变电工等龙头企业围绕市场和产业发展需求，整合产业链上下游各类创新资源，推动行业深度研发和生态环保产品的有效供给，构建绿色、高效、低碳的技术创新体系。

2. 加强绿色关键核心技术攻关

依托沈大国家自主创新示范区（以下简称“沈大自创区”）的合作交流机制，加快创新要素高效流动，引领形成沈大绿色科创走廊。积极对接国内外科技资源，挖掘华晨宝马研发中心、沈阳鼓风机集团核泵工程技术研究中心、三生制药抗体药物国家工程研究中心等企业研发平台市场化技术引领能力。瞄准绿色发展中的难点、痛点，研究围绕核主泵、高速高精数控机床等先进装备，聚集车身数字化、车联网、无人驾驶和新能源汽车下一代电池、电机、电驱技术等方向，瞄准精准诊治、基因工程、细胞工程、生物大分子纯化细分产业领域，集中优势力量攻克技术难关，形成一批压箱底的技术，转化一批先进适用技术，储备一批前沿技术。

3. 提高创新发展核心竞争力

实施绿色技术创新攻关行动，在清洁能源、污染防治与修复、新能源汽车等重点领域推动关键核心技术的攻关和应用示范。推动绿色建筑技术与装配式、智能技术深度融合发展，开展超低能耗建筑技术研发。推进绿色技术创新基地平台建设，依托骨干企业、高校和科研院所在绿色技术领域培育建设一批省级以上的工程研究中心、技术创新中心、产业技术研究院、重点实验室、科技资源共享服务平台。强化企业绿色技术创新主体地位，支持企业牵头组建创新联合体，鼓励企业牵头或参与财政资金支持的绿色技术研发项目、市场导向明确的绿色技术创新项目。以科技创新作为推动企业发展的重要手段，通过促进企业与高校产学研合作，加强创新平台建设，提高企业自主创新能力，提升企业产品的科技含量，推动传统工业向新兴科技产业转变，为区域经济创新发展、产业转型升级、新旧动能转换提供强有力支撑。

6.1.7.3 强化人才引进和培养

1. 健全科技创新人才培养机制

围绕开发区低碳产业发展需求，建立低碳技术人员培养体制，注重对低碳技术人才的继续教育，与高等院校、科研机构开展多形式的合作，建立完善的“产学研”合作机制，培养一批具备低碳理念和创新意识的人才队伍，加快推进低碳技术的研发与应用。创新教育培养模式，强化政府及相关部门的日常培训、继续教育和前沿教育，加快培养与低碳发展相适应的高素质人才队伍，有效提升开发区发展软实力。

2. 加大低碳发展人才引进力度

开发区应加强低碳发展相关领域的人才引进力度，落实人才优惠政策，营造吸引产业急需的高层次技术人才发展、居住的良好环境，全力打造低碳专业人才集聚洼地。增强人才竞争观念，建立和健全开放性的人才流动机制，构建完善的人才服务平台，积极引进国内外高素质的低碳技术人员，鼓励和支持高校毕业生到开发区投资创业。

3. 建立专家咨询机制

建立多层次的专家咨询委员会，包括省市和开发区有关领导、科研单位和大专院校相关方面的专家、第三方服务机构负责人等，负责指导开发区的低碳发展规划、低碳政策设计以及运行管理等。

4. 加强国内外技术合作

积极推动开发区在低碳经济、生态环境建设与保护、清洁生产技术与工艺、资源综合利用等方面开展国际交流与合作，吸引国外低碳高端人才、科研机构进园创业发展。

6.1.8 生态碳汇能力巩固提升工程

1. 巩固生态系统固碳能力

强化国土空间规划和用途管控，严控生态空间占用，稳定现有生态系统的固碳作用。严控新增建设用地规模，推动存量建设用地盘活利用，加强土地资源节约集约高效可持续利用。

2. 提升生态系统碳汇能力

构建浑河、细河生态廊道，实施生态封育、河口湿地修复等项目建设，依托开发区滨水空间以及高快速路、高压走廊等线性绿带，打造连续成网的绿道体系。在开发区内通过见缝插绿、拆墙透绿、腾地造绿，最大限度增加绿化面积。

3. 加强生态系统碳汇基础支撑

建立生态系统碳汇监测核算体系，开展区内碳汇本底调查、碳储量评估等工作，做好碳汇资源管理“一张图”数据与国土“三调”数据对接融合。建立健全能够体现碳汇价值的生态保护补偿机制。

6.1.9 绿色低碳全民行动工程

6.1.9.1 加强低碳发展宣传教育

一是积极举办公众参与低碳发展的重大主题活动，鼓励活动主办方融入低碳宣传，引导民众参与低碳园区建设。政府牵头设立低碳学习活动日，通过宣传手册、现场学习、低碳知识竞赛等方式，吸引公众参与，让低碳发展理念深入人心。

二是组织开展低碳专题培训。对不同行业、不同部门组织开展低碳专题培训，介绍低碳理念、低碳发展途径以及低碳生活方式等，为行业从业人员和部门管理人员提供转换观念、更新知识结构、提升职业素质的契机。设立低碳专业培训班，为低碳相关领域的从业人员提供专业低碳知识培训。

三是创建低碳展览和展示平台。创建低碳展览和展示平台，通过营造低碳会展空间、低碳应用展示等多种途径传播低碳理念，积极推动低碳展览中交通、物流、服务、参观、游憩等活动的低碳化，提高低碳展览的可持续性和创造性。

6.1.9.2 推广绿色低碳生活方式

引导低碳发展潜力较大或节能低碳、循环经济、资源综合利用等相关工作基础较好的社区开展低碳社区试点建设，探索建立政府引导、社会协同、公众主体的社区低碳发展机制，形成一批因地制宜、特色鲜明，可复制、可推广、可借鉴的社区低碳发展经验，择优争创省级、市级低碳示范社区。

1. 以低碳理念统领社区建设全过程

将低碳创建工作纳入社区工作计划，与社区日常工作同安排、同部署。根据社区的基础条件、居民特点因地制宜地制度切实可行的创建低碳社区的工作方案；建立低碳社区创建工作小组，专职人员负责，充分调动社区居委会、社区志愿者、居民参与创建，形成人人有责、共同参与的社会氛围。

2. 积极培育低碳文化和低碳生活方式

引导居民树立尊重自然、顺应自然、保护自然的生态文明理念，开展低碳家庭创建活动，鼓励社区内居民在衣、食、住、用、行等各方面践行低碳理念。制定和发布社区低碳生活指南，引导居民自觉减少能源和资源浪费。倡导清洁炉灶、低碳烹饪、健康饮食，减少食品浪费。鼓励选用低碳节能节水家电产品以及简约包装商品，鼓励采用步行、自行车、公共交通、拼车、搭车等低碳出行方式。设立社区低碳宣传教育平台，组织开展多种形式的宣教引导和实践体验活动，推介低碳知识，宣传低碳典型。

3. 加强低碳项目建设和低碳设施提升改造

加强社区低碳生活配套设施建设，统一规划建设社区公共自行车租赁和电动车智能充电设施；积极推进居民使用天然气等清洁能源；建设社区垃圾分类收集、分选回收、预处理等系统，鼓励就近建设餐厨垃圾处理设施；鼓励社区采用太阳能、发光二极管（LED）灯等高效照明系统。

4. 营造优美宜居的社区生活环境

加强社区生态环境规划。加强社区闲置土地整治，拓展社区绿色空间，通过增加绿化面积，提升社区环境质量。加强社区生态环境用水节约、集约、循环利用，完善社区雨水排水系统，改善社区积水问题。加强社区公园、广场、文体娱乐场所等公共服务场所的建设。

6.1.9.3 引导企业履行社会责任

1. 加强温室气体排放统计与核算

开发区应搭建温室气体统计核算平台，开展重点用能单位的碳排放核查，建立可信赖的温室气体排放和能源消费的台账记录，实现碳排放的可监测、可核查和可报告。同时，重点用能单位应根据自身碳排放情况，深入研究碳减排路径，“一企一策”制定专项工作方案，推进节能降碳。

2. 建立温室气体排放信息披露制度

开发区应逐步推动建立企业温室气体排放信息的披露制度，鼓励企业主动公开温室气体排放信息，并纳入企业年度社会责任报告。倡导国有企业、上市公司、纳入碳排放交易市场企业公布温室气体排放信息和控排行动措施示范和样板，逐渐引导大中型企业将碳减排作为未来发展的规定动作。

6.2 碳中和总体实施路径

以“减少碳排放”为主、“增加碳吸收”为辅的路径实现 2060 年碳中和。

6.2.1 减少碳排放

以碳替代、碳减排、碳封存、碳循环这四种主要途径减少碳排放。碳替代主要包括用电替代、用热替代和用氢替代等；碳减排包括节约能源和提高能效；碳封存是将大型火力发电、化工厂等产生的 CO_2 收集后，运输至合适场所，利用技术手段长时间与大气隔离封存；碳循环包括人工碳转化和森林碳汇等。

6.22 增加碳吸收

从“生物固碳”和“技术固碳”两种主要途径增加碳吸收。

“生物固碳”是指利用植物自身的光合作用，将大气中的 CO_2 储存起来，

吸收进来的 CO_2 一部分随着植物和土壤的呼吸、植被的死亡等释放出去，剩余的部分可以被固定在植被和土壤中，形成碳汇。

“技术固碳”通过碳捕捉实现碳的资源化、能源化利用，如 CO_2 代替石油做化工原料、CO_2 制作燃料等。

6.3 绿色低碳协同措施

6.3.1 提升环境监管水平

一是随着入园企业数量逐步增多，环境监管要求愈加严格，沈阳经济技术开发区要保持环境监管高压态势，进一步严格执行《环境保护法》《大气污染防治法》《水污染防治法》等法律法规，建立常态化机制，采取综合手段，在做好执法检查的同时，要强化对企业的业务指导，帮助企业扫清认识盲区，提高环保管理能力，全面落实环境管理的各项制度，确保全区环境安全。

二是在全面建设企业用电、餐饮油烟、道路扬尘、非道路移动机械、黑烟抓拍等数据系统，溯源追踪，以信息化、智能化推动大气污染源监管的精细化、标准化。

三是沈阳经济技术开发区可建立覆盖全区域的空气质量自动监测微站，依托大量自动监测微站的实时监测力量，加强对空气污染的全面监控，实现快速预判。

四是建立网格化监管体系、区域 VOCs 及异味气体预警及管控体系，对特征污染物进行跟踪监测和数据统计，通过大数据分析，实现精准治污。继续增加重点企业的自行监测能力，加大对企业的管理力度，最大程度地减少污染物排放。

6.3.2 构建环保治污新模式

应结合当前环保形势，提升沈阳经济技术开发区环境监管精细化、专业化、科学化能力，督促企业主动落实环保责任，推进沈阳经济技术开发区环境管理全面发展。推行“环保管家”服务工作，通过推行环保管家试点工作，初步探索出“政府主导、第三方协同、共同治理”的环境管理新路子，构建“园区 - 企业 - 服务机构 - 专家”四方共同参与的环境治理体系，打造环保监管与服务新模式。如通过管家对重点污染源精准把脉，建立一企一策，实现对症下药，精准管理。

6.3.3 强化标准引领作用

发挥地方标准在产业转型绿色低碳发展中的支撑引领作用，促进标准的有效供给。加大强制性绿色低碳标准贯彻实施的力度，提升相关部门和重点企业的贯标意识和能力。充分发挥市场主体作用，鼓励社会组织和产业技术联盟协调相关市场主体共同制定满足绿色低碳发展需要的标准。

6.3.4 坚决推动绿色转型

以碳达峰、碳中和为重要抓手，走生态优先、绿色低碳的发展道路，推动全面绿色转型。一是坚决守住环境质量底线和生态保护红线，实施山水林田湖草沙保护修复工程，用生态环境质量的大幅提升重塑绿色发展的基础优势。二是加快推动“双碳”行动落实落地。对标对表党中央部署和省市要求，统筹明确目标、路线图和配套措施，构建清洁低碳、安全高效的能源体系，全面提升资源能源利用效率，在碳达峰、碳中和方面体现“沈阳经济技术开发区担当”。三是健全完善环境治理体制机制。深入推进生态文明体制改革，建立健全环境治理监管评价体系和生态产品价值实现机制，打造“城在绿中，人在景中”的优美环境，建设天蓝、地绿、水清的生态宜居家园。

6.3.5 坚决扩大开放合作

应主动服务和积极融入新发展格局，开放是必由之路。一要始终坚持开放带动。要进一步拓宽开放领域、优化开放结构、提高开放质量，更好利用国际国内两个市场、两种资源，全面落实对外开放三年行动方案，建设更高水平的开放型经济新体制，在更大范围、更深层次汇聚资本和资源，打造振兴发展新优势。二要始终坚持“项目为王”。紧紧扭住项目建设这个“牛鼻子”，提高市场化、专业化招商能力，做实 4 个招商中心 +2 个离岸创新中心的招商体系，着力引进和培育投资规模大、经济效益好、产业链关联度高、创新能力强的项目。三要打造高水平开放平台。充分发挥国家级开发区开放合作平台、中德园国际化开放合作平台、沈阳·中关村创新型企业集聚平台的对外开放“桥头堡”作用，深入对接京津冀协同发展，支持企业参与“一带一路”互联互通基础设施重大项目建设，以更加开阔的胸怀在更高层次、更宽领域汇聚社会各界的资本资源。

6.4 绿色低碳保障措施

6.4.1 加强组织领导

应加强组织领导，对碳达峰相关工作进行统一领导，整体部署和系统推进各项工作，统筹研究重要事项、协调解决重大问题。各成员单位按照职责分工，逐年制定工作计划和任务清单，扎实做好碳达峰各项工作。各部门要结合实际，将重点任务项目化、清单化，管委会做好主体实施工作，各部门做好指导工作，确保各项任务落到实处。充分发挥行业协会、产业联盟、科研院所、高等院校等的桥梁纽带作用，助力重点行业和重要领域绿色发展。定期开展碳达峰实施成效的跟踪评估工作，确保碳达峰工作的有效落实。

6.4.2 强化责任落实

各部门应充分认识实现碳达峰、碳中和目标的重要性、紧迫性、复杂性和艰巨性，按照实施路径确定的主要目标和重点任务，着力抓好各项工作落实，确保政策到位、措施到位、成效到位。能源、工业、城乡建设、交通运输等专项工作组要分级、分类建立“双碳”项目储备库，并实施动态评估调整，按年度清单化、工程化组织推进。

6.4.3 加强政策保障

6.4.3.1 鼓励技术创新

突出企业技术创新的主体地位，鼓励企业加大研发投入，加大共性技术研发力度，增加关键核心技术突破能力，建设企业技术中心、工程技术研究中心、重点实验室等创新机构。充分发挥省内科研院所、大专院校的优势，构建实质性产学研联盟，让企业当“盟主”，让企业真正成为技术创新的主体，促进科技成果向现实生产转化。加强专家队伍建设和人才智力支撑，为产业转型绿色低碳发展提供战略咨询和技术支撑。

6.4.3.2 建立健全市场化机制

充分发挥市场调节作用，构建产业转型绿色发展长效机制。完善产业转型绿色发展评价体系，强化结果运用，形成促进绿色产业发展的激励约束机制。建立以市场化为导向、能够反映市场供求关系、资源稀缺程度、环境损害成本的资源价格形成机制。开展能效、水效、环保领跑者引领行动。推进政府绿色采购，优先购买和使用符合国家绿色认证标准的产品和服务，促进企业改善能源利用和环境行为。

6.4.3.3 落实绿色低碳政策

强化中小企业节能减排和绿色发展的相关政策，落实节能减排、绿色制造、资源综合利用等有关税收优惠政策。加大财政资金支持绿色发展项目的改造和建设力度。大力发展绿色信贷、绿色担保和绿色保险等绿色金融，鼓励商业银行开发绿色金融产品。

6.4.4 严格监督考核

按辽宁省、沈阳市的统一部署，实施以碳强度控制为主、碳排放总量控制为辅的制度，对能源消费和碳排放指标实行协同管理、协同分解、协同考核。研究将“双碳”工作纳入园区绩效考核指标体系，逐步建立系统完善的碳达峰碳中和综合评价考核制度，将考核结果作为领导班子和领导干部综合考核评价、奖惩任免的重要参考。

附表 1　2020 年沈阳经济技术开发区重点一般工业固体废物产生企业固体废物利用情况

企业名称	一般固体废物种类	产生量（t）	综合利用量（t）	综合利用方式
沈阳中航机电三洋制冷设备有限公司	废包装、废铁、废铜线、废机加件	11 237	11 237	废下脚料出售给沈阳铁香铸造有限公司，用于铸件的生产，废包装出售给沈阳市凡沃印刷厂，用于制造纸制品
沈阳秉信环保包装有限公司	废纸	5 726.38	5 726.38	出售给辽宁沈抚实业有限公司
沈阳石蜡化工有限公司	粉煤灰、炉渣	12 850	12 850	外售给沈阳市兴盛建筑材料有限公司用于生产建材
华晨宝马汽车有限公司铁西工厂	废旧锂电、金属废料、非金属生产废物（木头、合成木材、纸板纸张、塑料薄膜、纯塑料零件、混合塑料部件、泡沫、橡胶 / 轮胎）	4 668.756	4 668.756	废旧高压电池 / 模组 / 电芯交由华友钴新材料有限公司综合利用，非金属废料委托沈阳金钰镁仑商贸有限公司等进行回收，金属废料委托本溪钢联金属资源有限公司、中铝东南材料院（福建）科技有限公司、本溪钢联金属资源有限公司等进行利用

续表

企业名称	一般固体废物种类	产生量（t）	综合利用量（t）	综合利用方式
北方重工集团有限公司	钢屑、铝屑、钢材	8 022.95	8 022.95	出售给辽宁陆帆实业有限公司、辽宁圣宝龙物资回收有限公司、辽宁光林废旧物资回收有限公司等用于再制钢材、铝材
沈阳经济技术开发区热电有限公司	粉煤灰、炉渣	113 318.4	113 318.4	物资回收公司回收后交由建材生产企业生产建材
米其林沈阳轮胎有限公司	不合格轮胎、下脚料等	5 516.94	5 450.37	交由贝斯特金属制品收购有限公司等进行综合利用
沈阳沈西热电有限公司	粉煤灰、炉渣	14 000	14 000	出售给沈阳市倾天建材厂用于生产建材
特变电工沈阳变压器集团有限公司	废钢、废铜、废电缆等	5 807.15	5 807.15	外售给汇发金属材料有限公司等综合利用
沈阳鼓风机集团股份有限公司	废钢、废铜、废铝等	9 134	9 134	外售给沈阳国瑞再生资源有限公司综合利用
中车沈阳机车车辆有限公司	废钢材、钢屑等	4 801.48	4 801.48	外售给辽宁沈车铸业有限公司、沈阳恒辉机车车辆配件有限公司等单位综合利用

附表 2 《规划》中远期重点支撑项目

类别	序号	名称	内容	效益	2018—2020 年实施情况
生态产业补链项目	1	构建装备制造、汽车及零部件、现代建筑产业链	实施机床、通用及石化、重矿装备、汽车及零部件等千亿产业集群项目	延伸产业链，增强园区配套能力	在装备制造业方面，安川电机（沈阳）有限公司实施三期扩产，沈阳诺达动力有限公司建设了永磁方波电机产业项目，沈阳中航机电三洋制冷设备有限公司实施了新冷媒环保节能压缩机技术改造项目，沈阳恩斯克有限公司进行二期扩建，沈阳鼓风机集团沈阳透平机械股份有限公司完成“十二五”舰船设备生产能力建设，沈阳鼓风机集团股份有限公司建成核电主泵多功能全流量试验台。在汽车及零部件产业方面，完成华晨宝马新工厂、华晨宝马全新 3 系及 X2 产品建设、华晨宝马动力电池中心二期等多个项目，实施了沈阳华翔汽车零部件有限公司宝马零部件工厂专业生产线项目、延锋彼欧（沈阳）汽车外饰系统有限公司增产项目、劳士领汽车配件（沈阳）有限公司年生产 20 万套汽车配件项目、新晨动力机械（沈阳）有限公司发动机曲轴生产项目、佩尔哲汽车内饰系统（太仓）有限公司沈阳分公司新建汽车隔音隔热垫项目、欧拓（沈阳）防音配件有限公司开发区分公司汽车零部件制造项目、沈阳晨发汽车零部件有限公司建设项目、采埃孚伦福德汽车系统（沈阳）有限公司 PCB 产能增加项目、博斯汽车

续表

类别	序号	名称	内容	效益	2018—2020 年实施情况
生态产业补链项目	1	构建装备制造、汽车及零部件、现代建筑产业链	实施机床、通用及石化、重矿装备、汽车及零部件等千亿产业集群项目	延伸产业链，增强园区配套能力	部件（沈阳）有限公司年产 18 万套汽车天窗项目、赛轮（沈阳）轮胎有限公司年产 330 万套高性能智能化全钢载重子午线轮胎项目、沈阳市中瑞机械有限责任公司汽车零部件生产项目、沈阳敬信汽车零部件有限公司汽车零部件制造项目、泰孚（沈阳）汽车零部件有限公司高档轿车隔音地毯及行李架项目
	2	新能源产业集群项目	引进电气及新能源企业，打造千亿产业集群	加大“绿色产品”生产，提升整个园区的技术水平	在电气产业方面，完成了沈阳市宏远电磁线有限公司电磁线产业化扩建项目、沈阳安泰电气有限公司配件加工项目。特变电工沈阳变压器公司特高压交流 1 000kV、直流 ±1 100kV 产品投运。辽宁振昌智能电气设备有限公司与紫光中德合作打造了辽宁省内首家配电变压器数字化生产车间。 在新能源及环保型产品的生产、研发方面，华晨宝马建设新工厂项目，生产产品包括新 BMW3 系长轴距电动车（G28BEV）及换代产品、下一代 BMW X3 纯电动车（G08BEV NM）。华晨宝马动力电池中心二期建成投产，其生产的新一代动力电池将率先搭载在华晨宝马首款纯电动汽车 BMWiX3 上。宝马在全国建设了超过 30 万个公共充电桩，覆盖 300 余个城市

续表

类别	序号	名称	内容	效益	2018—2020年实施情况
物质代谢工程	3	企业清洁生产审核	持续性地开展重点企业清洁生产审核，从源头上开展资源再利用	有效降低污染物排放	沈阳华泰昌隆表面技术有限公司、沈阳中光电子有限公司、东北制药集团股份有限公司、特变电工沈阳变压器集团有限公司4家企业均已开展清洁生产审核并通过评估
节能减排污染治理工程	4	建筑节能工程	加大建筑节能技术和产品的推广力度等	节能降耗	沈阳经济技术开发区完成暖房改造45.3万m^2。华晨宝马培训中心2019年被认证为绿色建筑
水资源集成及污染控制工程	5	企业中水回用示范工程	积极引导企业开展中水回用工程建设	减少企业新鲜水用量，提高水资源利用率	华晨宝马汽车有限公司、沈阳鼓风机集团股份有限公司、赛莱默水处理系统（沈阳）有限公司均建设了中水回用工程，处理后的中水用于生产和厂区绿化等。细河U谷的水使用集中污水处理厂处理后的中水作为生态补充用水
	6	“纳污并管”工程	在雨污分流的基础上，进一步完善企业内部雨污分流建设，确保园区污水全部纳入污水处理厂主管网	减少化学需氧量、氨氮污染物排放	中德园管网新建5 569m，沈阳经济技术开发区持续推进管网雨污分流改造，建设综合管廊（二期）工程
生态景观	7	碳汇林建设	开展企业绿化、增加立体绿化	提升碳汇水平	沈阳经济技术开发区修建了细河生态景观，加强了公园、道路的绿化建设，建设了沈阳西部最大的生态公园中德公园，2020年年底绿化面积达到16.36km^2，绿化覆盖率达到19.02%

续表

类别	序号	名称	内容	效益	2018—2020年实施情况
环境管理和保障体系	8	开展绿色招商	对项目进行筛选，所有项目严格按照规划实施园区化管理，对污染集中控制；发挥大项目龙头效应，围绕产业链开展绿色招商	提升园区综合竞争能力	沈阳经济技术开发区制定出台了《产业项目准入管理办法（试行）》，针对沈阳经济技术开发区整体、中德园、循环经济产业园分别制定了产业结构调整指导目录，并以用地投资强度作为工业项目准入控制指标。沈阳经济技术开发区严格按照《产业项目准入管理办法（试行）》招商，围绕沈阳机床股份有限公司、沈阳鼓风机集团股份有限公司、北方重工集团有限公司、特变电工沈阳变压器集团有限公司、三一重工股份有限公司、华晨宝马汽车有限公司等龙头企业，引进延伸产业链条的项目。
	9	环境报告	园区每年编写环境质量报告书	掌握园区环境质量	沈阳经济技术开发区编制了2018年、2019年、2020年环境质量报告书

附表 3
2015—2020 年国家生态工业示范园区指标变化情况

分类	序号	指标	标准要求	指标数值						是否达标
				2015	2016	2017	2018	2019	2020	
经济发展	1	人均工业增加值（万元 / 人）	≥ 15	31.59	31.86	38.04	38.27	36.63	42.67	达标
产业共生	2	建设规划实施后新增构建生态工业链项目数量（个）	≥ 6	6	7	8	10	10	12	达标
产业共生	3	工业固体废物综合利用率（%）	≥ 70	98.08	95.92	90.14	93.69	92.53	94.11	达标
	4	单位工业用地面积工业增加值（亿元 /km^2）	≥ 9	11.72	9.65	10.96	13.74	11.45	12.58	达标
经济发展	5	综合能耗弹性系数	当园区工业增加值建设期年均增长率＞ 0，综合能耗弹性系数≤ 0.6；当园区工业增加值建设期年均增长率＜ 0，综合能耗弹性系数≥ 0.6	1.95	1.60	2.00	−0.61	0.72	5.76	达标

续表

分类	序号	指标	标准要求	指标数值						是否达标
				2015	2016	2017	2018	2019	2020	
资源节约	6	单位工业增加值综合能耗（t标煤/万元）	≤0.5	0.40	0.43	0.38	0.22	0.25	0.20	达标
	7	新鲜水耗弹性系数	当园区工业增加值建设期年均增长率＞0，该值≤0.55；当园区工业增加值建设期年均增长率＜0，该值≥0.55	0.09	−0.02	0.07	−0.56	0.80	5.12	达标
	8	工业用水重复利用率（%）	≥75	93.62	93.56	94.08	93.40	94.01	93.90	达标
环境保护	9	工业园区重点污染源稳定排放达标情况（%）	达标	达标	达标	达标	达标	达标	达标	达标
	10	工业园区国家重点污染物排放总量控制指标及地方特征污染物排放总量控制指标完成情况	全部完成	全部完成	全部完成	全部完成	全部完成	全部完成	全部完成	达标
	11	工业园区内企事业单位发生特别重大、重大突发环境事件数量	0	0	0	0	0	0	0	达标

续表

分类	序号	指标	标准要求	指标数值						是否达标
				2015	2016	2017	2018	2019	2020	
环境保护	11	工业园区内企事业单位发生特别重大、重大突发环境事件数量	0	0	0	0	0	0	0	达标
	12	环境管理能力完善度（%）	100	100	100	100	100	100	100	达标
	13	工业园区重点企业清洁生产审核实施率（%）	100	100	100	100	100	100	100	达标
	14	污水集中处理设施	具备	具备	具备	具备	具备	具备	具备	达标
	15	园区环境风险防控体系建设完善度（%）	100	100	100	100	100	100	100	达标
	16	工业固体废物（含危险废物）处置利用率（%）	100	100	100	100	100	100	100	达标
	17	主要污染物排放弹性系数	当园区工业增加值建设期均增长率＞0，该值≤0.3 当园区工业增加值建设期年均增长率＜0，该值≥0.3	31.59	31.86	38.04	38.27	36.63	42.67	达标

续表

分类	序号	指标	标准要求	指标数值						是否达标
				2015	2016	2017	2018	2019	2020	
	18	单位工业增加值二氧化碳排放量年均削减率（%）	≥3	−9.27	−7.83	−5.70	40.20	15.00	13.66	达标
	19	单位工业增加值固体废物产生量（t / 万元）	≤0.1	0.094	0.079	0.067	0.07	0.08	0.08	达标
	20	绿化覆盖率（%）	≥15	18.41	18.43	18.48	18.80	19.05	19.28	达标
信息公开	21	重点企业环境信息公开率（%）	100	100	100	100	100	100	100	达标
	22	生态工业信息平台完善程度（%）	100	100	100	100	100	100	100	达标
	23	生态工业主题宣传活动（次 / 年）	≥2	2	2	2	2	2	2	达标

附表4　2018—2020年沈阳经济技术开发区部分企业节能措施一览表

年份	企业名称	项目名称	项目内容	节能效果
2018	沈阳中光电子有限公司	综合节能技术改造项目	对30台封装压机的油压控制系统的驱动电机进行节能改造，使用伺服电机替代原有的三相异步电机，达到节能减耗的效果，公司内（车间、办公室、仓库）普通荧光照明灯更换为新型LED照明灯具，降低能耗	年可实现节能量284.46万kW·h，折标煤350t
2018	沈阳中光电子有限公司	综合节能技术改造项目	1. 电机系统节能改造：对2台75kW、1台90kW的循环水泵进行变频改造，对4台7.5kW冷却塔风扇进行变频改造；更换5台液压泵电机、5台油泵电机、2台操作水泵电机为节能电机；对密炼机冷却水管路进行联控改造，降低冷却水泵运行频率 2. 供热系统节能改造：对锅炉烟气进行预热回收，用于供暖及锅炉用水加热；对车间内硫化机热板进行保温处理、对厂区蒸汽管道进行保温，降低热损失。 3. 变电系统改造：无功补偿改造，提高功率因数	项目建成后年可为企业节省天然气、水、电支出133万元，年节能量折合标煤549t

续表

年份	企业名称	项目名称	项目内容	节能效果
2018	沈阳中航机电三洋制冷设备有限公司	15F 生产线节能技术改造项目	1. 工艺节能技术革新，主要调整生产工序，减少中间环节，更换高效节能设备，从而降低能源供给量，增加单位产品的产出，同产能情况下，能源消耗减少四分之一； 2. 设备节能技术改造，调整主要用能设备加工方式及调整能源结构； 3. 其他需要对原 15F 生产线进行必要的匹配性更新、改造、补充等，使公司能耗水平降低四分之一	年节约 4 234.26t 标煤
	沈阳和平子午线轮胎制造有限公司	综合节能技术改造项目	主要改造内容包括开炼机系统节能改造、硫化机系统节能改造、外网管道保温节能改造、制冷机组节能改造、无功补偿改造以及绿色照明节能改造	项目年可节约蒸汽消耗 2 400t，节约电 160 万 kW·h 时，折标煤 260t
2019	普利司通（沈阳）轮胎有限公司	综合节能技术改造项目	1. 电节能改造：对照明进行发光二极管（LED）和自动控制改善，减少能源消耗；对 1 台 75kW 操作水泵进行变频改造，对压出冷却水管路进行联控改造，降低冷却水泵运行时间；直流电机改成交流电机，降低运行功率；增加可视化系统，进行联控改善；功率因数改善，减少电能损失	项目建成后年可为企业节省天然气、水、电支出 153 万元
			2. 热节能改造：对空压机余热进行预热回收，用于供暖；硫化机疏水器改造，老式疏水器改为新式疏水器，减少蒸汽外排浪费，对车间内硫化机热板进行保温处理、对厂区蒸汽管道进行保温，降低热损失。硫化机由手动装锅改为自动装锅，减少热量损失；外购蒸汽自动控制改造，减少蒸汽外排	年节能量折合标煤 546t

续表

年份	企业名称	项目名称	项目内容	节能效果
2019	贝卡尔特沈阳精密钢制品有限公司	节能节水综合技术改造项目	本项目对两厂区的生产和附属生产设施进行节能节水综合改造，具体包括：空压机余热利用、生产线冷凝水回收利用、更换燃气节能锅炉、通风系统变频改造以及空压机变频改造	年节省318.87t标煤
	沈阳名华模塑科技有限公司	生产设备（工艺）及辅助设施综合节能改造项目	1. 注塑循环水系统节能改造；2. 清漆烘房温度工艺调整；3. 注塑提升；4. 电锅炉与Bonding空调联动；5. 空压机增加节能控制柜；6. 厂区时控照明	节约能源消耗约200t标煤
	沈阳中光电子有限公司	沈阳中光电子综合节能技术改造项目（2期）	1. 对封装压机的油压控制系统的驱动电机进行节能改造，使用伺服电机替代原有的三相异步电机，达到节能减耗的效果；2. 更新空气压缩机，淘汰落后产能，提高能源利用率	年可实现节能量161万kW·h，折标煤约200t。
2019	东北制药集团股份有限公司	节能改造综合项目	采用蒸汽再压缩（MVR）技术，用于蒸发浓缩系统，就是利用外循环蒸发浓缩产生的二次蒸汽进入压缩机进行蒸汽再压缩，二次蒸汽经压缩机后蒸汽温度、压力升高，用于浓缩系统的加热热源，虽然需消耗一部分电能，但大幅度降低了蒸汽用量，同时由于对二次蒸汽的回收利用，用于对排汽降温的循环冷却水的使用量也大幅度的下降，节能效果显著	年可节约能耗17 614t标煤

续表

年份	企业名称	项目名称	项目内容	节能效果
2019	沈阳中航机电三洋制冷设备有限公司	生产线节能技术改造项目	1. 工艺节能技术革新，主要调整生产工序，减少中间环节，更换高效节能设备，从而降低能源供给量，增加单位产品的产出，同产能情况下，能源消耗减少四分之一； 2. 设备节能技术改造，调整主要用能设备加工方式及调整能源结构，如①涂装炉：由原压缩机“一钩两挂”改为“一钩四挂”，能源供给量基本保持不变，同产能情况下，能源消耗减少二分之一；②对退火炉自改，在用电及丙烷气用量不变的情况下，产品产出增加一倍，同产能情况下，能源消耗减少三分之一； 3. 其他需要对原 15F 生产线进行必要的匹配性更新、改造、补充等，使能耗水平降低四分之一	年节约 1 000t 标煤
2020	沈阳顶益有限公司	蒸箱 WSR 节能系统	对现有蒸箱进行工艺流程改造，在生蒸汽供汽管路上增加一个旁路，用于安装废热蒸汽增压装置 WSR 供汽系统。在蒸箱二次蒸汽流向两端烟囱前加装吸气管道，将要排放的二次蒸汽汇集并输送到 WSR 的低压蒸汽入口。WSR 输出的混合蒸汽送到分汽缸供蒸箱使用	年节约 749t 标煤
	东北制药集团股份有限公司	余热余压综合节能项目	1. 压缩空气余热利用：原来维生素 C 发酵用压缩空气经降温除湿后，需要用蒸汽进行加热，达到为压缩空气升温及进一步降低发酵用压缩空气的相对湿度的目的。项目实施后，利用压缩空气的余热可以完全不用蒸汽加热压缩空气，节省蒸汽消耗。 2. 蒸汽凝结水回收：维生素 C 生产所用蒸汽加热系统加热后排放全部采用疏水器，阻汽排水降低蒸汽消耗，同时采用蒸汽凝结水回收系统将蒸汽凝结水进行回收，利用于生产工艺或输送至锅炉用水，节水节汽	年节能 3 921t 标煤

续表

年份	企业名称	项目名称	项目内容	节能效果
2020	赛轮（沈阳）轮胎有限公司	智能化车间节能改造项目	热板式双模定型硫化机、导切机、自动码垛迁移调试,自动码垛迁移上位机远程调试,胎面自动拾取改造,全钢三鼓载重成型机、胎面底胶片及接头刷胶浆装置、硫化机吊装，BB2 零号皮带机改造、硫化机主支管路保温，68 寸硫化机安装 2 台，新增 BM440N 密炼机主机替换 BB3-F370 密炼机主机 -BM440N 密炼机主机、液压站、控制系统、空调风筒保温、成型机射频识别技术（RFID）供货及配套设施安装	年节能 360t 标煤

附表5 2018—2020年沈阳经济技术开发区能源投入产出情况

类别		时间		
		2018	2019	2020
能源投入	无烟煤（t）	50	51.53	100
	一般烟煤（t）	90 722.36	561 373	463 019
	褐煤（t）	1 011 607	901 490.7	856 334
	其他洗煤（t）	119 205	169 078	131 836
	焦炭（t）	7 247.52	10.66	5.96
	天然气（万 m^3）	3 963.78	4 090.89	3 992.33
	液化天然气（t）	220.25	709.03	711.65
	汽油（t）	2 426.46	2 375.27	1 964.77
	煤油（t）	85.16	106.14	43.51
	柴油（t）	3 837	3 864.9	4 297.47
	燃料油（t）	0	202	386.9

续表

<table>
<tr><th colspan="2" rowspan="2">类别</th><th colspan="3">时间</th></tr>
<tr><th>2018</th><th>2019</th><th>2020</th></tr>
<tr><td rowspan="4">能源投入</td><td>液化石油气（t）</td><td>1 013.75</td><td>1 019.72</td><td>963.19</td></tr>
<tr><td>炼厂干气（t）</td><td>1 901</td><td>1 888</td><td>947</td></tr>
<tr><td>热力（kJ）</td><td>6 546 827</td><td>6 078 350</td><td>5 850 737</td></tr>
<tr><td>电力（kW·h）</td><td>292 675.5</td><td>276 466</td><td>274 598.6</td></tr>
<tr><td rowspan="2">能源产出</td><td>热力（kJ）</td><td>7 598 863.84</td><td>13 844 302.56</td><td>13 446 171.08</td></tr>
<tr><td>电力（kW·h）</td><td>166 237.24</td><td>167 208.34</td><td>159 830.95</td></tr>
<tr><td>能源产出</td><td>综合能耗（t 标煤）</td><td>83 0035</td><td>780 791</td><td>703 250</td></tr>
</table>

附表6 2018—2020年沈阳经济技术开发区部分企业节水措施一览表

年份	企业名称	项目名称	项目内容	节水效果
2018	贝卡尔特沈阳精密钢制品有限公司	厂区综合节水改造项目	建设厂区雨水收集系统，将雨水收集后回用于绿化、生活等	项目年可节约新水消耗6 000t
		乳化液处理回用系统	新建一套废乳化液蒸发、分离浓缩及后续回用设备系统，浓缩倍数3倍，并新建一间废乳化液蒸发浓缩间。节省成本35万元/年。有效地完善了废乳化液处理系统，对生产过程中产生的废乳化液进行减量处理，废乳化液处理能力为10t/d，浓缩倍数15倍。除油后的清水回用于生产等其他水点，浓缩油委外交由有资质的单位处理	项目年可节约新水消耗2 790t
2019	赛莱默水处理系统（沈阳）有限公司	厂区中水回用	1. 升级、改造原污水处理系统，满足中水回用景观用水水质要求；2. 完成车间保洁、冲厕用中水管路系统改造；3. 完成车间产品测试试验台用中水管路系统改造；4. 完成厂区消防喷淋系统中水补水管路系统改造	可节省新水消耗6000t

续表

年份	企业名称	项目名称	项目内容	节水效果
2019	东北制药集团股份有限公司	蒸汽再压缩综合改造项目	采用蒸汽再压缩（MVR）技术，用于蒸发浓缩系统，就是利用外循环蒸发浓缩产生的二次蒸汽进入压缩机进行蒸汽再压缩，二次蒸汽经压缩机后蒸汽温度、压力升高，用于浓缩系统的加热热源，虽然需消耗一部分电能，但大幅度降低了蒸汽用量，同时由于二次蒸汽的回收利用，用于对排汽降温的循环冷却水也大幅度的下降	年可节省循环冷却水量1 779 万 m^3，按照循环水补充新水1% 计算，可节省新水消耗 17.79 万 m^3
2020	沈阳中航机电三洋制冷设备有限公司	清洁生产技术改造项目（一期）	1. 减少乳化液（危险废弃物）的排放量，由单体自循环设备改为大循环系统，增加过滤设施，回收再利用；2. 新建纯水制备系统，对部分污水进行回收、净化、再利用，减少自来水的使用量；3. 污水系统整体改造，使外排污水的COD、氨氮污染物值远低于《辽宁省污水综合排放标准》限定值	年节水约 10 万 m^3
	东北制药集团股份有限公司	蒸汽凝结水回收	维生素 C 生产所用蒸汽加热系统，加热后排放全部采用疏水器，阻汽排水降低蒸汽消耗，同时采用蒸汽凝结水回收系统将蒸汽凝结水进行回收，利用于生产工艺或输送至锅炉用水，节水节汽	节水量 47.4 万 m^3
	沈阳中光电子有限公司	纯水 R/O 废水再利用	对纯水生产工艺中 R/O 反渗透系统产生的废水进行回收加压后再利用到 DF 高压水设备、电镀室清扫用水等，当纯水 R/O 废水不足时，生活用水可自动切换补水，保障 D/F 高压水生产。该方案既能够节约新鲜水的使用量，又能够减少废水的排放量	节约新鲜水的使用量 4 224t/ 年，减少废水排放量 4 224t/ 年

附表 7a　2018 年沈阳经济技术开发区重点废气污染源常规污染物排放达标情况统计表

序号	排放源	颗粒物排放浓度（mg/m³）	SO_2 排放浓度（mg/m³）	NO_x 排放浓度（mg/m³）	执行标准	达标情况
1	东北制药集团股份有限公司（张士）	7.8	116	163	《锅炉大气污染物排放标准》（GB 13271—2014），颗粒物 30mg/m³；SO_2：400 mg/m³；NO_x：400mg/m³	达标
2	沈阳经济技术开发区热电有限公司（1#2#3#4# 炉总出口）	6.1	60	88	《火电厂大气污染物排放标准》（GB 13223—2011），颗粒物 20mg/m³；SO_2：200mg/m³；NO_x：200mg/m³	
3	沈阳经济技术开发区热电有限公司（5# 气炉出口）	4.0	33	43	《火电厂大气污染物排放标准》（GB 13223—2011），颗粒物 20mg/m³；SO_2：200mg/m³；NO_x：200mg/m³	达标
4	沈阳经济技术开发区热电有限公司（6#7# 水炉出口）	7.9	114	150	《锅炉大气污染物排放标准》（GB 13271—2014），颗粒物 30mg/m³；SO_2：400 mg/m³；NO_x：400mg/m³	达标

续表

序号	排放源	颗粒物排放浓度（mg/m³）	SO_2 排放浓度（mg/m³）	NO_x 排放浓度（mg/m³）	执行标准	达标情况
5	沈阳经济技术开发区中宇热电有限公司	6.0	54	35	《锅炉大气污染物排放标准》（GB 13271—2014），颗粒物 30mg/m³；SO_2：400 mg/m³；NO_x：400mg/m³	达标
6	沈阳沈西热电有限公司	6.6	93	124	《锅炉大气污染物排放标准》（GB 13271—2014），颗粒物 30mg/m³，SO_2：400 mg/m³；NO_x：400mg/m³	达标

附表 7b　2019 年沈阳经济技术开发区重点废气污染源常规污染物排放达标情况统计表

序号	排放源	颗粒物排放浓度（mg/m^3）	SO_2 排放浓度（mg/m^3）	NO_x 排放浓度（mg/m^3）	执行标准	达标情况
1	东北制药集团股份有限公司（张士）	6.3	65	108	《锅炉大气污染物排放标准》（GB 13271—2014），颗粒物 $30mg/m^3$；SO_2：$400\ mg/m^3$；NO_x：$400mg/m^3$	达标
2	沈阳经济技术开发区热电有限公司（1#2#3#4# 炉总出口）	6.3	7	45	《火电厂大气污染物排放标准》（GB 13223—2011），颗粒物 $20mg/m^3$；SO_2：$200mg/m^3$；NO_x：$200mg/m^3$	达标
3	沈阳经济技术开发区热电有限公司（5# 气炉出口）	8.3	6	48	《火电厂大气污染物排放标准》（GB 13223—2011），颗粒物 $20mg/m^3$；SO_2：$200mg/m^3$；NO_x：$200mg/m^3$	达标
4	沈阳经济技术开发区热电有限公司（6#7# 水炉出口）	5.6	79	90	《锅炉大气污染物排放标准》（GB 13271—2014），颗粒物 $30mg/m^3$；SO_2：$400\ mg/m^3$；NO_x：$400mg/m^3$	达标

续表

序号	排放源	颗粒物排放浓度（mg/m^3）	SO_2 排放浓度（mg/m^3）	NO_x 排放浓度（mg/m^3）	执行标准	达标情况
5	沈阳经济技术开发区中宇热电有限公司	5.2	34	84	《锅炉大气污染物排放标准》（GB 13271—2014），颗粒物 30mg/m^3；SO_2：400 mg/m^3；NO_x: 400mg/m^3	达标
6	沈阳沈西热电有限公司	8.8	89	125	《锅炉大气污染物排放标准》（GB 13271—2014），颗粒物 30mg/m^3；SO_2：400 mg/m^3；NO_x: 400mg/m^3	达标

附表 7c 2020 年沈阳经济技术开发区重点废气污染源常规污染物排放达标情况统计表

序号	排放源	颗粒物排放浓度（mg/m^3）	SO_2 排放浓度（mg/m^3）	NO_x 排放浓度（mg/m^3）	执行标准	达标情况
1	东北制药集团股份有限公司（张士）	5.4	66	89	《锅炉大气污染物排放标准》（GB 13271—2014），颗粒物 $30mg/m^3$；SO_2：$200\ mg/m^3$；NO_x: $200mg/m^3$	达标
2	沈阳经济技术开发区热电有限公司（1#2#3#4# 炉总出口）	7.6	4	42	2020 年 12 月 1 日之前：《火电厂大气污染物排放标准》（GB 13223—2011），颗粒物 $20mg/m^3$；SO_2：$50mg/m^3$；NO_x：$100mg/m^3$；2020 年 12 月 1 日起：《辽宁省燃煤电厂大气污染物排放标准》（DB21/T 3134 － 2019），颗粒物 $10mg/m^3$，SO_2：$35\ mg/m^3$；NO_x: $50mg/m^3$	达标
3	沈阳经济技术开发区热电有限公司（5# 气炉出口）	10.3	4	47	2020 年 12 月 1 日之前：《火电厂大气污染物排放标准》（GB 13223—2011），颗粒物 $20mg/m^3$；SO_2：$50mg/m^3$；NO_x: $100mg/m^3$；2020 年 12 月	达标

续表

序号	排放源	颗粒物排放浓度（mg/m^3）	SO_2排放浓度（mg/m^3）	NO_x排放浓度（mg/m^3）	执行标准	达标情况
3	沈阳经济技术开发区热电有限公司（5#气炉出口）	10.3	4	47	1日起：《辽宁省燃煤电厂大气污染物排放标准》（DB21/T3134—2019），颗粒物10mg/m^3；SO_2：35 mg/m^3；NO_x：50mg/m^3	达标
4	沈阳经济技术开发区热电有限公司（6#7#水炉出口）	5.4	52	77	《锅炉大气污染物排放标准》（GB 13271—2014），颗粒物30mg/m^3，SO_2：200 mg/m^3；NO_x：200mg/m^3	达标
5	沈阳经济技术开发区中宇热电有限公司	4.6	22	86	《锅炉大气污染物排放标准》（GB 13271—2014），颗粒物30mg/m^3；SO_2：200 mg/m^3；NO_x：200mg/m^3	达标
6	沈阳沈西热电有限公司	7.9	114	120	《锅炉大气污染物排放标准》（GB 13271—2014），颗粒物30mg/m^3；SO_2：200 mg/m^3；NO_x：200mg/m^3	达标

附表 7d 2018 年沈阳经济技术开发区重点废气污染源特征污染物排放达标情况统计表

序号	企业名称	监测点位	排放浓度（mg/m³）				达标情况
			非甲烷总烃	苯	甲苯	二甲苯	
1	沈阳和平子午线轮胎制造有限公司	排气筒 1	1.08	—	—	—	达标
		排气筒 2	1.21	—	—	—	达标
		排气筒 3	1.76	—	—	—	达标
	《橡胶制品工业污染物排放标准》（GB 27632—2011）		10	—	—	—	—
2	沈阳普利司通有限公司	密炼车间总排口	2.77	0.001	3.4	0.001	达标
		履带车间与护舷车间共用炼胶排气筒	0.47	0.001	2.5	0.001	达标
		护舷车间糊板室排气口	3.56	0.001	4	0.001	达标
		履带车间 VOCs 废气排放口	1.88	0.001	4.3	0.001	达标
	《橡胶制品工业污染物排放标准》（GB 27632—2011）		10	—	合计 15		—

续表

序号	企业名称	监测点位	排放浓度（mg/m³）				达标情况
			非甲烷总烃	苯	甲苯	二甲苯	
	《大气污染物综合排放标准》（GB16297—1996）		—	12	—	—	—
3	万昌印刷包装（沈阳）有限公司	凹印机排气筒	53.50	—	—	—	达标
	《大气污染物综合排放标准》（GB16297—1996）		120	—	—	—	—
4	辽宁虎驰科技传媒有限公司	商业轮转印刷机排气筒（高宝）	23.97	—	—	—	达标
	《大气污染物综合排放标准》（GB16297—1996）		120	—	—	—	—
5	中车沈阳机车车辆有限公司	落成新造涂装线底漆废气排放口	3.04	—	0.115 8	1.041 3	达标
		落成新造涂装线面漆废气排放口	2.65	—	0.114 3	1.050 9	达标
		落成检修涂装线面漆废气排放口	3.01	—	0.069 7	0.310 5	达标
	《大气污染物综合排放标准》（GB16297—1996）		120	—	40	70	—
6	泰豪沈阳电机有限公司	喷漆间废气排放口	—	—	0.335 3	0.832 9	达标

续表

序号	企业名称	监测点位	排放浓度（mg/m³）				达标情况
			非甲烷总烃	苯	甲苯	二甲苯	
6	《大气污染物综合排放标准》（GB16297—1996）		—	—	40	70	—
7	沈阳紫泉包装有限公司	有组织排放检测口	11.45	—	0.119 0	0.223 3	达标
	《大气污染物综合排放标准》（GB16297—1996）		120	—	40	70	—
8	沈阳名华模塑科技有限公司	1# 室内排气筒	3.67	＜0.002	＜0.002	＜0.002	达标
		2# 室外排气筒	3.60	＜0.002	＜0.002	＜0.002	达标
	《大气污染物综合排放标准》（GB16297—1996）		120	12	40	70	—

附表 7e 2019 年沈阳经济技术开发区重点废气污染源特征污染物排放达标情况统计表

序号	企业名称	监测点位	排放浓度（mg/m^3）				达标情况
			非甲烷总烃	苯	甲苯	二甲苯	
1	紫江集团沈阳紫江包装有限公司	有组织废气排放口	1.38	0.342	0.102	0.025	达标
	《大气污染物综合排放标准》（GB16297—1996）		120	12	40	70	—
2	沈阳普利司通有限公司	1 号 VOCs 排口	2.03	—	—	—	达标
		5 号 VOCs 排口	1.47	—	—	—	达标
	《橡胶制品工业污染物排放标准》（GB 27632—2011）		10	—	—	—	—
	沈阳普利司通有限公司	2 号 VOCs 排口	5.71	—	—	—	达标
	《橡胶制品工业污染物排放标准》（GB 27632—2011）		100	—	—	—	—
3	沈阳佳信户外用品制造有限公司	车间排气筒	0.94	—	—	—	达标

续表

序号	企业名称	监测点位	排放浓度（mg/m³）				达标情况
			非甲烷总烃	苯	甲苯	二甲苯	
3	《大气污染物综合排放标准》（GB16297—1996）		120	—	—	—	—
4	赛轮（沈阳）轮胎有限公司（原沈阳和平子午线轮胎有限公司）	密炼排气筒 1#	7.91	—	—	—	达标
		密炼排气筒 2#	7.83	—	—	—	达标
		密炼排气筒 3#	8.02	—	—	—	达标
	《橡胶制品工业污染物排放标准》（GB 27632—2011）		10	—	—	—	—
5	华晨宝马汽车有限公司铁西工厂	DA002 电泳烘干炉排气筒 30u	5.84	—	—	—	达标
		DA003 电泳烘干炉排气筒 60u	0.47	—	—	—	达标
		DA006 喷胶烘干炉 30u	2.52	—	—	—	达标
		DA009 色漆直排口 60u	1.87	—	0.062	0.117	达标
		DA007 喷胶烘干炉 60u	2.05	—	—	—	达标
		DA008 色漆直排口 30u	2.03	—	0.09	0.303	达标
		DA010KPR 燃烧炉 60u	1.78	—	0.054	0.225	达标
	《大气污染物综合排放标准》（GB 16297—1996）		120	—	40	70	—

续表

<table>
<tr><th rowspan="2">序号</th><th rowspan="2">企业名称</th><th rowspan="2">监测点位</th><th colspan="4">排放浓度（mg/m^3）</th><th rowspan="2">达标情况</th></tr>
<tr><th>非甲烷总烃</th><th>苯</th><th>甲苯</th><th>二甲苯</th></tr>
<tr><td rowspan="2">6</td><td>沈阳第四橡胶（厂）有限公司</td><td>1#硫化罐废气排气筒出口</td><td>3.28</td><td>—</td><td>—</td><td>—</td><td>达标</td></tr>
<tr><td colspan="2">《橡胶制品工业污染物排放标准》（GB 27632—2011）</td><td>10</td><td>—</td><td>—</td><td>—</td><td>—</td></tr>
<tr><td rowspan="2">7</td><td>沈阳中复科金压力容器有限公司</td><td>车间排气筒</td><td>2.87</td><td>—</td><td>—</td><td>—</td><td>达标</td></tr>
<tr><td colspan="2">《大气污染物综合排放标准》（GB 16297—1996）</td><td>120</td><td>—</td><td>—</td><td>—</td><td>—</td></tr>
<tr><td rowspan="3">8</td><td rowspan="2">乐凯（沈阳）科技产业有限责任公司</td><td>成品中间体工段排气筒</td><td>＜2</td><td>—</td><td>—</td><td>＜0.01</td><td>达标</td></tr>
<tr><td>《大气污染物综合排放标准》（GB 16297—1996）</td><td>120</td><td>—</td><td>—</td><td>70</td><td>—</td></tr>
<tr><td colspan="2">《大气污染物综合排放标准》（GB16297—1996）</td><td>120</td><td>12</td><td>40</td><td>70</td><td>—</td></tr>
</table>

附表 7f　2020 年沈阳经济技术开发区重点废气污染源特征污染物排放达标情况统计表

序号	企业名称	监测点位	排放浓度（mg/m^3）				达标情况
			非甲烷总烃	苯	甲苯	二甲苯	
1	赛轮（沈阳）轮胎有限公司	2# 密炼排口	5.3	—	—	—	达标
		硫化 11# 废气排放口	2.94	—	—	—	达标
		炼胶 5# 废气排气筒	7.34	—	—	—	达标
	《橡胶制品工业污染物排放标准》（GB 27632—2011）		10	—	—	—	—
2	沈阳石蜡化工有限公司	丙烯酸废液焚烧废气排放口	26.4	＜0.004	0.006	0.026	达标
	《大气污染物综合排放标准》（GB16297—1996）		120	12	40	70	—
	沈阳石蜡化工有限公司	聚乙烯分厂颗粒干燥器排口	8.07	—	—	—	达标
	《石油炼制工业污染物排放标准》（GB 31570—2015）		60	—	—	—	—

续表

序号	企业名称	监测点位	排放浓度（mg/m^3）				达标情况
			非甲烷总烃	苯	甲苯	二甲苯	
3	中车沈阳机车车辆有限公司	新造整车涂装线 4# 排气筒	1.62	—	—	—	达标
		新造整车涂装线 5# 排气筒	1.51	—	—	—	达标
		检修货车 1# 涂装线 2# 排气筒	4.12	—	—	—	达标
		转向架分厂圆簧涂装废气排气筒	5.99	未检出	1.056 5	11.945 2	达标
		水性漆 28# 排气筒	14.06	0.126 5	0.373 9	4.336 1	达标
		水性漆 29# 排气筒	16.15	0.123 7	0.369 7	4.256 6	达标
		检修货车 2# 涂装线 6# 排气筒	2.25	—	—	—	达标
		转向架分厂圆簧涂装废气排气筒	＜0.01	0.09	0.106	—	—
	《大气污染物综合排放标准》（GB16297—1996）		120	12	40	70	—
4	沈阳名华模塑科技有限公司	焚烧炉废气排放口	3.24	—	0.021 2	0.246 2	达标
	《大气污染物综合排放标准》（GB16297—1996）		120	—	40	70	—

续表

序号	企业名称	监测点位	排放浓度（mg/m³）				达标情况
			非甲烷总烃	苯	甲苯	二甲苯	
5	东北制药集团股份有限公司（张士）	中试 -6	＜ 4.5	—	—	—	达标
		中试 -4	＜ 23.5	—	—	—	达标
	《制药工业大气污染物排放标准》（GB37823—2019）		60	—	—	—	—
6	辽宁虎驰科技传媒有限公司	废气总排口	3.49	＜ 0.01	0.135	2.15	达标
		C 轮印刷机废气排放口	31.2	＜ 0.01	＜ 0.01	＜ 0.01	达标
		D 轮印刷机废气排放口	16.1	＜ 0.01	＜ 0.01	＜ 0.01	达标
		E 轮印刷机废气排放口	10.3	0.01	0.02	＜ 0.01	达标
		高宝商业轮转印刷机废气排放口	＜ 0.07	＜ 0.01	0.05	＜ 0.01	达标
		大度小森商业轮转印刷机废气排放口	27.4	0.02	0.01	＜ 0.01	达标
		胶订机废弃排放口	0.51	0.02	0.03	0.03	达标
	《大气污染物综合排放标准》（GB16297—1996）		120	12	40	70	—
7	沈阳普利司通有限公司	压延、硫化排口	5.94	—	—	—	达标
		密炼排口	4.57	—	—	—	达标
	《橡胶制品工业污染物排放标准》（GB 27632—2011）		10		—	—	—

续表

序号	企业名称	监测点位	排放浓度（mg/m³）				达标情况
			非甲烷总烃	苯	甲苯	二甲苯	
7	沈阳普利司通有限公司	胶浆房排口	4.51	—	1.11	0.43	达标
	《橡胶制品工业污染物排放标准》（GB 27632—2011）		100	—	合计 15		—
3	中车沈阳机车车辆有限公司	转轮（KPR）燃烧炉 30u 排放口	6.02	—	＜0.01	0.124	达标
		喷胶烘干炉 30u 排放口	6.68	—	0.661	1.03	达标
		面漆烘干炉 30u 排放口	11.7	—	0.55	1.5	达标
		色漆直排口 30u 排放口	5.09	—	0.572	0.893	达标
		车身烘干炉 2 排放口	5.35	—	0.426	1.46	达标
		KPR 净化系统排气筒 DA010	0.72	—	未检出	0.032 2	达标
		KPR 净化系统排气筒 DA011	3.16	—	未检出	0.033 3	达标
		电泳烘干炉排气筒 DA002	8.45	—	—	—	达标
		电泳烘干炉排气筒 DA003	3.74	—	—	—	达标
		面漆 烘干炉排气筒 DA012	2.26	—	未检出	0.064 9	达标
		面漆 烘干炉排气筒 DA013	1.73	—	未检出	0.081 5	达标
		车身车间涂胶烘干排气筒 DA020	6.47	—	—	—	达标

续表

序号	企业名称	监测点位	排放浓度（mg/m³）				达标情况
			非甲烷总烃	苯	甲苯	二甲苯	
3	中车沈阳机车车辆有限公司	车身车间涂胶烘干排气筒DA021	2.82	—	—	—	达标
		喷胶直排口 30u 排放口	3.55	—	—	—	达标
	《工业涂装工序挥发性有机物排放标准》（DB21/3160—2019）		40	—	—	—	—
	《大气污染物综合排放标准》（GB16297—1996）		—	—	40	70	—
9	米其林沈阳轮胎有限公司	硫化排口	5.97	—	—	—	达标
		密炼排口	5.42	—	—	—	达标
	《橡胶制品工业污染物排放标准》（GB 27632—2011）		10	—	—	—	—
10	万昌印刷包装（沈阳）有限公司	凹印车间排放口	0.96	0.561	0.199 3	0.535 5	达标
	《大气污染物综合排放标准》（GB16297—1996）		120	12	40	70	—
11	沈阳巨创新型材料有限公司	废气处理排放口	11.87	0.022 3	0.099 1	1.395 8	达标
	《大气污染物综合排放标准》（GB16297—1996）		120	12	40	70	—

续表

<table>
<tr><th rowspan="2">序号</th><th rowspan="2">企业名称</th><th rowspan="2">监测点位</th><th colspan="4">排放浓度（mg/m³）</th><th rowspan="2">达标情况</th></tr>
<tr><th>非甲烷总烃</th><th>苯</th><th>甲苯</th><th>二甲苯</th></tr>
<tr><td rowspan="2">12</td><td>沈阳派尔化学有限公司</td><td>色漆废气排放口</td><td>0.98</td><td>—</td><td>12.910 1</td><td>9.712 2</td><td>达标</td></tr>
<tr><td colspan="2">《大气污染物综合排放标准》（GB16297—1996）</td><td>120</td><td>12</td><td>40</td><td>70</td><td>—</td></tr>
<tr><td rowspan="3">13</td><td rowspan="2">沈阳中航机电三洋制冷设备有限公司</td><td>定子浸漆废气排口</td><td>1.88</td><td>0.135</td><td>0.104</td><td>0.668</td><td>达标</td></tr>
<tr><td>涂装废气排口</td><td>1.3</td><td>0.272</td><td>0.495</td><td>2.44</td><td>达标</td></tr>
<tr><td colspan="2">《大气污染物综合排放标准》（GB16297—1996）</td><td>120</td><td>12</td><td>40</td><td>70</td><td>—</td></tr>
<tr><td rowspan="2">14</td><td>沈阳机床股份有限公司</td><td>喷漆车间排口</td><td>—</td><td>1.523 7</td><td>0.001 5</td><td>0.003</td><td>达标</td></tr>
<tr><td colspan="2">《大气污染物综合排放标准》（GB16297—1996）</td><td>—</td><td>12</td><td>40</td><td>70</td><td>—</td></tr>
<tr><td rowspan="5">15</td><td rowspan="4">沈阳远大智能工业集团股份有限公司</td><td>固化炉 1#</td><td>20.2</td><td>—</td><td>—</td><td>—</td><td>达标</td></tr>
<tr><td>固化炉 2#</td><td>0.87</td><td>—</td><td>—</td><td>—</td><td>达标</td></tr>
<tr><td>固化炉 3#</td><td>14.4</td><td>—</td><td>—</td><td>—</td><td>达标</td></tr>
<tr><td>固化炉 4#</td><td>3.27</td><td>—</td><td>—</td><td>—</td><td>达标</td></tr>
<tr><td colspan="2">《大气污染物综合排放标准》（GB16297—1996）</td><td>120</td><td>—</td><td>—</td><td>—</td><td>—</td></tr>
</table>

续表

序号	企业名称	监测点位	排放浓度（mg/m³）				达标情况
			非甲烷总烃	苯	甲苯	二甲苯	
16	沈阳市奥佳新型防水材料有限公司	废气总排口	3.63	—	—	—	达标
16	《大气污染物综合排放标准》（GB16297—1996）		120	—	—	—	—
17	三一重型装备有限公司	车间 1#	—	—	0.302	3.28	达标
		车间 2#	—	—	0.274	2.77	达标
		车间 3#	—	—	0.24	5.33	达标
		车间 4#	—	—	0.141	3.36	达标
		车间 7#	—	—	0.209	3.78	达标
		车间 8#	—	—	0.081	<0.009	达标
		车间 9#	—	—	0.242	5.65	达标
		车间 10#	—	—	2.68	7.16	达标
		车间 11#	—	—	0.041	0.7	达标
		车间 12#	—	—	<0.004	0.054	达标
		车间 13#	—	—	0.101	0.06	达标
		车间 14#	—	—	0.09	0.054	达标
	《大气污染物综合排放标准》（GB16297—1996）		—	—	40	70	—

附表 8a　2018 年沈阳经济技术开发区重点企业常规废水污染物排放情况（单位：mg/L）

序号	排放源	COD 排放浓度（mg/L）	氨氮排放浓度（mg/L）	执行标准	达标
1	东北制药集团股份有限公司（张士）	61	1.84	《辽宁省污水综合排放标准》（DB 21/1627—2008），COD：300mg/L；氨氮：30mg/L	达标
2	贝卡尔特沈阳精密钢制品有限公司	140	2.38	《钢铁工业水污染物排放标准》（GB 13456—2012），COD：200mg/L；氨氮：15mg/L	达标
3	米其林沈阳轮胎有限公司	102	3.44	《橡胶制品工业污染物排放标准》（GB 27632—2011），COD：300mg/L；氨氮：30mg/L	达标
4	华晨宝马汽车有限公司铁西工厂	44	1.09	《辽宁省污水综合排放标准》（DB 21/1627—2008），COD：300mg/L；氨氮：30mg/L	达标
5	康师傅（沈阳）饮品有限公司	86	0.775	《辽宁省污水综合排放标准》（DB 21/1627—2008），COD：300mg/L；氨氮：30mg/L	达标

续表

序号	排放源	COD 排放浓度（mg/L）	氨氮排放浓度（mg/L）	执行标准	达标
6	北方重工集团有限公司	104	—	《辽宁省污水综合排放标准》（DB 21/1627—2008），COD：300mg/L；氨氮：30mg/L	达标
7	普利司通（沈阳）钢丝帘线有限公司	47	4.44	《辽宁省污水综合排放标准》（DB 21/1627—2008），COD：300mg/L；氨氮：30mg/L	达标
8	沈阳顶益食品有限公司	90	2.83	《辽宁省污水综合排放标准》（DB 21/1627—2008），COD：300mg/L；氨氮：30mg/L	达标
9	沈阳鼓风机集团股份有限公司	76	2.02	《辽宁省污水综合排放标准》（DB 21/1627—2008），COD：300mg/L；氨氮：30mg/L	达标
10	沈阳机床股份有限公司	54	2.38	《辽宁省污水综合排放标准》（DB 21/1627—2008），COD：300mg/L；氨氮：30mg/L	达标
11	沈阳农心食品有限公司	45	3.40	《辽宁省污水综合排放标准》（DB 21/1627—2008），COD：300mg/L；氨氮：30mg/L	达标
12	沈阳统一企业有限公司	49	4.97	《辽宁省污水综合排放标准》（DB 21/1627—2008），COD：300mg/L；氨氮：30mg/L	达标
13	特变电工沈阳变压器集团有限公司	65	1.24	《辽宁省污水综合排放标准》（DB 21/1627—2008），COD：300mg/L；氨氮：30mg/L	达标

续表

序号	排放源	COD排放浓度（mg/L）	氨氮排放浓度（mg/L）	执行标准	达标
14	沈阳石蜡化工有限公司	103	5.42	《辽宁省污水综合排放标准》（DB 21/1627—2008），COD:300mg/L；氨氮:30mg/L	达标

附表 8b 2019 年沈阳经济技术开发区重点企业常规废水污染物排放情况（单位：mg/L）

序号	排放源	COD 排放浓度（mg/L）	氨氮排放浓度（mg/L）	执行标准	达标
1	华晨宝马汽车有限公司铁西工厂	38	0.708	《辽宁省污水综合排放标准》（DB 21/1627—2008），COD：300mg/L；氨氮：30mg/L	达标
2	贝卡尔特沈阳精密钢制品有限公司	45	4.65	《钢铁工业水污染物排放标准》（GB 13456—2012），COD：200mg/L；氨氮：15mg/L	达标
3	东北制药集团股份有限公司（张士）	38	0.736	《辽宁省污水综合排放标准》（DB 21/1627—2008），COD：300mg/L；氨氮：30mg/L	达标
4	北方重工集团有限公司	83	—	《辽宁省污水综合排放标准》（DB 21/1627—2008），COD：300mg/L；氨氮：30mg/L	达标
5	康师傅（沈阳）饮品有限公司	54	0.717	《辽宁省污水综合排放标准》（DB 21/1627—2008），COD：300mg/L；氨氮：30mg/L	达标

续表

序号	排放源	COD 排放浓度（mg/L）	氨氮排放浓度（mg/L）	执行标准	达标
6	乐凯（沈阳）科技产业有限责任公司	117	4.10	《辽宁省污水综合排放标准》（DB 21/1627—2008），COD：300mg/L；氨氮：30mg/L	达标
7	米其林沈阳轮胎有限公司	87	6.00	《橡胶制品工业污染物排放标准》（GB 27632—2011），COD：300mg/L；氨氮：30mg/L	达标
8	普利司通（沈阳）钢丝帘线有限公司	22	7.07	《辽宁省污水综合排放标准》（DB 21/1627—2008），COD：300mg/L；氨氮：30mg/L	达标
9	沈阳顶益食品有限公司	67	0.809	《辽宁省污水综合排放标准》（DB 21/1627—2008），COD：300mg/L；氨氮：30mg/L	达标
10	沈阳鼓风机集团股份有限公司	125	5.24	《辽宁省污水综合排放标准》（DB 21/1627—2008），COD：300mg/L；氨氮：30mg/L	达标
11	沈阳机床股份有限公司	48	11.6	《辽宁省污水综合排放标准》（DB 21/1627—2008），COD：300mg/L；氨氮：30mg/L	达标
12	沈阳名华模塑科技有限公司	53	11.1	《辽宁省污水综合排放标准》（DB 21/1627—2008），COD：300mg/L；氨氮：30mg/L	达标
13	沈阳农心食品有限公司	53	4.45	《辽宁省污水综合排放标准》（DB 21/1627—2008），COD：300mg/L；氨氮：30mg/L	达标

续表

序号	排放源	COD 排放浓度（mg/L）	氨氮排放浓度（mg/L）	执行标准	达标
14	沈阳普利司通有限公司	40	1.71	《橡胶制品工业污染物排放标准》（GB 27632—2011），COD：300mg/L；氨氮：30mg/L	达标
15	沈阳石蜡化工有限公司	81	7.36	《辽宁省污水综合排放标准》（DB 21/1627—2008），COD：300mg/L；氨氮：30mg/L	达标
16	沈阳思特雷斯纸业有限责任公司	66	0.286	《辽宁省污水综合排放标准》（DB 21/1627—2008），COD：300mg/L；氨氮：30mg/L	达标
17	沈阳统一企业有限公司	47	3.98	《辽宁省污水综合排放标准》（DB 21/1627—2008），COD：300mg/L；氨氮：30mg/L	达标
18	沈阳维用精密机械有限公司	128	0.326	《辽宁省污水综合排放标准》（DB 21/1627—2008），COD：300mg/L；氨氮：30mg/L	达标
19	沈阳中航机电三洋制冷设备有限公司	44	4.07	《辽宁省污水综合排放标准》（DB 21/1627—2008），COD：300mg/L；氨氮：30mg/L	达标
20	沈阳重工食品有限公司	56	7.44	《辽宁省污水综合排放标准》（DB 21/1627—2008），COD：300mg/L；氨氮：30mg/L	达标
21	特变电工沈阳变压器集团有限公司	59	3.17	《辽宁省污水综合排放标准》（DB 21/1627—2008），COD：300mg/L；氨氮：30mg/L	达标

附表 8c　2020 年沈阳经济技术开发区重点企业常规废水污染物排放情况（单位：mg/L）

序号	排放源	COD 排放浓度（mg/L）	氨氮排放浓度（mg/L）	执行标准	达标
1	乐凯（沈阳）科技产业有限责任公司	112	0.486	《辽宁省污水综合排放标准》（DB 21/1627—2008），COD：300mg/L；氨氮：30mg/L	达标
2	贝卡尔特沈阳精密钢制品有限公司	37	4.36	《钢铁工业水污染物排放标准》（GB 13456—2012），COD：200mg/L；氨氮：15mg/L	达标
3	东北制药集团股份有限公司（张士）	34	0.336	《辽宁省污水综合排放标准》（DB 21/1627—2008），COD：300mg/L；氨氮：30mg/L	达标
4	华晨宝马汽车有限公司铁西工厂	37	0.686	《辽宁省污水综合排放标准》（DB 21/1627—2008），COD：300mg/L；氨氮：30mg/L	达标
5	康师傅（沈阳）饮品有限公司	47	0.549	《辽宁省污水综合排放标准》（DB 21/1627—2008），COD：300mg/L；氨氮：30mg/L	达标

续表

序号	排放源	COD 排放浓度（mg/L）	氨氮排放浓度（mg/L）	执行标准	达标
6	北方重工集团有限公司	62	—	《辽宁省污水综合排放标准》（DB 21/1627—2008），COD: 300mg/L；氨氮: 30mg/L	达标
7	米其林沈阳轮胎有限公司	83	9.22	《橡胶制品工业污染物排放标准》（GB 27632—2011），COD: 300mg/L；氨氮: 30mg/L	达标
8	普利司通（沈阳）钢丝帘线有限公司	19	4.47	《辽宁省污水综合排放标准》（DB 21/1627—2008），COD: 300mg/L；氨氮: 30mg/L	达标
9	沈阳顶益食品有限公司	62	0.443	《辽宁省污水综合排放标准》（DB 21/1627—2008），COD: 300mg/L；氨氮: 30mg/L	达标
10	沈阳鼓风机集团股份有限公司	75	3.15	《辽宁省污水综合排放标准》（DB 21/1627—2008），COD: 300mg/L；氨氮: 30mg/L	达标
11	沈阳机床股份有限公司	40	5.86	《辽宁省污水综合排放标准》（DB 21/1627—2008），COD: 300mg/L；氨氮: 30mg/L	达标
12	沈阳名华模塑科技有限公司	53	7.23	《辽宁省污水综合排放标准》（DB 21/1627—2008），COD: 300mg/L；氨氮: 30mg/L	达标
13	沈阳农心食品有限公司	38	3.58	《辽宁省污水综合排放标准》（DB 21/1627—2008），COD: 300mg/L；氨氮: 30mg/L	达标

续表

序号	排放源	COD 排放浓度（mg/L）	氨氮排放浓度（mg/L）	执行标准	达标
14	沈阳普利司通有限公司	39	1.54	《橡胶制品工业污染物排放标准》（GB 27632—2011），COD: 300mg/L；氨氮：30mg/L	达标
15	沈阳石蜡化工有限公司	72	3.10	《辽宁省污水综合排放标准》（DB 21/1627—2008），COD：300mg/L；氨氮：30mg/L	达标
16	沈阳思特雷斯纸业有限责任公司	49	0.276	《辽宁省污水综合排放标准》（DB 21/1627—2008），COD：300mg/L；氨氮：30mg/L	达标
17	沈阳统一企业有限公司	64	3.81	《辽宁省污水综合排放标准》（DB 21/1627—2008），COD：300mg/L；氨氮：30mg/L	达标
18	沈阳维用精密机械有限公司	135	0.245	《辽宁省污水综合排放标准》（DB 21/1627—2008），COD：300mg/L；氨氮：30mg/L	达标
19	沈阳中航机电三洋制冷设备有限公司	24	1.01	《辽宁省污水综合排放标准》（DB 21/1627—2008），COD：300mg/L；氨氮：30mg/L	达标
20	沈阳重工食品有限公司	23	1.51	《辽宁省污水综合排放标准》（DB 21/1627—2008），COD：300mg/L；氨氮：30mg/L	达标
21	特变电工沈阳变压器集团有限公司	30	0.772	《辽宁省污水综合排放标准》（DB 21/1627—2008），COD：300mg/L；氨氮：30mg/L	达标

附表 9a 2019 年沈阳经济技术开发区重点企业废水特征污染物排放情况

序号	企业名称	监测点位	排放浓度（mg/L）								达标情况
			铜	锌	铅	铬	六价铬	镍	砷	镉	
1	普利司通（沈阳）钢丝帘线有限公司	总排口	0.03	—	—	—	—	—	—	—	达标
	《污水综合排放标准》（GB8978—1996）		2.0	—	—	—	—	—	—	—	—
2	沈阳中光电子有限公司	生产废水排口	—	0.18	—	—	—	—	—	—	达标
	《污水综合排放标准》（GB8978—1996）		—	5.0	—	—	—	—	—	—	—
3	贝卡尔特沈阳精密钢制品有限公司（BSAP)	废水总排口	0.38	—	—	—	—	—	—	—	达标
	《钢铁工业水污染物排放标准》（GB 13456—2012）		1.0	—	—	—	—	—	—	—	—

附表9b 2019年沈阳经济技术开发区重点企业废水特征污染物排放情况

序号	企业名称	监测点位	排放浓度（mg/L）										达标情况
			铜	锌	铅	汞	铬	六价铬	镍	砷	银	镉	
1	沈阳市曙光金属表面处理有限公司	总排口	0.05L	0.05L	—	—	—	—	—	—	—	—	达标
	《电镀污染物排放标准》（GB 21900—2008）		0.5	1.5	—	—	—	—	—	—	—	—	—
2	新东北电气集团高压开关有限公司	总排口	0.14	0.09	—	—	—	—	—	—	—	—	达标
	《电镀污染物排放标准》（GB 21900—2008）		0.5	1.5	—	—	—	—	—	—	—	—	—

续表

序号	企业名称	监测点位	排放浓度（mg—L）										达标情况
			铜	锌	铅	汞	铬	六价铬	镍	砷	银	镉	
2	新东北电气集团高压开关有限公司	车间排口	—	—	—	—	—	0.012	0.07	—	0.06	—	达标
2	《电镀污染物排放标准》（GB 21900—2008）		—	—	—	—	—	0.2	0.5	—	0.3	—	—
3	华晨宝马汽车有限公司	总排口	—	—	—	—	—	—	0.14	—	—	—	达标
3	《污水综合排放标准》（GB8978—1996）		—	—	—	—	—	—	1.0	—	—	—	—
4	沈阳市西部污水处理中心	废水出口	—	—	0.003	0.000 04L	0.03L	0.04L	—	0.000 3L	—	0.004 7	达标
4	《城镇污水处理厂污染物排放标准》（GB18918—2002）		—	—	0.1	0.001	0.1	0.05	—	0.1	—	0.01	—

续表

序号	企业名称	监测点位	排放浓度（mg—L）										达标情况
			铜	锌	铅	汞	铬	六价铬	镍	砷	银	镉	
5	普利司通（沈阳）钢丝帘线有限公司	总排口	＜0.01	0.12	—	—	—	—	—	—	—	—	达标
5	《污水综合排放标准》（GB8978—1996）				—	—	—	—	—	—	—	—	—
6	华晨宝马汽车有限公司	总排口	—	0.05	—	—	—	—	—	—	—	—	达标
6	华晨宝马汽车有限公司	车间排口	—	—	—	—	0.03L	0.004L	0.26	—	—	—	达标
6	《污水综合排放标准》（GB8978—1996）		—	5.0	—	—	1.5	0.5	1.0	—	—	—	—
7	贝卡尔特沈阳精密钢制品有限公司	总排口	0.52	0.17	—	—	—	—	—	—	—	—	达标
7	《钢铁工业水污染物排放标准》		—		—	—	—	—	—	—	—	—	—

参考文献

[1] 李新创．积极应对市场挑战 加快绿色低碳发展 [J]. 冶金经济与管理，2022(1)：1.

[2] 周宏春．对构建我国绿色低碳循环发展经济体系的思考 [J]. 工业安全与环保，2021，47(S01)：3.

[3] 张恪渝，廖明球，杨军．绿色低碳背景下中国产业结构调整分析 [J]. 中国人口·资源与环境，2017，27(3)：7.

[4] 杜祥琬．“十三五”中国能源低碳转型的关键期 [J]. 中国电力，2017(2).

[5] 毛蕴诗，黄宇元，付宏．绿色全产业链的分析模型与经验研究 [J]. 武汉大学学报：哲学社会科学版，2020，73(6)：13.

[6] 杨成玉．欧盟绿色发展的实践与挑战 —— 基于碳中和视域下的分析 [J]. 德国研究，2021(3)：21.

[7] 庄芹芹、吴滨、洪群联．市场导向的绿色技术创新体系：理论内涵，实践探索与推进策略 [J]. 经济学家，2020(11)：10.

[8] 王菲．经济实现绿色转型的重要引擎 —— 绿色建筑产业规划与发展 [J]. 中国房地产业，2017(3)：1.

[9] 连晓宇．区域中心城市绿色转型绩效评价 [D]. 大连理工大学，2016.

[10] 王美霞，周国华，王永明．开发区建设对区域经济发展的影响与机制分析 —— 以湖南省为例 [J]. 长江流域资源与环境，2020，29(3)：8.

[11] 张建清，白洁，王磊．产城融合对国家高新区创新绩效的影响 —— 来自长江经济带的实证研究 [J]. 宏观经济研究，2017(5)：10.

[12] 赵若楠，马中，乔琦，等．中国工业园区绿色发展政策对比分析及对策研究 [J]. 环境科学研究，2020，33(2)：8.

[13] 李柳贤．关于工业园区绿色创新系统的构建与机制分析 [J]. 城市建设理论研究：电子版，2020(7)：1.

[14] 雷波．绿色工厂设计探索与实践 [J]. 城市建筑，2016(2)：1.

[15] 王泽朝．浅谈工业园区规划环评执行中存在的主要问题和对策 [J]. 生态环境与保护，2021，4(4)：88-89.

[16] 楼春锋．生态工业园区的规划与设计研究 [J]. 城市建筑，2016(32)：1.

[17] 王赞，陈光，董晓，等．基于工业互联网的智慧能源服务系统架构研究 [J]. 电力系统保护与控制，2020(3)：77-83.

[18] 马永开，李仕明，潘景铭．工业互联网之价值共创模式 [J]. 管理世界，2020，36(8)：11.

[19] 王社坤．第三方治理背景下污染治理义务分配模式的变革 [J]. 吉林大学社会科学学报，2020，60(2)：11.

[20] 王建学．论环境公众参与原则的宪法化及宪法审查——以法国《环境宪章》和《环境法典》为中心 [J]. 苏州大学学报：法学版，2020，7(4)：9.

[21] 任祥．生态文明视域下公众参与环境保护的制度理性分析 [J]. 生态经济，2020，36(12)：5.

[22] 周济．智能制造——“中国制造 2025”的主攻方向 [J]. 中国机械工程，2015，26(17)：12.

[23] 张曙．工业 4.0 和智能制造 [J]. 机械设计与制造工程，2014，43(8)：5.

[24] 张峰．工业软件——推进智能制造的原动力 [J]. 工程技术（文摘版）·建筑，2022(12).

[25] 刘刚，张晓兰．我国汽车产业国际化路径探讨——基于制造业转型升级战略背景 [J]. 商业经济研究，2020.

[26] 曹柬，吴思思，张雪梅，等．基于 EPR 制度的企业再制造决策 [J]. 控制与决策，2020，35(7)：14.

[27] 祝合良，王春娟．“双循环”新发展格局战略背景下产业数字化转型：理论与对策 [J]. 财贸经济，2021(3)：14.

[28] 吴渊 . 浅析环境监测管理现代化建设现状与策略 [J]. 2020.

[29] 郭红燕，王璇，贾如，等 . 大气监督帮扶对环境治理体系现代化推进效果研究 [J]. 环境保护科学，2021，47(6)：5.

[30] 王金南，曹国志，曹东，等 . 国家环境风险防控与管理体系框架构建 [J]. 中国环境科学，2013(1)：6.

[31] 毕军 . 新时期我国环境风险防控面临的多元化挑战 [J]. 中国环境管理，2020，12(2)：2.

[32] 付彤昕 . 产业结构调整对能源消费结构变动的影响研究 [J]. 可持续发展，2022，12(1)：15.

[33] 张嘉治，王帅，赵运龙，等 . 沈阳市产业能源结构调整对环境空气质量的影响 [J]. 2022(2).

[34] 厉召南 . 能源统计在企业能源管理中的作用探究 [J]. 经贸实践，2021(7)：1.

[35] 冒咏秋 . 新时期工业园区绿色制造体系构建研究 [J]. 质量与认证，2021(10)：3.

[36] 马虹 . 智慧能源及碳排放监测管理云平台系统方案研究与应用 [J]. 计算机测量与控制，2020，28(4)：5.

[37] 王明喜，鲍勤，汤铃，等 . 碳排放约束下的企业最优减排投资行为 [J]. 管理科学学报，2015(6)：17.

[38] 郭卫军，黄繁华 . 高技术产业与生产性服务业协同集聚如何影响经济增长质量 ?[J]. 产业经济研究，2020(6)：15.

[39] 张邦辉，万秋兰，吴健 . 在线政务服务的营商环境优化效应探析 ——“数字红利”与“数字鸿沟”[J]. 中国行政管理，2021(4)：6.

[40] 丁东铭，魏永艳 . 优化对外开放营商环境进程中面临的挑战与对策 [J]. 经济纵横，2020(5)：6.

[41] 李维安 . 国企改革深层问题是治理问题 [J]. 国企管理，2020.

[42] 王曙光，王琼慧 . 产权—市场结构，技术进步与国企改革 —— 基于企业和行业视角 [J]. 2021(2019-2)：32-40.

[43] 钟茂初 . 产业绿色化内涵及其发展误区的理论阐释 [J]. 中国地质大学学报：社会科学版，2015，15(3)：8.

[44] 张友国 . 加快推进产业体系绿色现代化：模式与路径 [J]. 企业经济，2021，40(1)：8.

[45] 武永娜 . 中国高端装备制造业发展研究 [D]. 2016.

[46] 何好俊 . 中国制造业集聚、环境治理与绿色发展 [D]. 2018.

[47] 尤文龙，王宫成 . 东北地区传统产业与新兴产业融合发展效果研究 [J]. 财经问题研究，2019(8).

[48] 陈英姿，荣婧，李晓巍 . 东三省经济绿色增长水平评价及动力因素研究 [J]. 生态经济，2019(8).

[49] 冒亚明 . 城市环境能源经济系统分析与规划方法研究 [M].

[50] 塔娜 . 区域创新环境评价指标体系构建及测评 [J]. 区域治理，2020，No.279(01)：55-57.

[51] 刘勇华，洪文跃，吴京，等 . 基于生态工业园区规划环境影响评价的研究 [J]. 低碳世界，2020，v.10;No.203(05)：34-35.

[52] 郝宗超，段理杰，郝大玮，et al. 工业园区绿色标准体系的建立与应用 [J]. 区域治理，2020，000(003)：74-77.

[53] 于淼，饶潇潇 . 沈阳市营商环境评价指标体系研究 [J]. 现代营销（下旬刊），2020(8).

[54] 陆大道 . 区域发展及其空间结构 [M]. 科学出版社，1995.

[55] 刘天齐 . 区域环境规划方法指南 [M]. 化学工业出版社，2001.

[56] 鞠美庭，张裕芬，李洪远 . 能源规划环境影响评价 [M]. 化学工业出版社，2006.

[57] 鲁成秀 . 生态工业园区规划建设理论与方法研究 [D]. 东北师范大学，2003.

[58] 裴朔 . 辽宁省碳排放影响因素分析及趋势预测 [D]. 2019.

[59] 杨楠 . 新能源与可持续发展 [J]. 视界观，2019，000(011)：1-1.

[60] 卜祥宇，刘万康，朱鹏艳，et al. 清洁能源开发利用对于实现可持续发展的研究 [J]. 能源与环保，2018，040(002)：38-42.